Christian Schlieder

Autodesk® Inventor® 2020
BELASTUNGSANALYSE (FEM)

Viele praktische Übungen am
Konstruktionsobjekt RADLADER

Christian Schlieder

Autodesk® Inventor® 2020

BELASTUNGSANALYSE (FEM)

Viele praktische Übungen am
Konstruktionsobjekt RADLADER

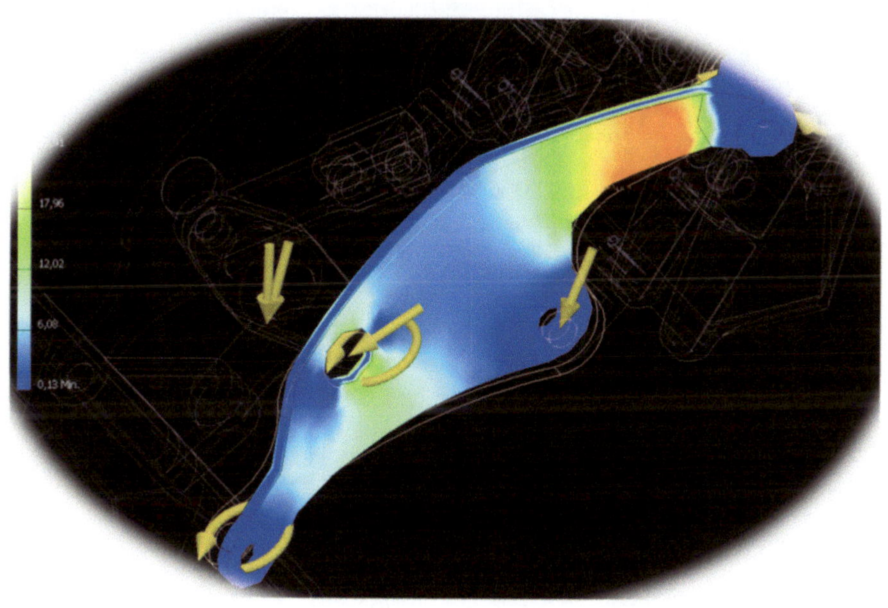

Die Bücher der Autodesk-Reihe:

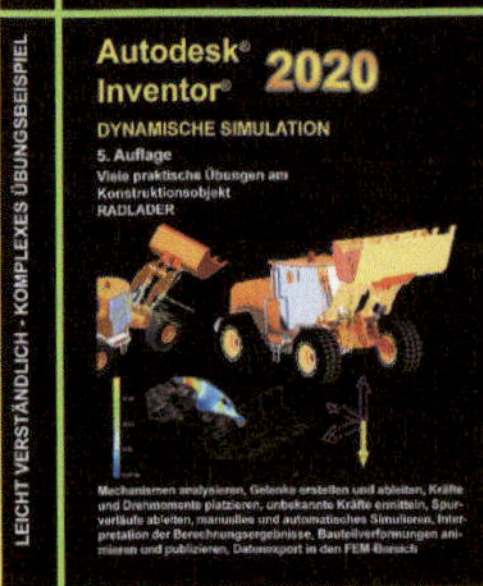

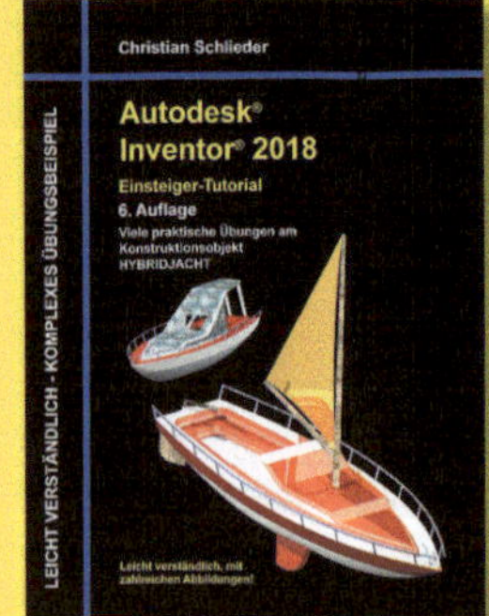

www.cad-trainings.de

Passend zu den Büchern gibt es jetzt auch viele

Videokurse

zum Thema Autodesk.

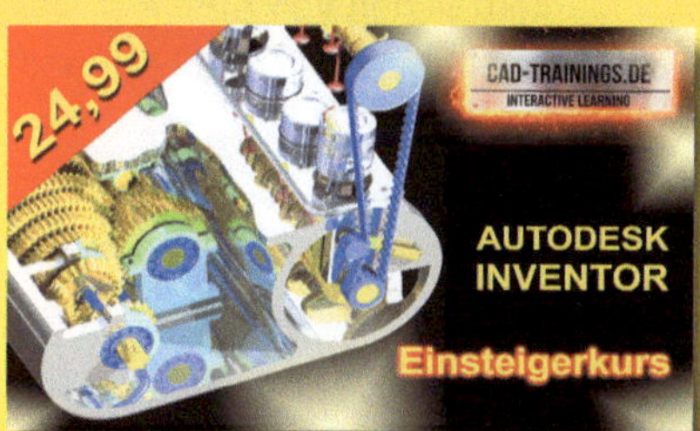

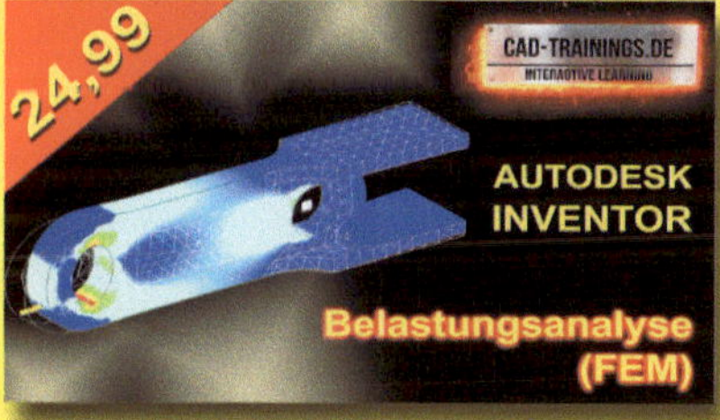

50% Rabatt auf jeden Kurs erhälst Du mit dem Gutschein-Code: CAD-Trainings_50

Alle Infos im Internet unter:

www.cad-trainings.de

ISBN

978-3-7431-9133-4

IMPRESSUM

Dipl.- Ing. Christian Schlieder
www.cad-trainings.de
Fax: +49 (0) 3212 - 1122290

HERSTELLUNG UND VERLAG

BoD - Books on Deman, Norderstedt
www.BoD.de

INHALTSVERZEICHNIS

1 Grundlegendes zum Buch

Dieses Buch ist ein Aufbaukurs für Fortgeschrittene, die mit den Grundlagen von *Autodesk® Inventor® 2020* bereits vertraut sind. Es wird empfohlen vor der Arbeit mit diesem Buch die folgenden beiden Übungsbücher zu erarbeiten:

> *Autodesk® Inventor® 2020 – Grundlagen in Theorie und Praxis*
> *Autodesk® Inventor® 2020 – Dynamische Simulation*

Bauteile und Baugruppen können in Autodesk® Inventor® einer *FEM-Analyse* unterzogen werden. Dort wird ihr strukturmechanisches Verhalten unter Last simuliert, um daraus Rückschlüsse auf kritische Bereiche ziehen zu können, deren Optimierung dann bereits während der Konstruktionsphase möglich ist. Die Studien können zu einem bestimmten Zeitpunkt und mit fest definierten Lasten und Auflagern stattfinden, oder parametrisch unter Verwendung beliebiger Variablen. Auch Analysen der Eigenfrequenzen eines Bauteils sind möglich. Weiterhin können Bauteile einer Topologieoptimierung unterzogen werden. Unter Beachtung aller Lasten und Auflager berechnet das Programm dabei die Möglichkeiten, welche Bereiche eines Bauteils entfernt werden können, ohne die Stabilität des Bauteils wesentlich zu beeinflussen. Somit kann das Konstruktionsprinzip der minimalen Masse konsequent umgesetzt werden.

Die folgenden *Themen der Belastungsanalyse* werden behandelt:

> Erstellen von Einzelpunkt-Studien, parametrischen Studien und Modalanalysen
> Parameter aus der Dynamischen Simulation in den FEM-Bereich übernehmen
> Platzieren und Bearbeiten von Abhängigkeiten, Kräften, Drehmomenten oder Drücken
> Generieren und Verfeinern von FEM-Netzen
> Präzisieren von Bauteiloberflächen
> Besonderheiten der Kontakteigenschaften zwischen Bauteiloberflächen
> Der Umgang mit dünnwandigen Bauteilen
> Erstellen, Animieren und Aufzeichnen von Bauteilverformungen
> Topologische Optimierung von Bauteilen mit dem Formengenerator
> Exportieren der Simulationsergebnisse

2 Installation von Autodesk® Inventor® 2020

2.1 Systemanforderungen

Die folgenden von Autodesk® empfohlenen Systemanforderungen gelten für Bauteile und Baugruppen mit weniger als 1000 Bauteilen:

Betriebssystem	64 Bit-Version von Microsoft® Windows® 10 64-Bit-Version von Microsoft® Windows® 8.1 64-Bit-Version von Microsoft® Windows® 7
CPU-Typ	Empfohlen: 3 GHz oder mehr, mindestens 4 Kerne Mindestens: 2,5 GHz oder mehr
Arbeitsspeicher	Empfohlen: 20 GB RAM Mindestens: 8 GB RAM
Festplattenspeicher	Empfohlen: 40 GB
Grafikkarte	Empfohlen: 4 GB GPU mit einer Bandbreite von 106 Gbit/s und kompatibel mit DirectX 11 Mindestens: 1 GB GPU mit einer Bandbreite von 29 Gbit/s und kompatibel mit DirectX 11
Bildschirmauflösung	Empfohlen: 3840x2160 (4K) Bevorzugte Skalierung: 100%, 125%, 150% oder 200% Mindestens: 1280x1024 (1080p)
Zeige-/ Eingabegerät	Maus, Tastatur, optional 3D-Maus
Netzwerk	Internetverbindung für die Webinstallation mit der Autodesk® Desktop-App, die Autodesk®-Funktion für die Zusammenarbeit, die .NET-Installation, Webdownloads und die Lizenzierung. Network License Manager unterstützt Windows Server® 2016, 2012, 2012 R2, 2008 R2 und die oben aufgeführten Betriebssysteme.
Tabellenkalkulation	Vollständige lokale Installation von Microsoft® Excel 2010, 2013 oder 2016 für iFeatures, iParts, iAssemblies, globale Stücklisten, Bauteillisten, Revisionstabellen, tabellenbasierte Konstruktionen und Studio-Animationen von Positionsdarstellungen. Die 64-Bit-Version von Microsoft Office ist erforderlich, um Access 2007-, dBase IV-, Text- und CSV-Formate zu exportieren. Abonnenten von Office 365 müssen sicherstellen, dass Microsoft Excel 2016 lokal installiert ist. Windows Excel Starter®, OpenOffice® und browserbasierte Anwendungen von Office 365 werden nicht unterstützt.
Browser	Google Chrome™ oder gleichwertig
.NET Framework	.NET Framework Version 4.7 oder höher. Die Installation von Windows-Updates ist aktiviert.

Die folgenden zusätzlichen von Autodesk® empfohlenen Systemanforderungen gelten für Bauteile und Baugruppen mit mehr als 1000 Bauteilen:

CPU-Typ	Empfohlen: 3,3 GHz oder mehr, mindestens 4 Kerne
Arbeitsspeicher	Empfohlen: 24 GB RAM oder mehr
Grafik	Empfohlen: 4 GB GPU mit einer Bandbreite von 106 Gbit/s und kompatibel mit DirectX 11

2.2 Für Anwender von Autodesk® Inventor® 2020 auf Macintosh

Sie können Autodesk® Inventor® Professional auf einem Mac®-Computer auf einer Windows-Partition installieren. Das System muss Apple Boot Camp® zum Verwalten einer Konfiguration mit zwei Betriebssystemen verwenden und die folgenden Mindestsystemanforderungen erfüllen:

Betriebssystem	Mindestens: Mac OS™ X 10.13.x Empfohlen: Mac OS™ X 10. 12.x
Parallels	Parallels Desktop 13 oder höher
CPU-Typ	Mindestens: Intel® Core 2 Duo (3 GHz oder höher)
Arbeitsspeicher	Mindestens: 8 GB RAM Empfohlen: 16 GB Ram oder mehr
Partitionsgröße	Mindestens: 100 GB freier Festplattenspeicher Empfohlen: 250 GB freier Festplattenspeicher oder mehr
Betriebssystem	64 Bit-Version von Microsoft® Windows® 10 Anniversary Update (Version 1607 oder höher) 64-Bit-Version von Microsoft® Windows® 8.1 64-Bit-Version von Microsoft® Windows® 7 SP1 mit Update KB4019990

2.3 Download des Programms

Sollten Sie die Software nicht bereits besitzen, haben Sie die Möglichkeit Autodesk® Inventor® 2020 zu privaten Schulungszwecken als kostenlose Version herunterzuladen:

> ➤ *https://www.autodesk.com/education/free-software/inventor-professional*

Eröffnen Sie hierfür einen kostenlosen Autodesk® Account unter demselben Link.

2.4   Installationsvoraussetzungen

Zugriffsrechte

Sie müssen über lokale Benutzer-Administratorrechte verfügen.

> ➤ **Systemsteuerung > Benutzerkonten > Benutzerkonten verwalten**

System-Updates/ Antivirenprogramm

Vor der Installation von Autodesk® Inventor® 2020 sollten eventuell noch ausstehende Updates von Windows® durchgeführt werden. Starten Sie den Rechner danach neu. Antivirenprogramme müssen während der Installation eventuell vorübergehend deaktiviert werden.

Language Packs

Prüfen Sie vor der Installation von Autodesk® Inventor® 2020, ob die heruntergeladene Programmversion in der richtigen Sprache vorhanden ist. Eventuell muss vorab ein Sprachpaket heruntergeladen und installiert werden.

Seriennummer/ Produktschlüssel

Beim Download müssen Seriennummer und Produktschlüssel in Erfahrung gebracht werden. Diese werden bei der Installation benötigt.

Beenden anderer Programme

Beenden Sie alle anderen Programme vor der Installation von Autodesk® Inventor® 2020.

2.5   Installation von Autodesk® Inventor® 2020

Stellen Sie vor der Installation von Autodesk® Inventor® 2020 sicher, dass alle Teile des Programms vollständig vorhanden sind. Wurden diese vollständig heruntergeladen (Schritt entfällt, wenn die Software auf DVD vorhanden ist), kann mit der Installation begonnen werden. Sollte das Installationsprogramm noch nicht geöffnet sein, starten Sie dieses. Sie finden es für gewöhnlich im Pfad:

> ➤ **C:\Autodesk\Inventor_2020_...\Setup.exe**

Nachdem Sie die Lizenzvereinbarung gelesen und akzeptiert haben, muss im Dropdown-Menü mit den Produktsprachen einer der folgenden Schritte durchgeführt werden:

1) Wählen Sie eine Sprache aus.
2) Wählen Sie unter Lizenztyp die Option ***Einzelplatz***.
3) Geben Sie Seriennummer und Produktschlüssel ein (falls erforderlich).
4) Bestimmen Sie den Installationspfad (dieser Pfad darf maximal 260 Zeichen lang sein).
5) Übernehmen Sie die vorgegebene Konfiguration oder passen Sie die Installation an (weitere Informationen zur Konfiguration finden Sie in der Produktdokumentation).
6) Klicken Sie auf ***Installieren***.
7) Nach der Installation: Klicken Sie auf ***Fertigstellen***.

2.6 Aktivierung von Autodesk® Inventor® 2020

Online aktivieren und registrieren

Sobald Autodesk® Inventor® 2020 das erste Mal gestartet wurden, startet auch automatisch der Aktivierungsvorgang. Sollte der PC über eine bestehende Internetverbindung verfügen, führen Sie die folgenden Schritte aus:

1) Achten Sie darauf, dass Ihre Firewall oder Antivirenprogramme den Datenaustausch zwischen Autodesk® Inventor® 2020 und dem Server von Autodesk® nicht unterbrechen.
2) Starten Sie Autodesk® Inventor® 2020.
3) Stimmen Sie den Datenschutzrichtlinien zu.
4) Klicken Sie auf ***Aktivieren***.
5) Geben Sie den Produktschlüssel ein, wenn Sie dazu aufgefordert werden sollten. Melden Sie sich an und registrieren Sie das Produkt.

Autodesk® überprüft jetzt die Berechtigungsinformationen, wie z. B. Ihre Seriennummer. Wenn Sie die Aktivierungsaufforderung sehen und keine Verbindung mit dem Internet herstellen können, ist die Aktivierung manuell vorzunehmen.

Manuelles Aktivieren und Registrieren (offline)

Sollte der PC über keine bestehende Internetverbindung verfügen, führen Sie die folgenden Schritte aus:

1) Starten Sie Autodesk® Inventor® 2020.
2) Stimmen Sie den Datenschutzrichtlinien zu.
3) Klicken Sie auf **Aktivieren**.
4) Wählen Sie Aktivierungscode **Mit einer Offlinemethode anfordern**.
5) Klicken Sie auf **Weiter**.
6) Notieren Sie die Aktivierungsinformationen, die auf dem Bildschirm angezeigt werden, einschließlich der URL.
7) Starten Sie ein Gerät mit einer bestehenden Internetverbindung.
8) Öffnen Sie die URL aus Punkt (6). Melden Sie sich an und registrieren Sie das Produkt.
9) Notieren Sie den Aktivierungscode.
10) Starten Sie Autodesk® Inventor® 2020.
11) Klicken Sie auf **Aktivieren**.
12) Wählen Sie die Option **Ich habe einen Aktivierungscode von Autodesk**.
13) Kopieren Sie den Aktivierungscode, und fügen Sie ihn in das erste Feld ein, um automatisch die anderen Felder auszufüllen.
14) Klicken Sie auf **Weiter**.

3 Programmaufbau und Programmoberfläche

3.1 Programmaufbau

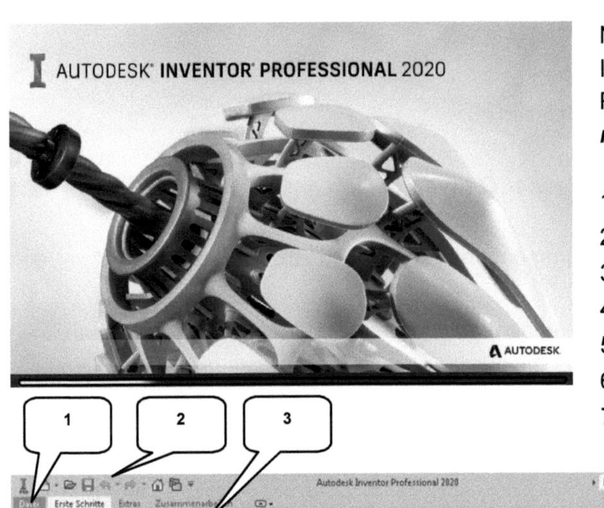

Nach dem Start von Autodesk[®] Inventor[®] 2020 öffnet sich das Programm mit der folgenden *Benutzeroberfläche*:

1) Hauptmenü
2) Schnellzugriff-Werkzeuge
3) Multifunktionsleiste
4) InfoCenter
5) Neue Dateien erstellen
6) Projektverwaltung
7) Zuletzt verwend. Dokumente

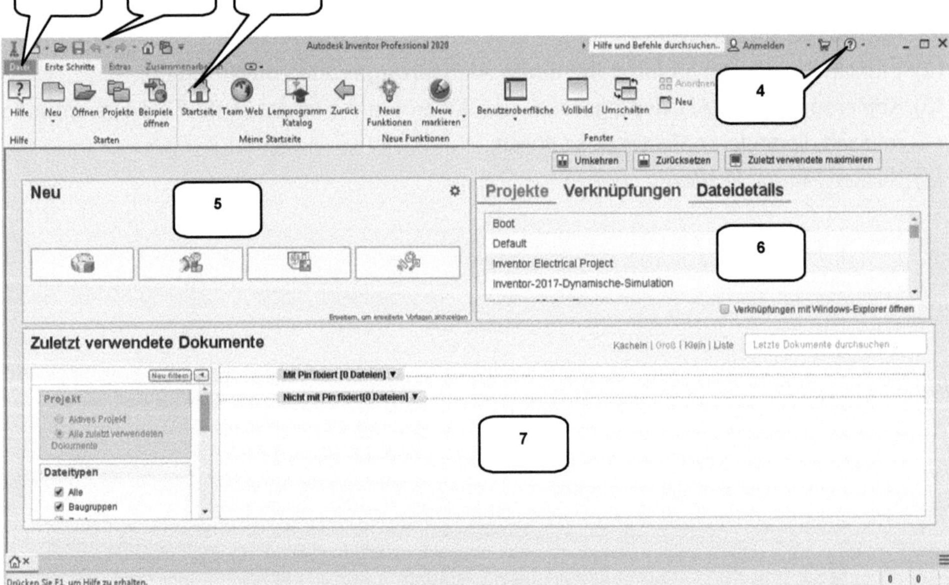

3.2 Hauptmenü

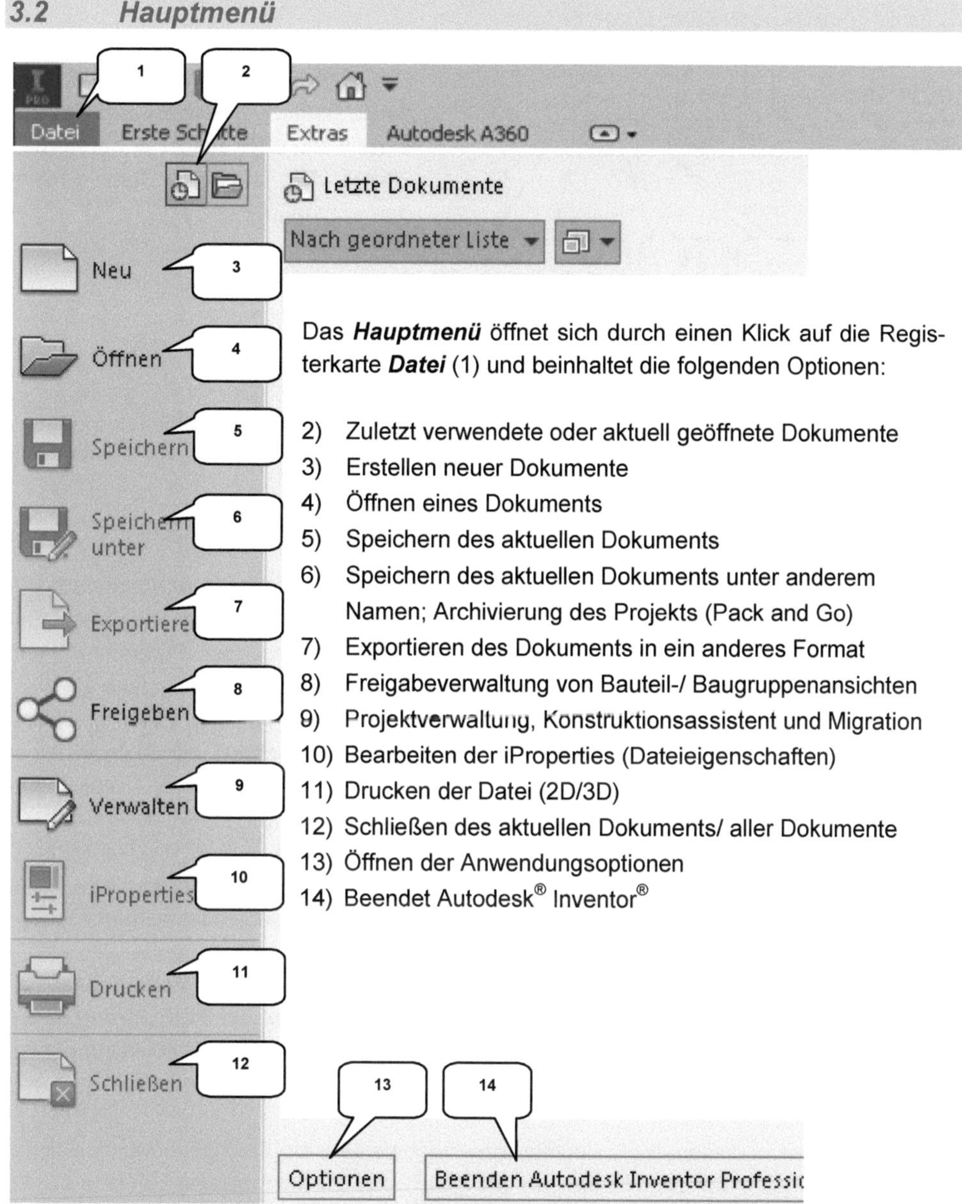

Das *Hauptmenü* öffnet sich durch einen Klick auf die Registerkarte *Datei* (1) und beinhaltet die folgenden Optionen:

2) Zuletzt verwendete oder aktuell geöffnete Dokumente
3) Erstellen neuer Dokumente
4) Öffnen eines Dokuments
5) Speichern des aktuellen Dokuments
6) Speichern des aktuellen Dokuments unter anderem Namen; Archivierung des Projekts (Pack and Go)
7) Exportieren des Dokuments in ein anderes Format
8) Freigabeverwaltung von Bauteil-/ Baugruppenansichten
9) Projektverwaltung, Konstruktionsassistent und Migration
10) Bearbeiten der iProperties (Dateieigenschaften)
11) Drucken der Datei (2D/3D)
12) Schließen des aktuellen Dokuments/ aller Dokumente
13) Öffnen der Anwendungsoptionen
14) Beendet Autodesk® Inventor®

HINWEIS: Die jeweiligen Befehle können mit einem Klick der linken Maustaste auf die nebenstehenden Dreiecke noch erweitert werden.

3.3 Schnellzugriff-Werkzeuge

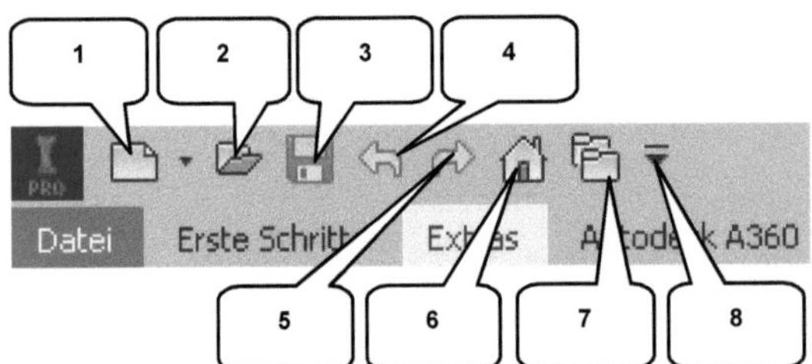

Die **Schnellzugriff-Werkzeuge** sind einige häufig verwendete Befehle, die einzeln ein- oder ausgeblendet werden können. Die folgenden Befehle befinden sich darin:

1) Erstellen eines neuen Dokuments	5) Einen Arbeitsschritt vorwärts
2) Öffnen eines vorhandenen Dokuments	6) Aktiviert die Startseite
3) Speichern des Dokuments	7) Öffnet die Projektverwaltung
4) Einen Arbeitsschritt zurück	8) Schnellzugriff-Werkzeuge anpassen

3.4 Multifunktionsleiste

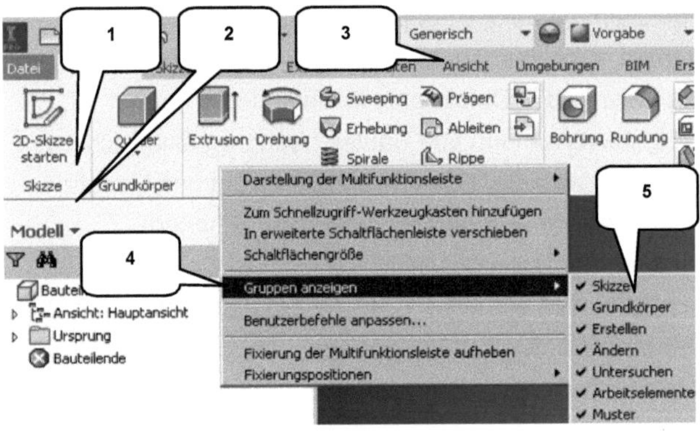

Die **Multifunktionsleiste** (1) befindet sich im oberen Bereich des Programms und enthält verschiedene Befehlsgruppen (2), deren Inhalt entsprechend der Auswahl einer der verfügbaren Registerkarten (3) variiert. Jede Registerkarte enthält diverse Befehlsgruppen, welche ein- oder ausgeblendet werden können.

Zum Ein- oder Auszublenden der Befehlsgruppen muss mit der **rechten Maustaste** auf einen beliebigen Bereich der Multifunktionsleiste (1) geklickt werden, um im Kontextmenü die Option **Gruppen anzeigen** (4) zu erweitern und darin (5) die jeweiligen Befehlsgruppen zu aktivieren oder deaktivieren.

HINWEIS: Sollten in diesem Buch Befehle verwendet werden, die Sie in Ihrer Multifunktionsleiste im entsprechenden Arbeitsbereich nicht finden können, kontrollieren Sie bitte ob die entsprechende Befehlsgruppe bereits aktiviert wurde. Wenn nicht, muss dieser Schritt zuerst durchgeführt werden.

3.5　Browser

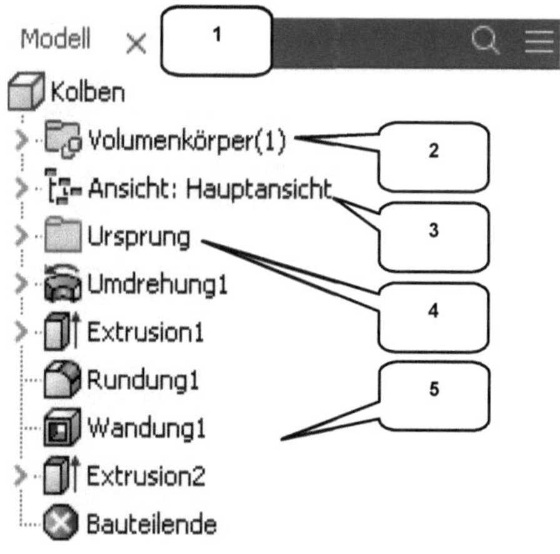

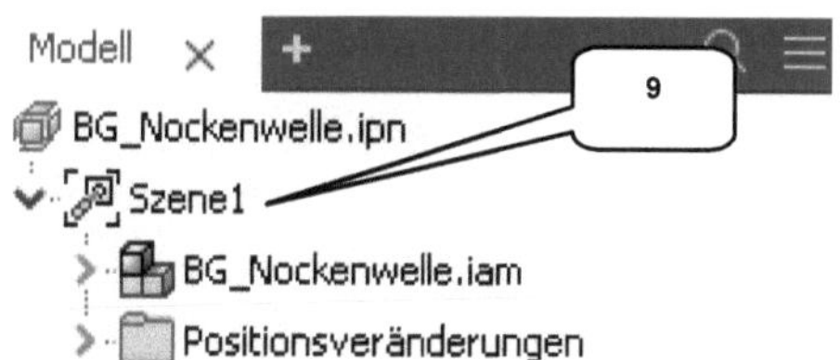

Der **Browser** (1) spiegelt den grundlegenden Aufbau eines Objekts wieder der je Arbeitsbereich inhaltlich variiert.

> ### *Bauteil-Browser*

In einem ***Bauteil-Browser*** befinden sich z. B. der Ordner ***Volumenkörper*** (2) (er listet die einzelnen Volumenkörper eines Bauteils auf), der Ordner ***Ansicht*** (3) (er beinhaltet die Ansichten eines Bauteils) sowie der Ordner ***Ursprung*** (4) (er listet die Hauptachsen und -ebenen des Bauteils auf). Weiterhin werden alle bereits am Bauteil vorgenommenen ***Arbeitsschritte*** (5) chronologisch aufgelistet und können hier bearbeitet werden.

> ### *Baugruppen-Browser*

Im ***Baugruppen-Browser*** befinden sich der Ordner ***Beziehungen*** (6) (mit allen in der Baugruppe besetzten Verbindungen/ Abhängigkeiten), der Ordner ***Darstellungen*** (7) (mit den Ansichten, Positionen und Detailgenauigkeiten der Baugruppe) und der Ordner ***Ursprung*** (8) mit den Achsen/ Ebenen. Natürlich werden auch alle in der Baugruppe vorhandenen Komponenten (Bauteile/ Normteile) aufgelistet.

> ### *Präsentations-Browser*

Der ***Präsentations-Browser*** enthält einen Ordner ***Szene*** (9). Darin werden die Präsentationsdrehbücher der animierten Baugruppen und die zugehörigen Pfade abgelegt.

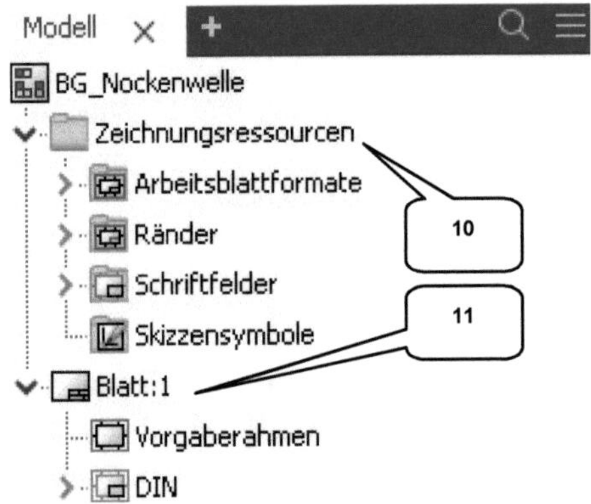

> ### Zeichnungs-Browser

Im **Zeichnungs-Browser** gibt es den Ordner **Zeichnungsressourcen** (10) (mit allen vordefinierten Arbeitsblattformaten, Rändern, Schriftfeldern und Symbolen) und je Zeichnung einen Ordner **Blatt** (11). Jedes Zeichnungsblatt beinhaltet die dem Blatt zugeordneten Arbeitsblattformate, Ränder, Schriftfelder und Symbole sowie dargestellten Ansichten mit den darin abgebildeten Komponenten.

3.6   Arbeitsbereich
3.6.1   Startbildschirm

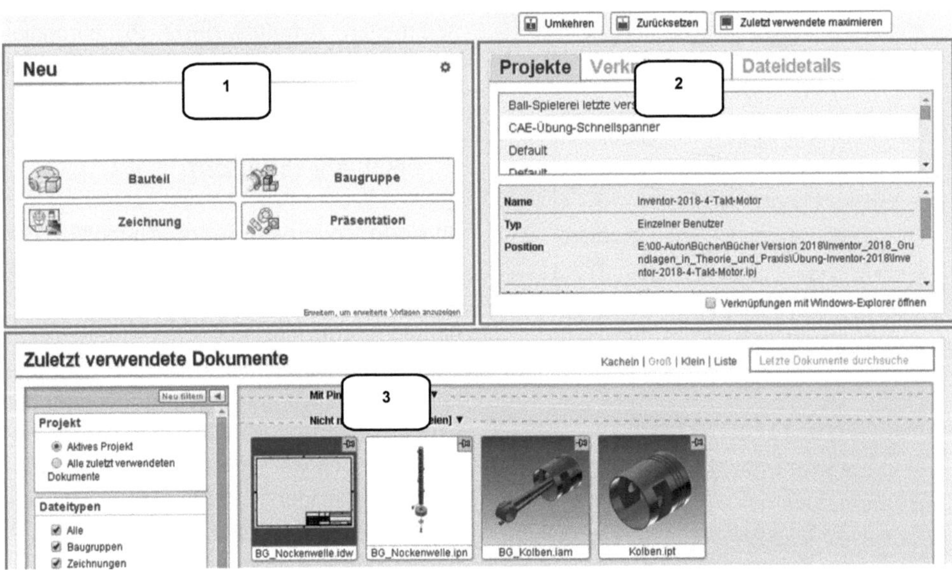

Nach dem Start des Programms wird dem Benutzer ein **Startbildschirm** mit den folgenden Inhalten angeboten:

1) Erstellen eines neuen Dokuments
2) Projektverwaltung
3) Öffnen eines bereits vorhandenen Dokuments

4   Die ersten Schritte

4.1   Programmhilfe und neue Funktionen

In der Befehlsgruppe *Hilfe* (Register *Erste Schritte*) befindet sich der Befehl 🗨 **Hilfe** (1). Ein Klick darauf öffnet im Arbeitsbereich die Online-Hilfe wenn ein Internetzugang vorhanden ist (ggf. müssen die Einstellungen der Firewall bearbeitet werden).

In der Online-Hilfe kann entweder in der *Inhaltsübersicht* (2) aus einem der angebotenen Themengebiete auswählt werden, oder ein bestimmter Befehl/ Begriff *gesucht* werden (3). Der *Ausgabebereich* (4) stellt die Ergebnisse dann anschließend dar.

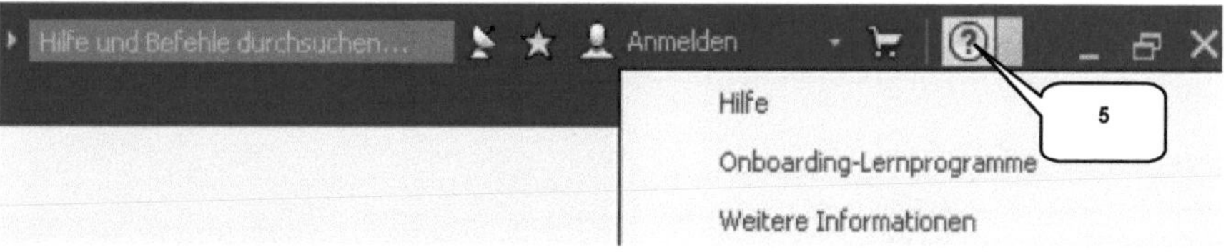

HINWEIS: Die Programmhilfe kann auch durch den Befehl ⑦ **Hilfe** (5) in der oberen Programmleiste gestartet werden.

4.2 Lernprogramme

Startet man den Befehl **Lernprogrammkatalog** (1), so öffnet sich eine interaktive Lernumgebung (2) in der schrittweise der Umgang mit der Software erlernt und mit diversen Übungen gefestigt werden kann.

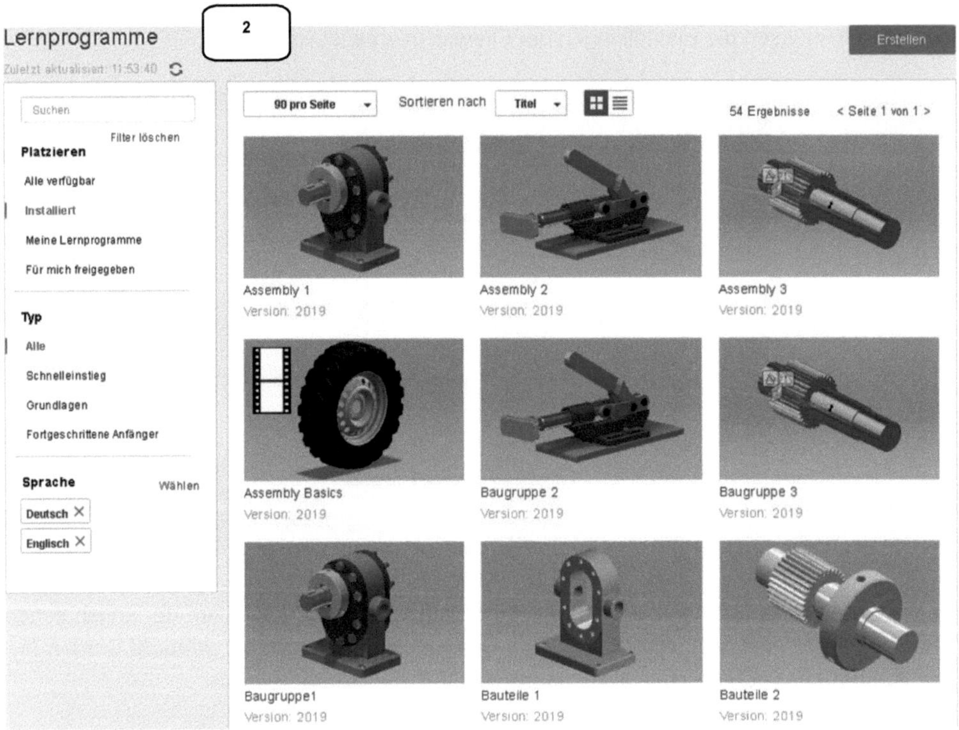

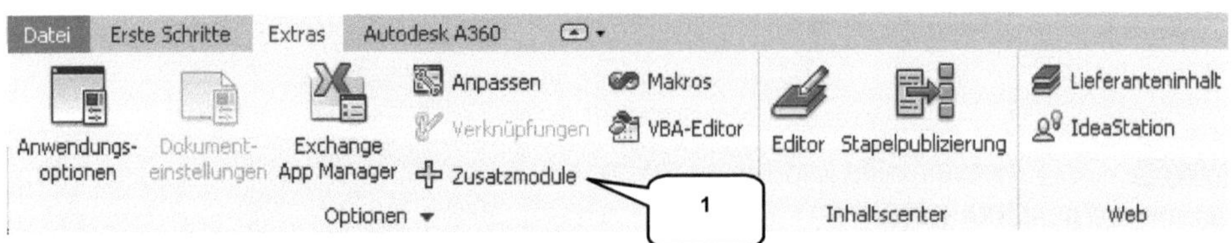

4.3 Zusatzmodule (empfohlene Einstellungen)

In der Befehlsgruppe *Optionen* (Register *Extras*) befindet sich der Befehl ✛ Zusatz-module (1) welcher den *Zusatzmodul-Manager* öffnet. Damit können die automatisch beim Programmstart zusätzlich zu den Standardeinstellungen zu aktivierenden Programm-Module festgelegt werden.

Um ein Modul automatisch laden zu lassen, muss dieses in der *Liste* (2) aktiviert werden, um anschließend die beiden Haken im Bereich *Ladeverhalten* (3) zu setzen. Andernfalls sind die Haken zu entfernen.

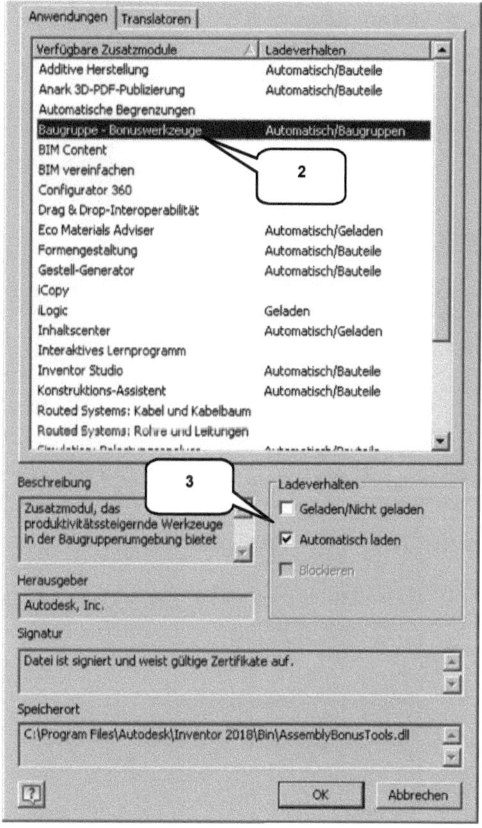

Die Aktivierung der folgenden Module wird empfohlen:

➢ Additive Herstellung
➢ Automatische Begrenzungen
➢ Baugruppe - Bonuswerkzeuge
➢ BIM-Austausch
➢ BIM-Vereinfachen
➢ Gestell-Generator
➢ iCopy
➢ iLogic
➢ Inhaltscenter
➢ Inventor Studio
➢ Konstruktions-Assistent
➢ Simulation: Belastungsanalyse
➢ Simulation: Dynamische Simulation
➢ Simulation: Gestellanalyse

HINWEIS: Je nach Programversion (Inventor® oder Inventor® Professional) können einige der Module unter Umständen nicht aktiviert werden. Bitte beachten Sie weiterhin, dass eine generelle Aktivierung aller verfügbaren Module die Leistungsfähigkeit des PCs stark beeinträchtigen kann und deshalb nicht zu empfehlen ist.

4.4 Anwendungsoptionen (empfohlene Einstellungen)

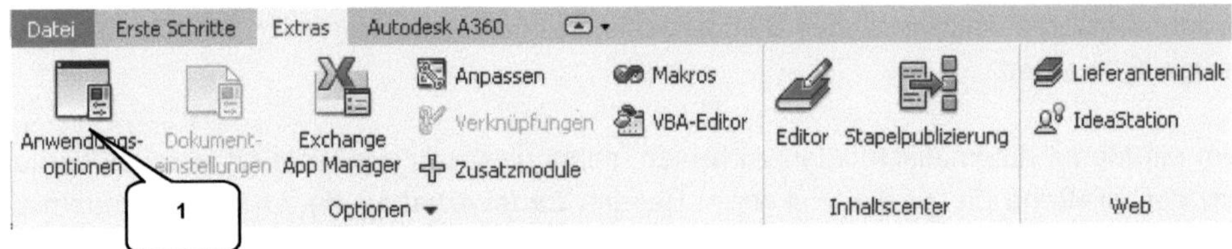

Mit dem Befehl **Anwendungsoptionen** (1) werden die Grundeinstellungen des Programms festgelegt. Er sollte jetzt geöffnet und die folgenden Einstellungen kontrolliert werden:

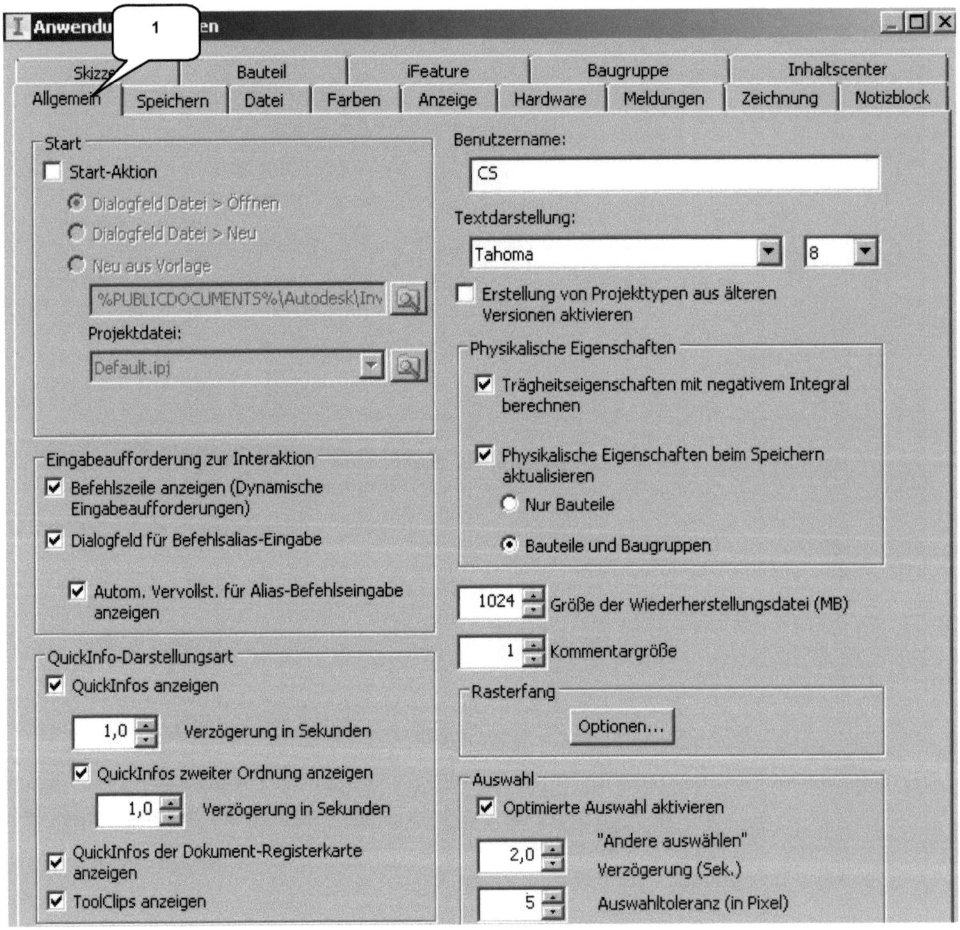

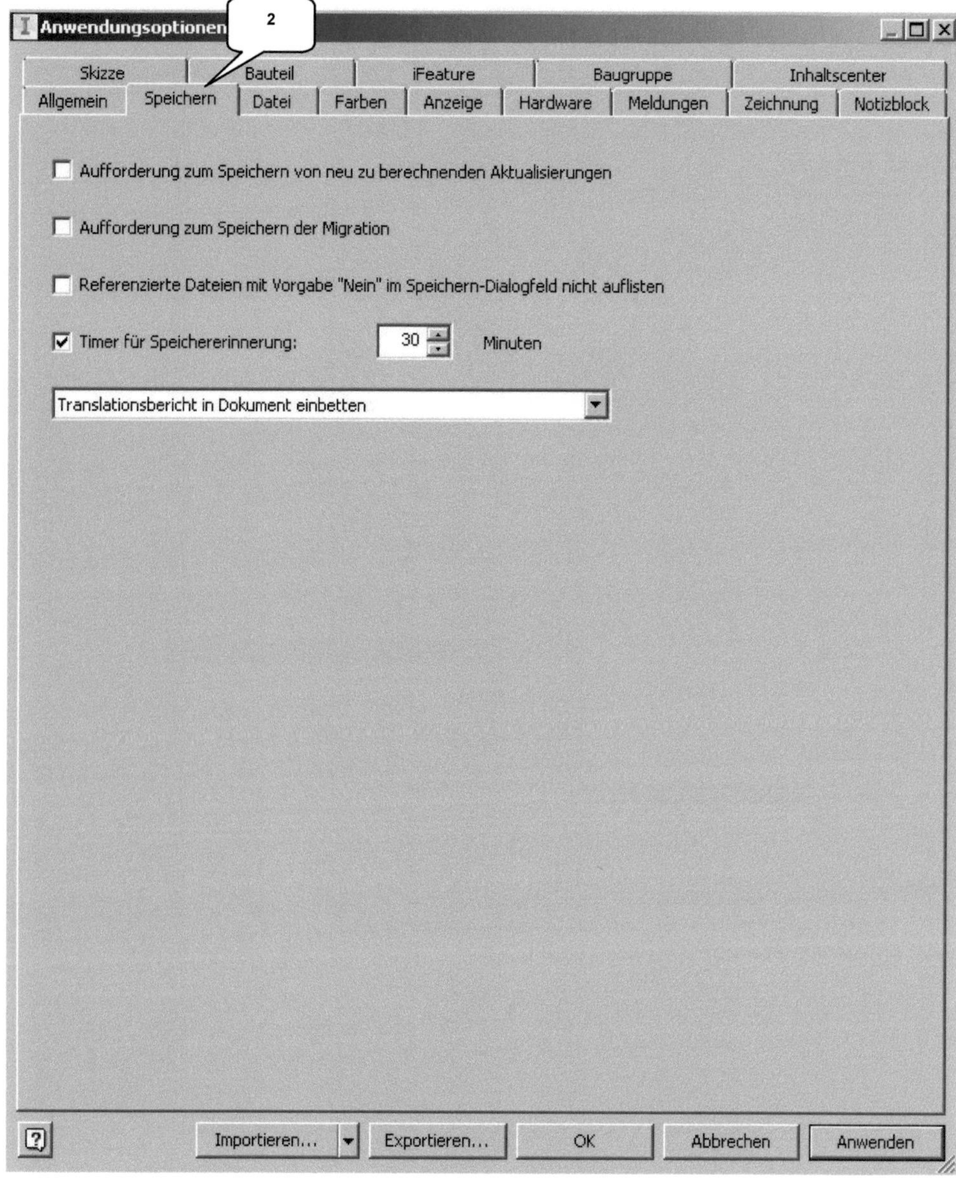

2
Anwendungsoptionen
Skizze
Bauteil
iFeature
Baugruppe
Inhaltscenter
Allgemein
Speichern
Datei
Farben
Anzeige
Hardware
Meldungen
Zeichnung
Notizblock
Aufforderung zum Speichern von neu zu berechnenden Aktualisierungen
Aufforderung zum Speichern der Migration
Referenzierte Dateien mit Vorgabe "Nein" im Speichern-Dialogfeld nicht auflisten
Timer für Speichererinnerung:
30
Minuten
Translationsbericht in Dokument einbetten
Importieren...
Exportieren...
OK
Abbrechen
Anwenden

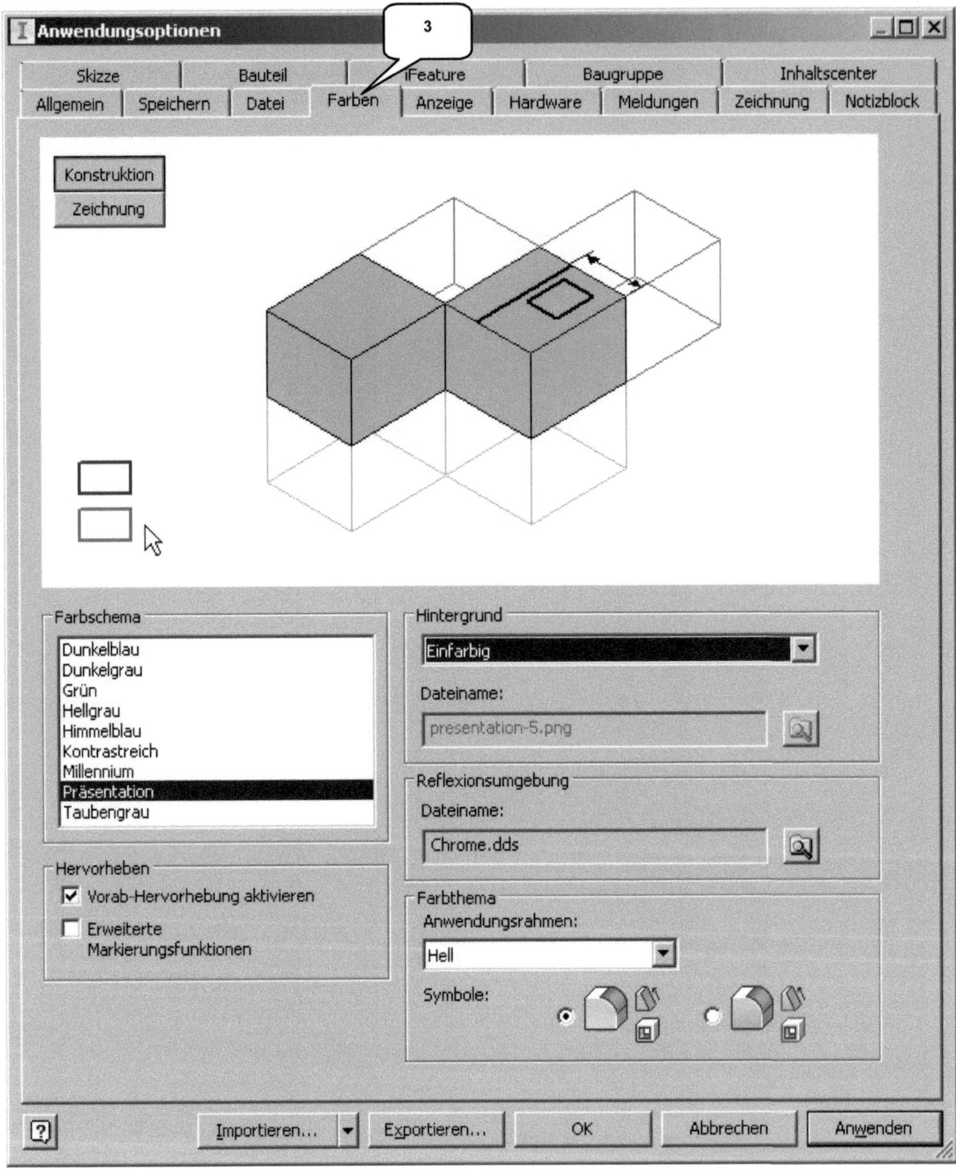
3
Anwendungsoptionen
Skizze
Bauteil
iFeature
Baugruppe
Inhaltscenter
Allgemein
Speichern
Datei
Farben
Anzeige
Hardware
Meldungen
Zeichnung
Notizblock
Konstruktion
Zeichnung
Farbschema
Dunkelblau
Dunkelgrau
Grün
Hellgrau
Himmelblau
Kontrastreich
Millennium
Präsentation
Taubengrau
Hervorheben
Vorab-Hervorhebung aktivieren
Erweiterte
Markierungsfunktionen
Hintergrund
Einfarbig
Dateiname:
presentation-5.png
Reflexionsumgebung
Dateiname:
Chrome.dds
Farbthema
Anwendungsrahmen:
Hell
Symbole:
Importieren...
Exportieren...
OK
Abbrechen
Anwenden

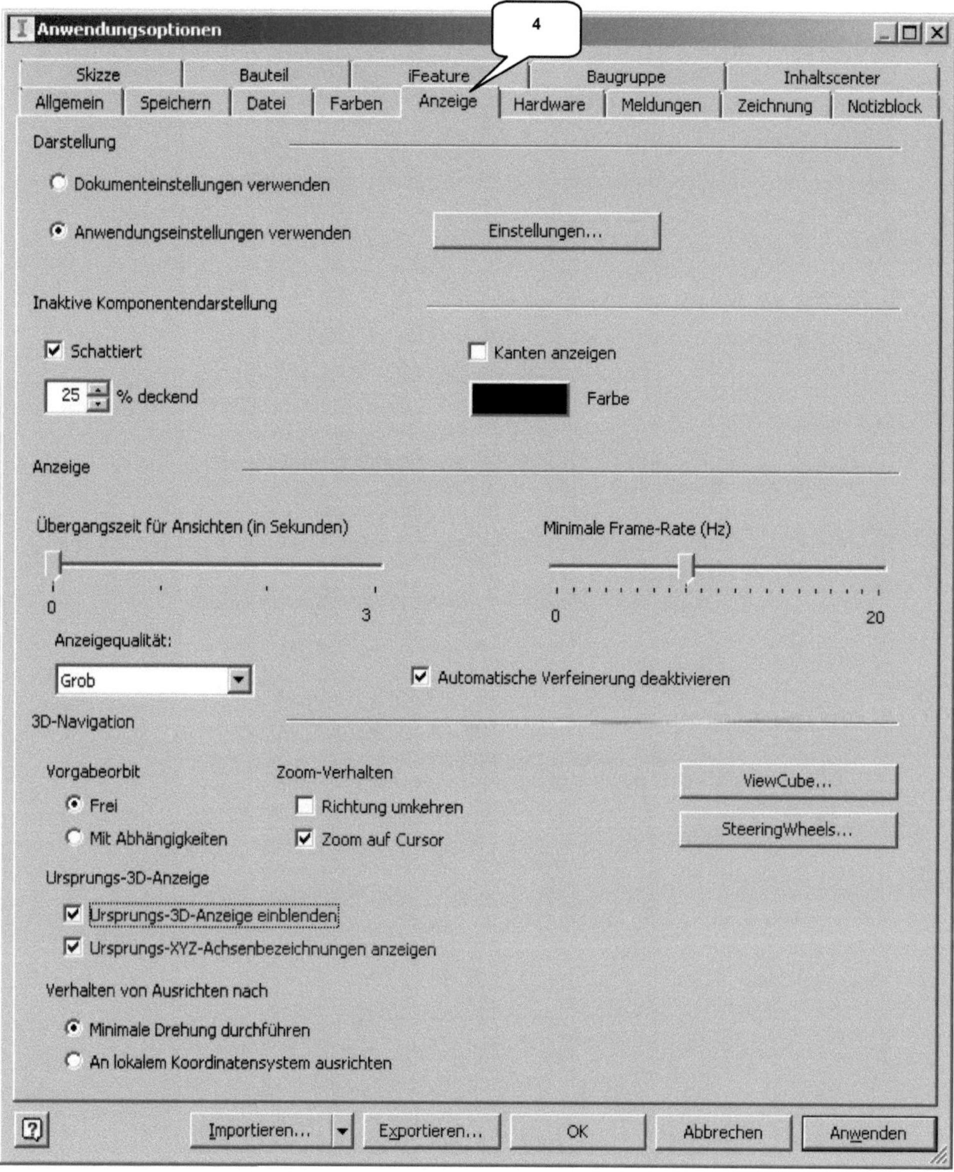
4
Anwendungsoptionen
Skizze
Bauteil
iFeature
Baugruppe
Inhaltscenter
Allgemein
Speichern
Datei
Farben
Anzeige
Hardware
Meldungen
Zeichnung
Notizblock
Darstellung
Dokumenteinstellungen verwenden
Anwendungseinstellungen verwenden
Einstellungen...
Inaktive Komponentendarstellung
Schattiert
Kanten anzeigen
25 % deckend
Farbe
Anzeige
Übergangszeit für Ansichten (in Sekunden)
Minimale Frame-Rate (Hz)
0
3
0
20
Anzeigequalität:
Grob
Automatische Verfeinerung deaktivieren
3D-Navigation
Vorgabeorbit
Zoom-Verhalten
Frei
Richtung umkehren
Mit Abhängigkeiten
Zoom auf Cursor
ViewCube...
SteeringWheels...
Ursprungs-3D-Anzeige
Ursprungs-3D-Anzeige einblenden
Ursprungs-XYZ-Achsenbezeichnungen anzeigen
Verhalten von Ausrichten nach
Minimale Drehung durchführen
An lokalem Koordinatensystem ausrichten
Importieren...
Exportieren...
OK
Abbrechen
Anwenden

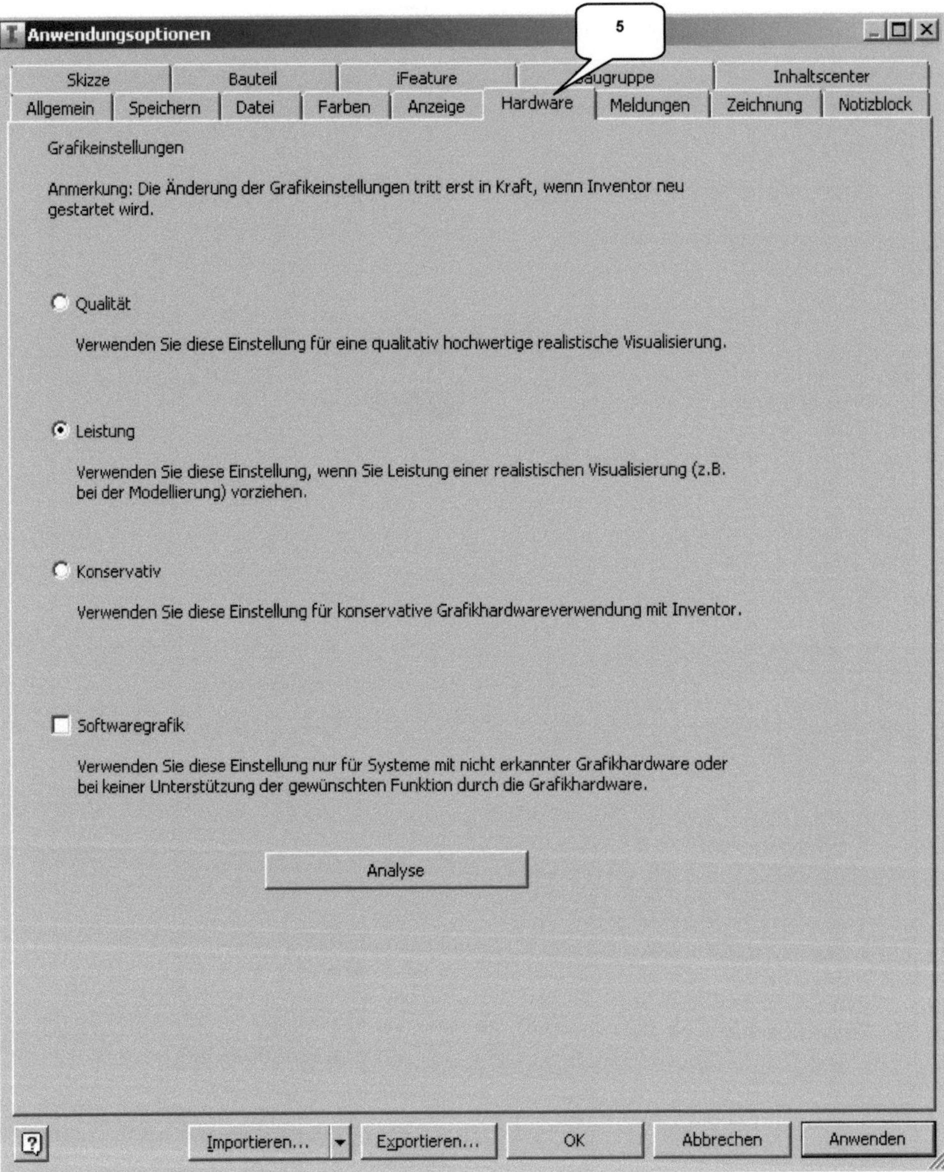
5
Anwendungsoptionen
Skizze
Bauteil
iFeature
Baugruppe
Inhaltscenter
Allgemein
Speichern
Datei
Farben
Anzeige
Hardware
Meldungen
Zeichnung
Notizblock
Grafikeinstellungen
Anmerkung: Die Änderung der Grafikeinstellungen tritt erst in Kraft, wenn Inventor neu gestartet wird.
Qualität
Verwenden Sie diese Einstellung für eine qualitativ hochwertige realistische Visualisierung.
Leistung
Verwenden Sie diese Einstellung, wenn Sie Leistung einer realistischen Visualisierung (z.B. bei der Modellierung) vorziehen.
Konservativ
Verwenden Sie diese Einstellung für konservative Grafikhardwareverwendung mit Inventor.
Softwaregrafik
Verwenden Sie diese Einstellung nur für Systeme mit nicht erkannter Grafikhardware oder bei keiner Unterstützung der gewünschten Funktion durch die Grafikhardware.
Analyse
Importieren...
Exportieren...
OK
Abbrechen
Anwenden

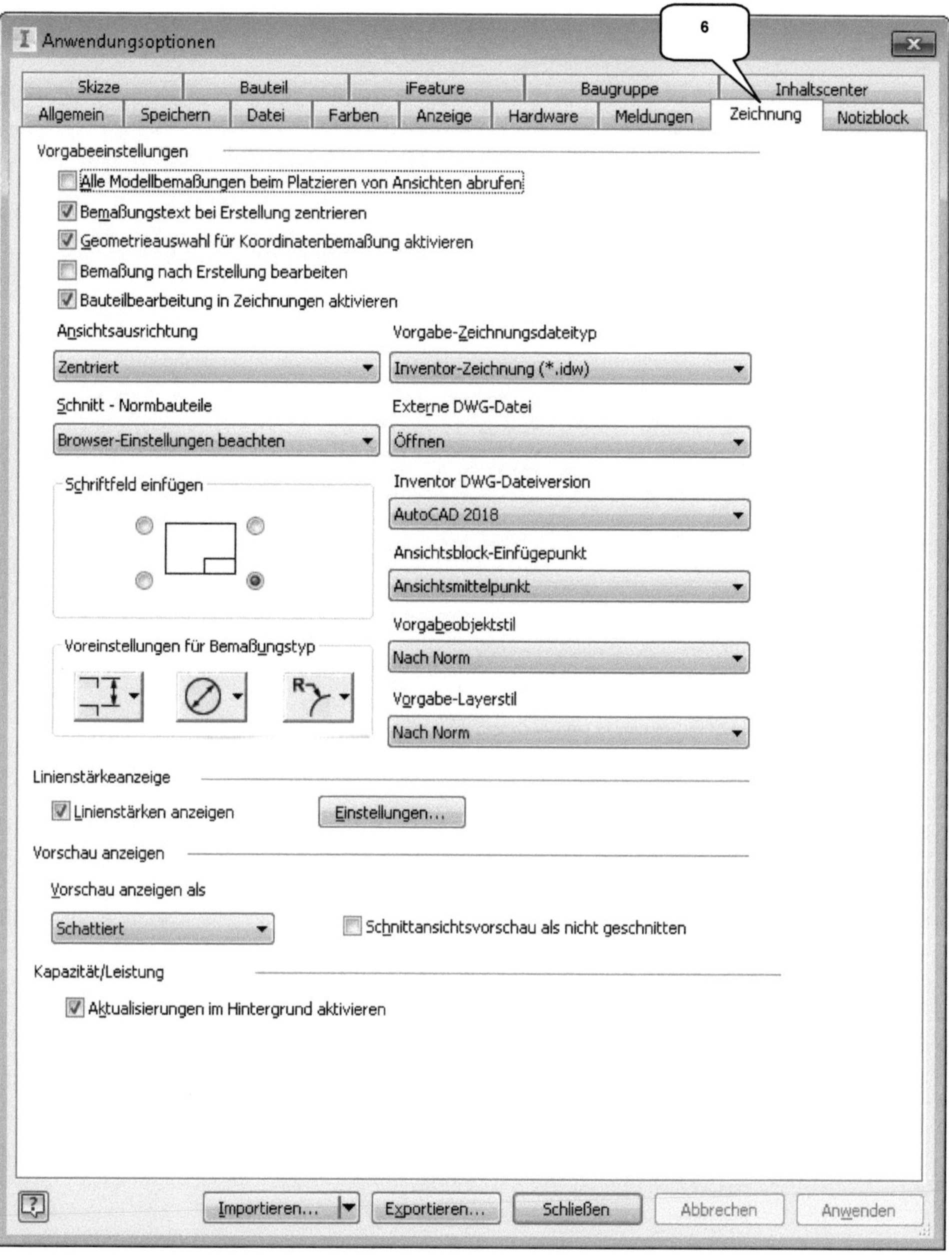
6
Anwendungsoptionen
Skizze
Bauteil
iFeature
Baugruppe
Inhaltscenter
Allgemein
Speichern
Datei
Farben
Anzeige
Hardware
Meldungen
Zeichnung
Notizblock
Vorgabeeinstellungen
Alle Modellbemaßungen beim Platzieren von Ansichten abrufen
Bemaßungstext bei Erstellung zentrieren
Geometrieauswahl für Koordinatenbemaßung aktivieren
Bemaßung nach Erstellung bearbeiten
Bauteilbearbeitung in Zeichnungen aktivieren
Ansichtsausrichtung
Zentriert
Schnitt - Normbauteile
Browser-Einstellungen beachten
Schriftfeld einfügen
Voreinstellungen für Bemaßungstyp
R
Vorgabe-Zeichnungsdateityp
Inventor-Zeichnung (*.idw)
Externe DWG-Datei
Öffnen
Inventor DWG-Dateiversion
AutoCAD 2018
Ansichtsblock-Einfügepunkt
Ansichtsmittelpunkt
Vorgabeobjektstil
Nach Norm
Vorgabe-Layerstil
Nach Norm
Linienstärkeanzeige
Linienstärken anzeigen
Einstellungen...
Vorschau anzeigen
Vorschau anzeigen als
Schattiert
Schnittansichtsvorschau als nicht geschnitten
Kapazität/Leistung
Aktualisierungen im Hintergrund aktivieren
Importieren...
Exportieren...
Schließen
Abbrechen
Anwenden

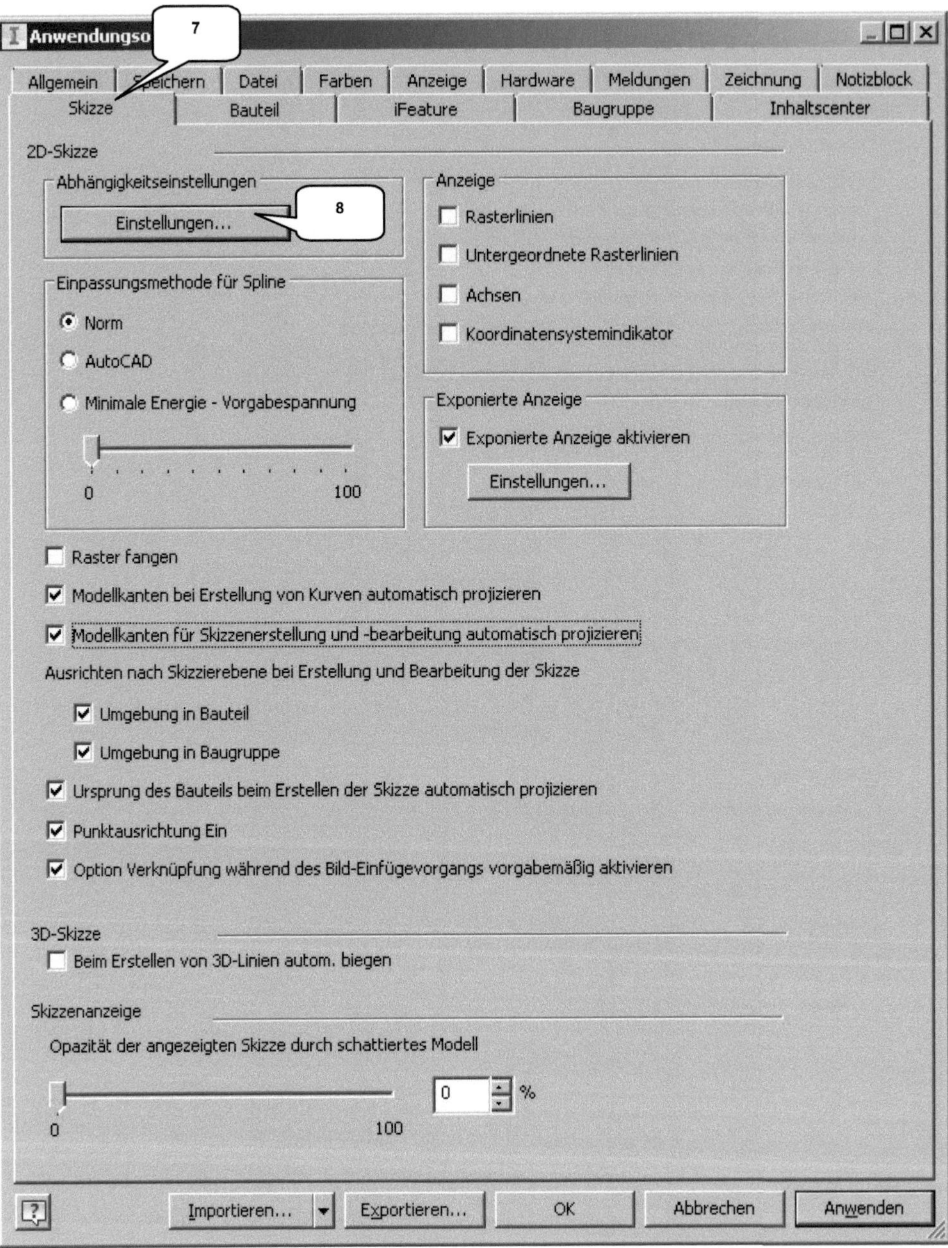
Anwendungso
7
8
Allgemein
Speichern
Datei
Farben
Anzeige
Hardware
Meldungen
Zeichnung
Notizblock
Skizze
Bauteil
iFeature
Baugruppe
Inhaltscenter
2D-Skizze
Abhängigkeitseinstellungen
Einstellungen...
Einpassungsmethode für Spline
Norm
AutoCAD
Minimale Energie - Vorgabespannung
0
100
Anzeige
Rasterlinien
Untergeordnete Rasterlinien
Achsen
Koordinatensystemindikator
Exponierte Anzeige
Exponierte Anzeige aktivieren
Einstellungen...
Raster fangen
Modellkanten bei Erstellung von Kurven automatisch projizieren
Modellkanten für Skizzenerstellung und -bearbeitung automatisch projizieren
Ausrichten nach Skizzierebene bei Erstellung und Bearbeitung der Skizze
Umgebung in Bauteil
Umgebung in Baugruppe
Ursprung des Bauteils beim Erstellen der Skizze automatisch projizieren
Punktausrichtung Ein
Option Verknüpfung während des Bild-Einfügevorgangs vorgabemäßig aktivieren
3D-Skizze
Beim Erstellen von 3D-Linien autom. biegen
Skizzenanzeige
Opazität der angezeigten Skizze durch schattiertes Modell
0
100
0
%
Importieren...
Exportieren...
OK
Abbrechen
Anwenden

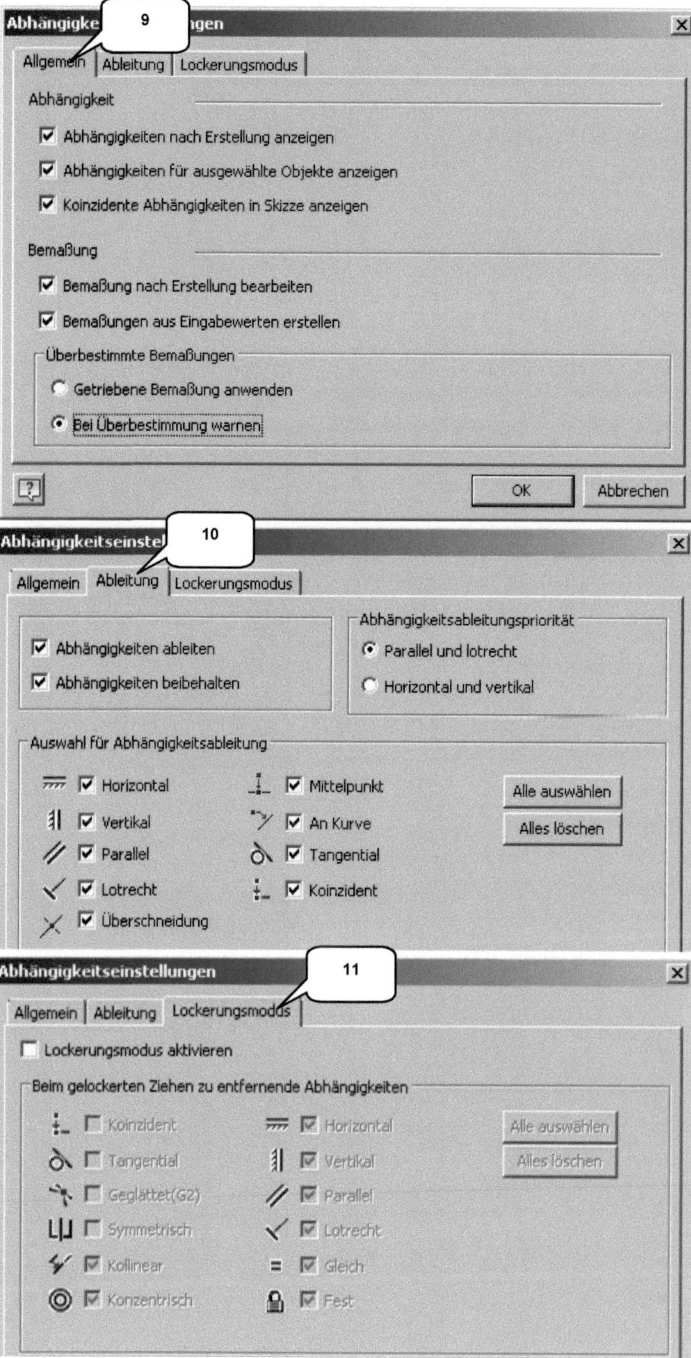
Abhängigke   ...gen
9
Allgemein Ableitung Lockerungsmodus
Abhängigkeit
Abhängigkeiten nach Erstellung anzeigen
Abhängigkeiten für ausgewählte Objekte anzeigen
Koinzidente Abhängigkeiten in Skizze anzeigen
Bemaßung
Bemaßung nach Erstellung bearbeiten
Bemaßungen aus Eingabewerten erstellen
Überbestimmte Bemaßungen
Getriebene Bemaßung anwenden
Bei Überbestimmung warnen
OK
Abbrechen
Abhängigkeitseinstel   ...
10
Allgemein Ableitung Lockerungsmodus
Abhängigkeiten ableiten
Abhängigkeiten beibehalten
Abhängigkeitsableitungspriorität
Parallel und lotrecht
Horizontal und vertikal
Auswahl für Abhängigkeitsableitung
Horizontal
Vertikal
Parallel
Lotrecht
Überschneidung
Mittelpunkt
An Kurve
Tangential
Koinzident
Alle auswählen
Alles löschen
Abhängigkeitseinstellungen
11
Allgemein Ableitung Lockerungsmodus
Lockerungsmodus aktivieren
Beim gelockerten Ziehen zu entfernende Abhängigkeiten
Koinzident
Tangential
Geglättet(G2)
Symmetrisch
Kollinear
Konzentrisch
Horizontal
Vertikal
Parallel
Lotrecht
Gleich
Fest
Alle auswählen
Alles löschen

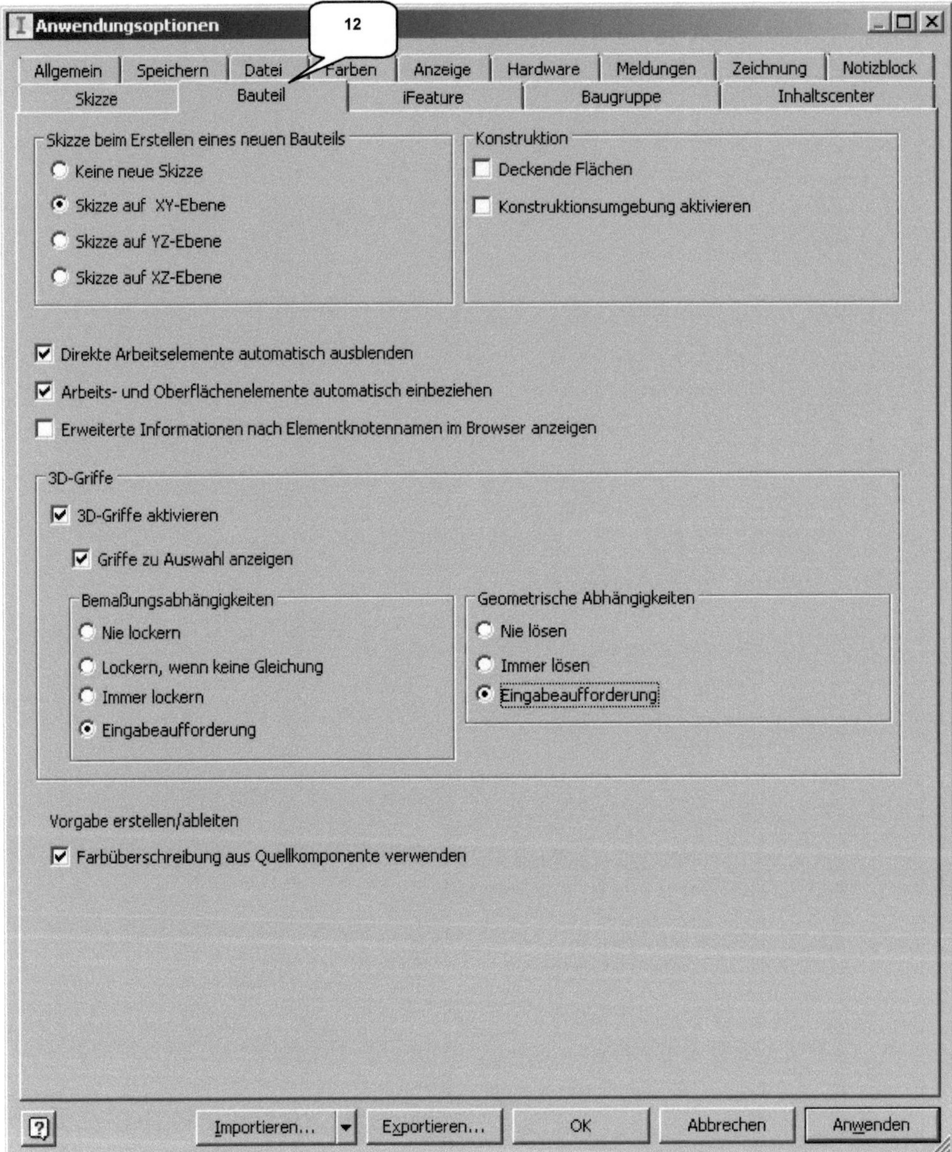
Anwendungsoptionen
12
Allgemein | Speichern | Datei | Farben | Anzeige | Hardware | Meldungen | Zeichnung | Notizblock
Skizze | Bauteil | iFeature | Baugruppe | Inhaltscenter
Skizze beim Erstellen eines neuen Bauteils
Keine neue Skizze
Skizze auf XY-Ebene
Skizze auf YZ-Ebene
Skizze auf XZ-Ebene
Konstruktion
Deckende Flächen
Konstruktionsumgebung aktivieren
Direkte Arbeitselemente automatisch ausblenden
Arbeits- und Oberflächenelemente automatisch einbeziehen
Erweiterte Informationen nach Elementknotennamen im Browser anzeigen
3D-Griffe
3D-Griffe aktivieren
Griffe zu Auswahl anzeigen
Bemaßungsabhängigkeiten
Nie lockern
Lockern, wenn keine Gleichung
Immer lockern
Eingabeaufforderung
Geometrische Abhängigkeiten
Nie lösen
Immer lösen
Eingabeaufforderung
Vorgabe erstellen/ableiten
Farbüberschreibung aus Quellkomponente verwenden
Importieren... | Exportieren... | OK | Abbrechen | Anwenden

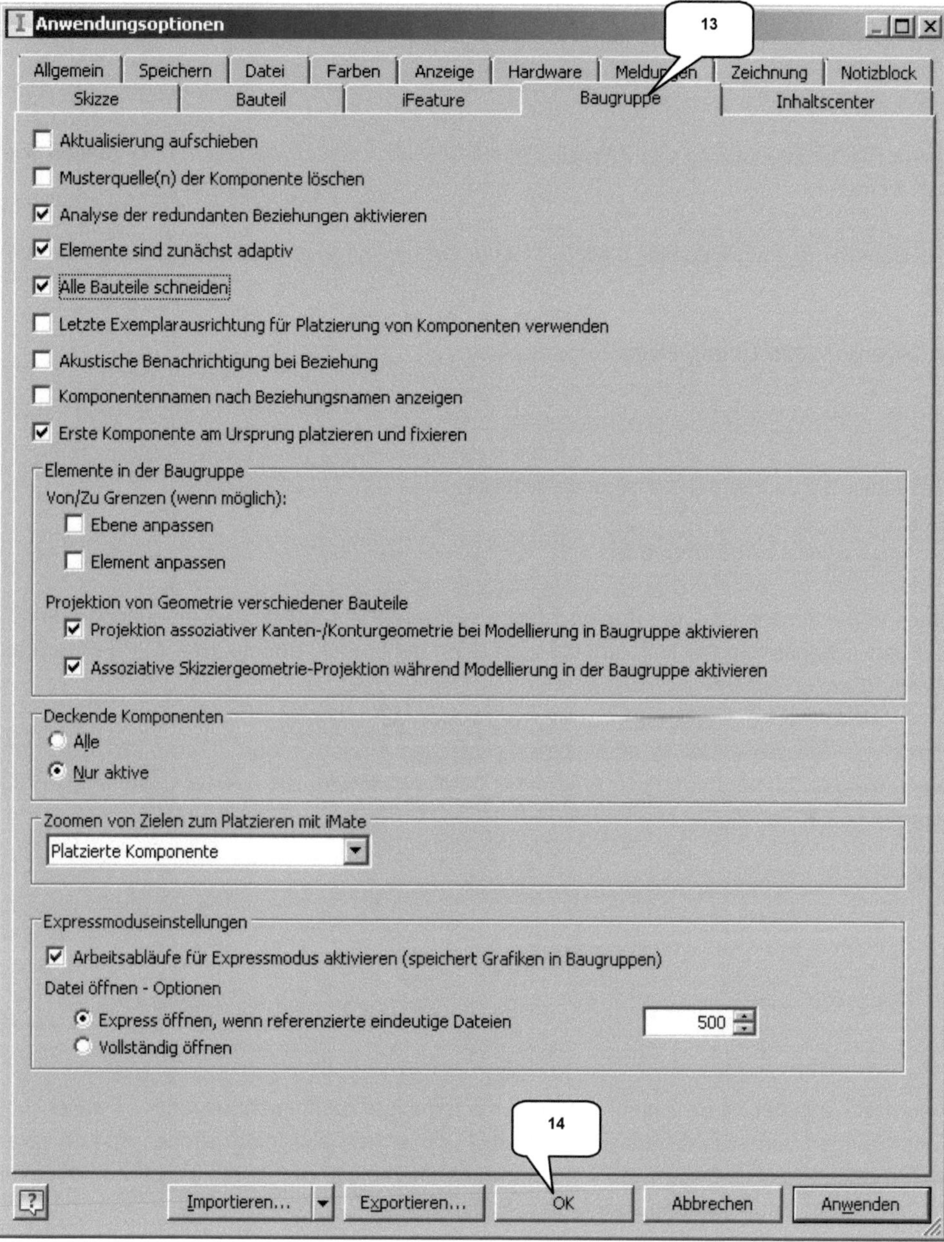
Anwendungsoptionen
13
Allgemein | Speichern | Datei | Farben | Anzeige | Hardware | Meldungen | Zeichnung | Notizblock
Skizze | Bauteil | iFeature | Baugruppe | Inhaltscenter
Aktualisierung aufschieben
Musterquelle(n) der Komponente löschen
Analyse der redundanten Beziehungen aktivieren
Elemente sind zunächst adaptiv
Alle Bauteile schneiden
Letzte Exemplarausrichtung für Platzierung von Komponenten verwenden
Akustische Benachrichtigung bei Beziehung
Komponentennamen nach Beziehungsnamen anzeigen
Erste Komponente am Ursprung platzieren und fixieren
Elemente in der Baugruppe
Von/Zu Grenzen (wenn möglich):
Ebene anpassen
Element anpassen
Projektion von Geometrie verschiedener Bauteile
Projektion assoziativer Kanten-/Konturgeometrie bei Modellierung in Baugruppe aktivieren
Assoziative Skizziergeometrie-Projektion während Modellierung in der Baugruppe aktivieren
Deckende Komponenten
Alle
Nur aktive
Zoomen von Zielen zum Platzieren mit iMate
Platzierte Komponente
Expressmoduseinstellungen
Arbeitsabläufe für Expressmodus aktivieren (speichert Grafiken in Baugruppen)
Datei öffnen - Optionen
Express öffnen, wenn referenzierte eindeutige Dateien   500
Vollständig öffnen
14
Importieren... | Exportieren... | OK | Abbrechen | Anwenden

5 Grundlegende Vorbereitungen

5.1 Projektordner erstellen

Bevor mit der Umsetzung des Projektes gestartet wird, müssen die folgenden Arbeiten erledigt werden:

Auf dem PC ist an geeigneter Stelle ein neuer Ordner mit folgender Bezeichnung zu erstellen:

> *Inventor-2020-Übung-Belastungsanalyse*

5.2 Download der Übungsdateien

Besuchen Sie im Internet die folgende Website:

> *http://www.cad-trainings.de*

Suchen Sie im Bereich *Literatur und Übungsdateien* das passende Buch und klicken Sie auf den nebenstehenden Link, um die zum Buch gehörende Übungsdatei (ZIP-Format) auf Ihrem PC zu speichern.

Speichern Sie die Datei in dem vorher erzeugten Projektordner *Inventor-2020-Übung-Belastungsanalyse* und entpacken Sie die Datei dort hinein. Die darin enthaltenen Dateien werden später benötigt.

5.3 Aktivierung des Einzelbenutzerprojektes

Inventor® arbeitet in Projekten, was die Koordination zusammenhängender Dateien und Einstellungen vereinfacht. Eine Projektdatei (*.ipj) sichert alle Informationen und Querverweise eines Projekts. Das ist wichtig, wenn später komplexe Baugruppen archiviert oder von einem PC auf einen anderen übertragen werden sollen.

Starten Sie Inventor! Im Register *Erste Schritte* (Befehlsgruppe *Starten*) ist der Befehl *Projekte* zu öffnen, um das benötigte Projekt *Inventor-2020-Belastungsanalyse.ipj* zu aktivieren.

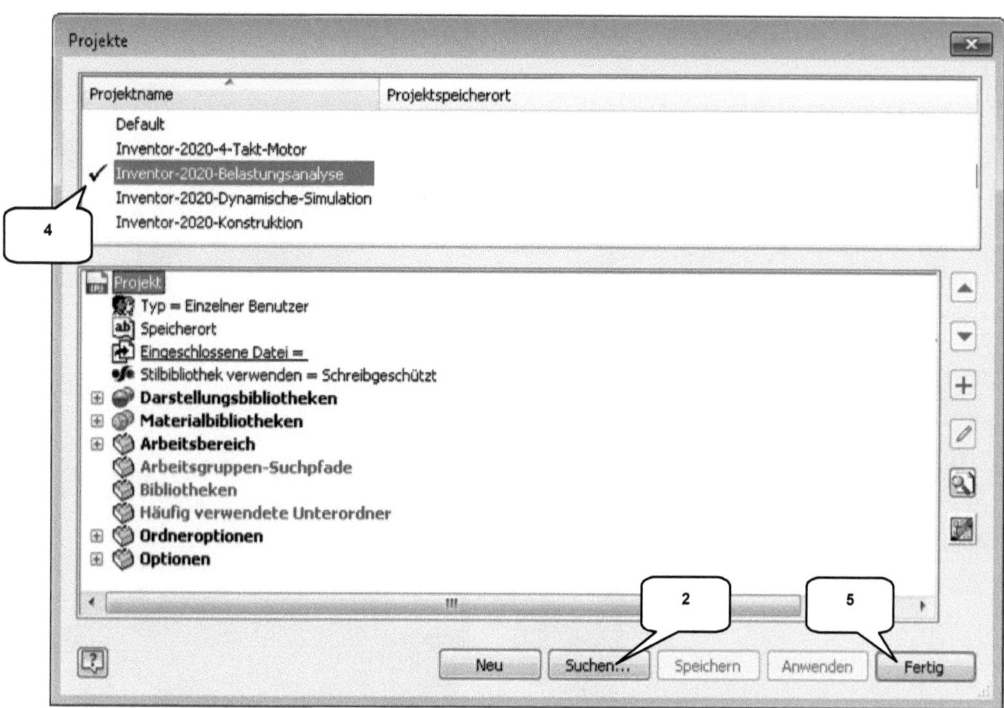

Dynamischer_Radlader_vereinfacht

Inventor-2020-Belastungsanalyse

➢ Register *Erste Schritte*

Projekte (1)
➢ *Suchen* (2)
➢ Pfad zum Projektordner wählen
➢ Dateiname:
  Inventor-2020-Belastungsanalyse.ipj (3)
➢ Öffnen ▾ *Öffnen*

Das Projekt wird automatisch aktiviert, was durch einen kleinen ***Haken*** (4) in der entsprechenden Zeile signalisiert wird.

Fertig ***Fertig*** (5)

5.4   Die Baugruppe im Überblick

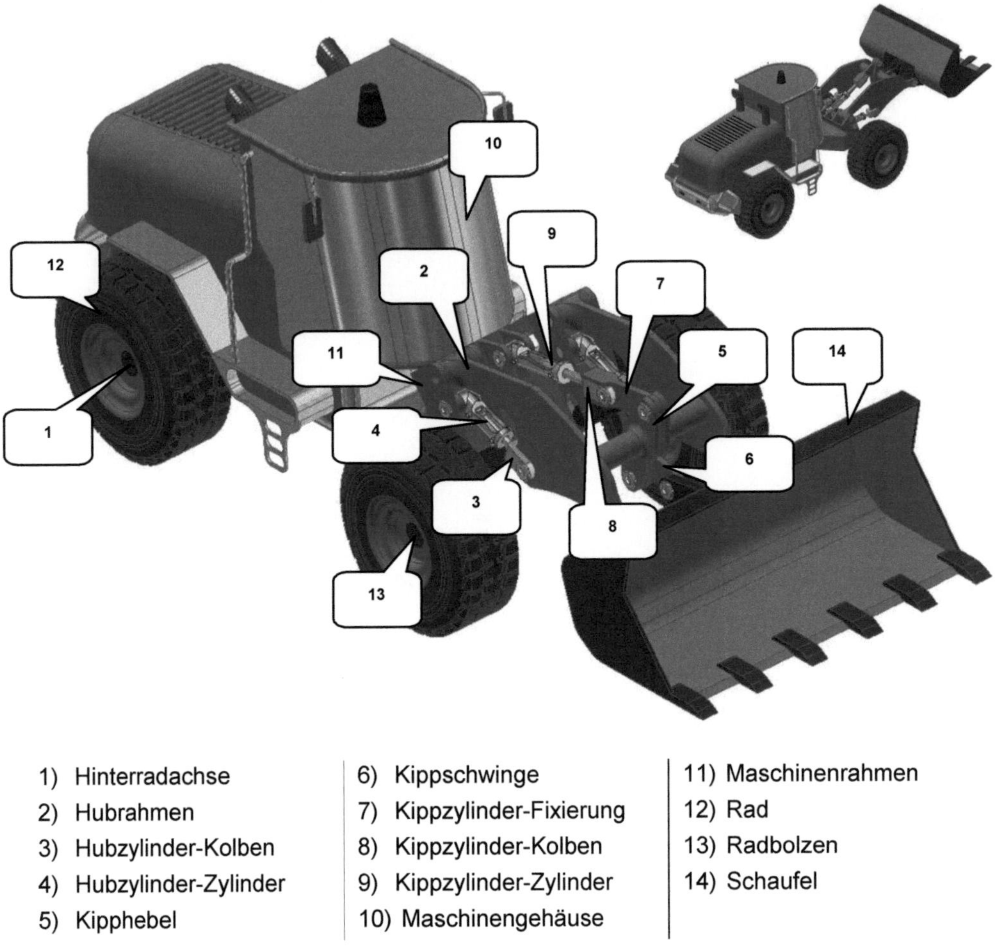

1) Hinterradachse	6) Kippschwinge	11) Maschinenrahmen
2) Hubrahmen	7) Kippzylinder-Fixierung	12) Rad
3) Hubzylinder-Kolben	8) Kippzylinder-Kolben	13) Radbolzen
4) Hubzylinder-Zylinder	9) Kippzylinder-Zylinder	14) Schaufel
5) Kipphebel	10) Maschinengehäuse	

6 Die Umgebung der Belastungsanalyse

6.1 Arten der Inventor®-Belastungsanalyse

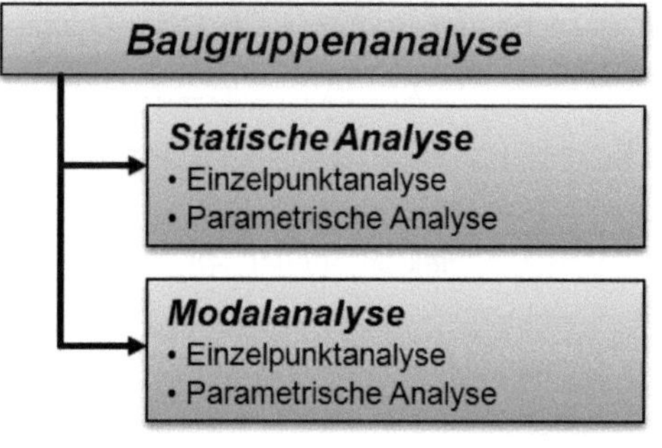

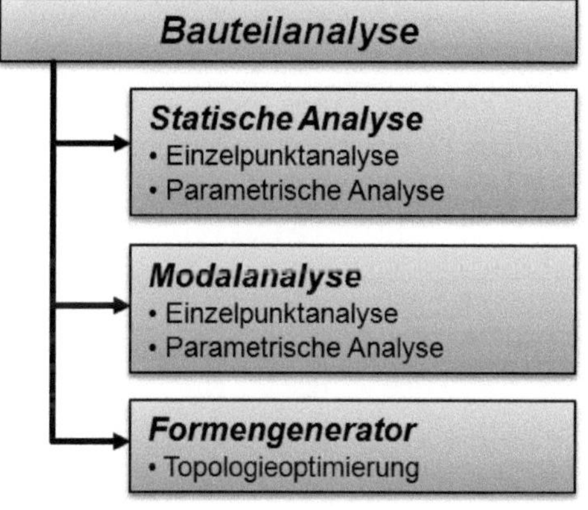

Die Belastungsanalyse ermöglicht grundsätzlich die Studie an Bauteilen und Baugruppen, wobei eine Baugruppenanalyse letztendlich auf eine Optimierung ausgewählter Bauteile ausgerichtet ist.

Baugruppen und Bauteile können in den folgenden Formen analysiert werden:

> *Statische Einzelpunktstudie*[1]
> *Parametrische Einzelpunktstudie*[2]
> *Modalanalyse (Einzelpunkt)*[3]
> *Modalanalyse (parametrisch)*[4]

Wurden alle konstruktiven Schwachstellen eines Bauteils ermittelt und korrigiert, so kann es weiterhin anhand einer:

> *Topologieoptimierung*[5]

mit dem Inventor®-Formen Generator optimiert werden. Darin wird geprüft, inwieweit eine Gewichts- und Massenreduktion möglich ist, ohne die Stabilität des Bauteils kritisch zu beeinflussen.

6.2 Grundlegender Aufbau des Analysebereiches
6.2.1 Baugruppe DYNAMISCHER_RADLADER_VEREINFACHT öffnen

In der ersten Übung soll das Bauteil *Hubrahmen.ipt* analysiert werden. Es wurde zu diesem Zweck bereits im Bereich der Dynamischen Simulation innerhalb der zugehörigen

---

[1] Objektstudie mit fest definierten Randbedingungen.
[2] Objektstudie mit variablen Randbedingungen.
[3] Objektstudie zu den Eigenschwingungen mit fest definierten Randbedingungen.
[4] Objektstudie zu den Eigenschwingungen mit variablen Randbedingungen.
[5] Berechnungsverfahren zur Gewichts- und Massenreduktion von Bauteilen unter Beachtung der Randbedingungen.

Baugruppe analysiert, konfiguriert und für den Export in den Bereich der Belastungsanalyse vorbereitet[6]. Um diese, für das Bauteil bereits vordefinierten Randbedingungen, auch in der Umgebung der Belastungsanalyse verfügbar zu machen, muss die gesamte Baugruppe **Dynamischer_Radlader_vereinfacht.iam** geöffnet werden. Würde lediglich das Bauteil selbst geöffnet werden, würden die benötigten Berechnungsergebnisse aus der Dynamischen Simulation nicht verfügbar sein. An dieser Stelle sollte auch noch einmal geprüft werden, ob das korrekte Projekt aktiviert wurde.

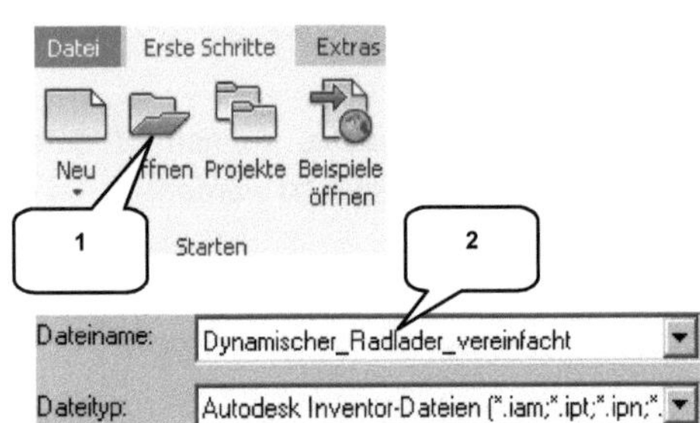

Öffnen (1)

> Order: Projektordner wählen
> Dateiname:
  Dynamischer_Radlader_vereinfacht (2)
> Dateityp: *.iam
> Öffnen **Öffnen**

Das sich ggf. öffnende Hinweisfenster **Verknüpfung auflösen**[7], kann (ohne weitere Zuordnungen) durch den Button Alle überspringen **Alle überspringen** (3) geschlossen werden.

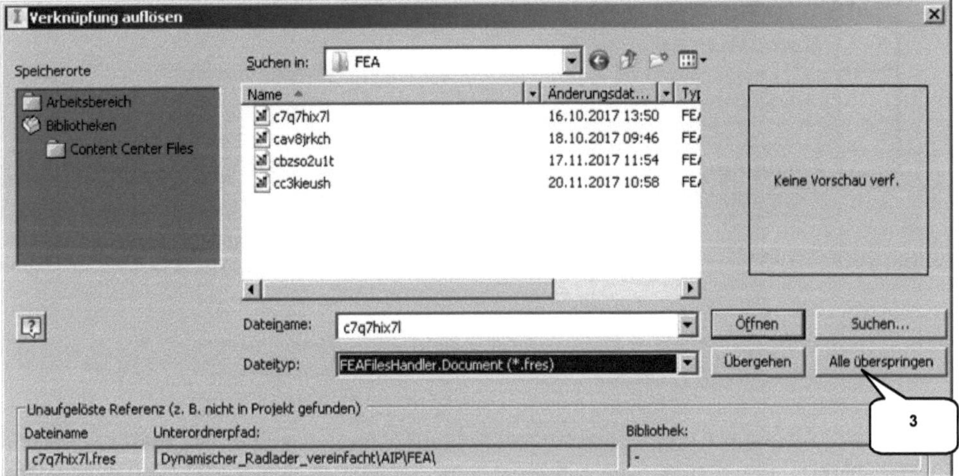

---

[6] Siehe Buch Autodesk® Inventor® 2019 - Dynamische Simulation.

[7] Die unaufgelösten Referenzen beziehen sich auf fehlende Zuordnungen der Baugruppe zu den bereits erfolgten Analysen im Bereich der Dynamischen Simulation (sogenannte FEA-Dateien). Leider gehen derartige Informationen beim Kopieren komplexer Baugruppen oftmals verloren, was der weiteren Arbeit mit dem Buch allerdings keine Probleme bereiten sollte.

6.2.2 Befehlsgruppen in der Belastungsanalyse

Im Bereich der *Belastungsanalyse* sollten die *Befehlsgruppen* zunächst auf ihre Vollständigkeit hin kontrolliert werden.

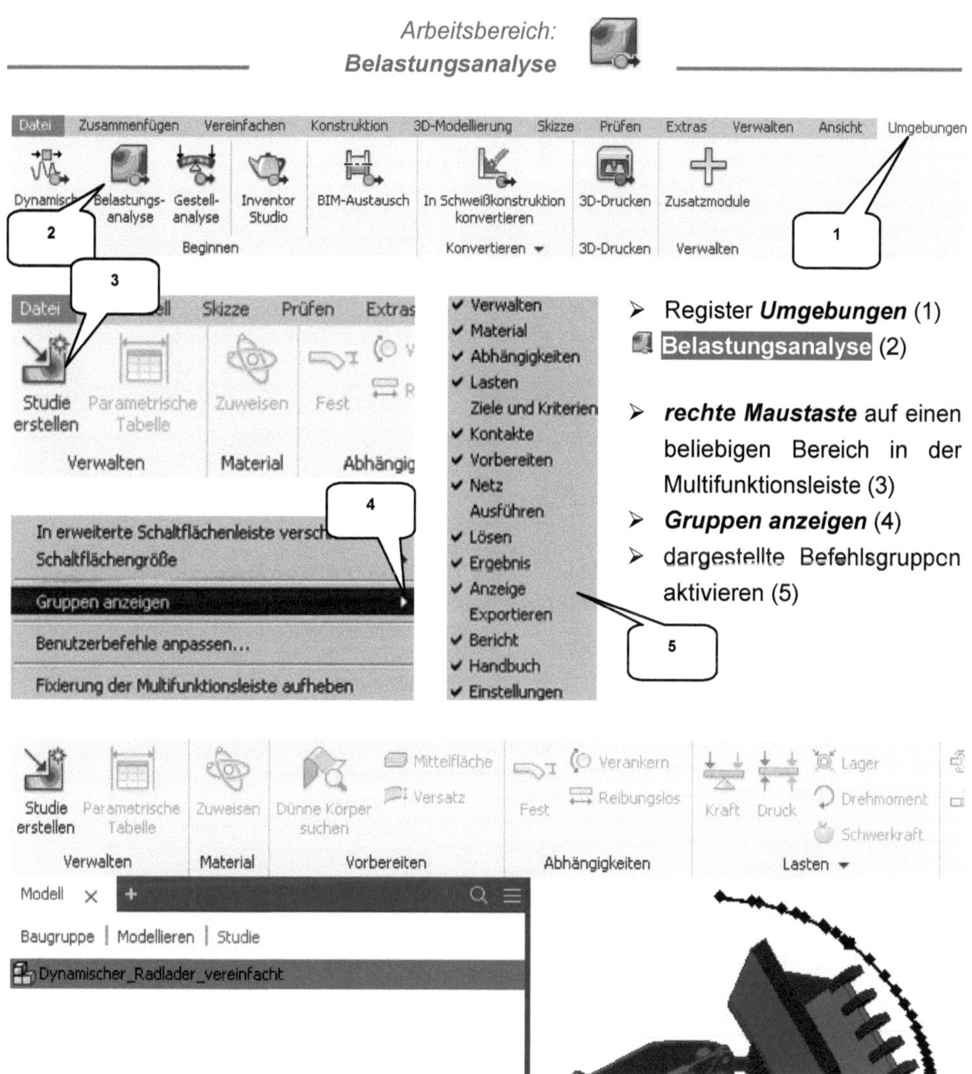

Die folgenden *Befehlsgruppen* findet man im Bereich der *Belastungsanalyse*:

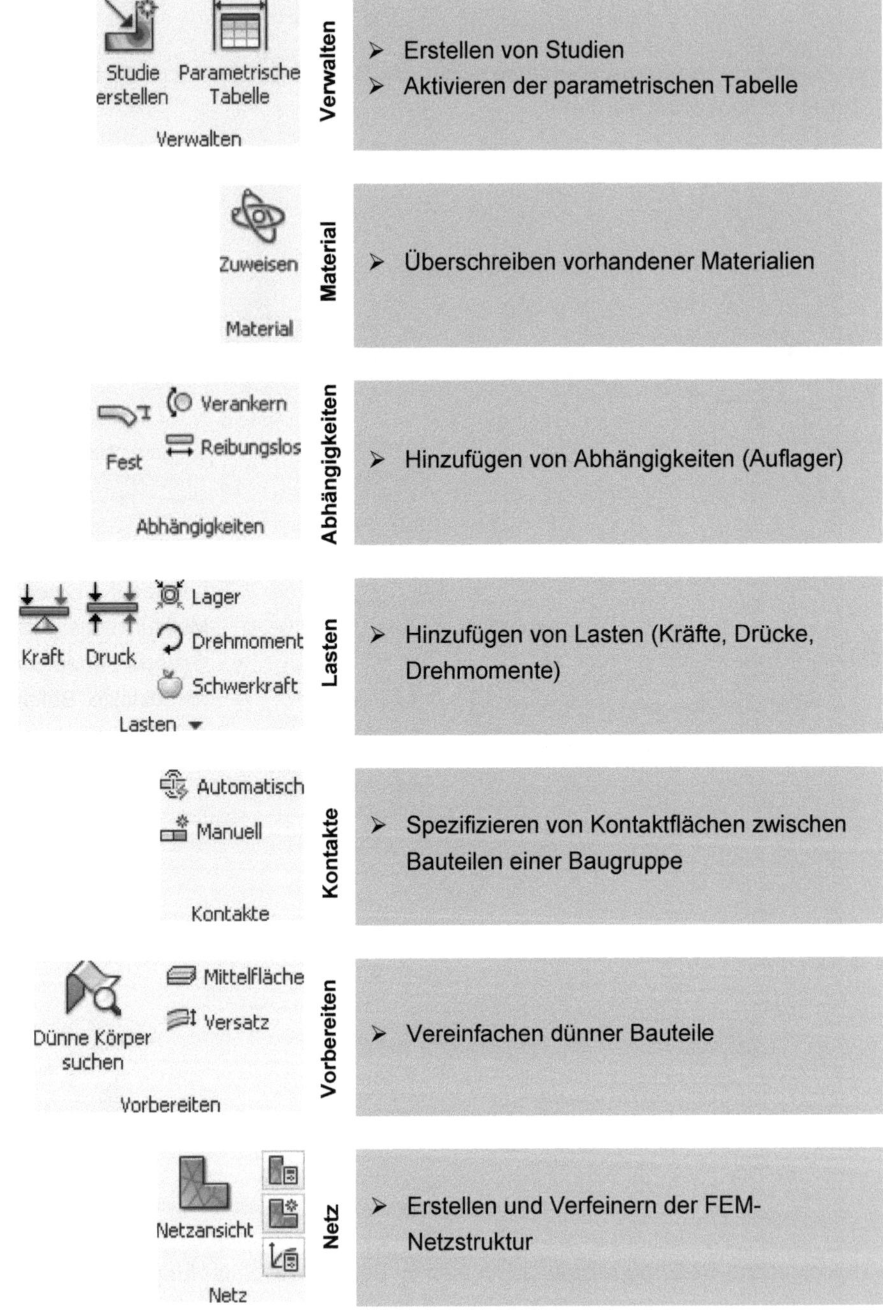

- ➢ Erstellen von Studien
- ➢ Aktivieren der parametrischen Tabelle

- ➢ Überschreiben vorhandener Materialien

- ➢ Hinzufügen von Abhängigkeiten (Auflager)

- ➢ Hinzufügen von Lasten (Kräfte, Drücke, Drehmomente)

- ➢ Spezifizieren von Kontaktflächen zwischen Bauteilen einer Baugruppe

- ➢ Vereinfachen dünner Bauteile

- ➢ Erstellen und Verfeinern der FEM-Netzstruktur

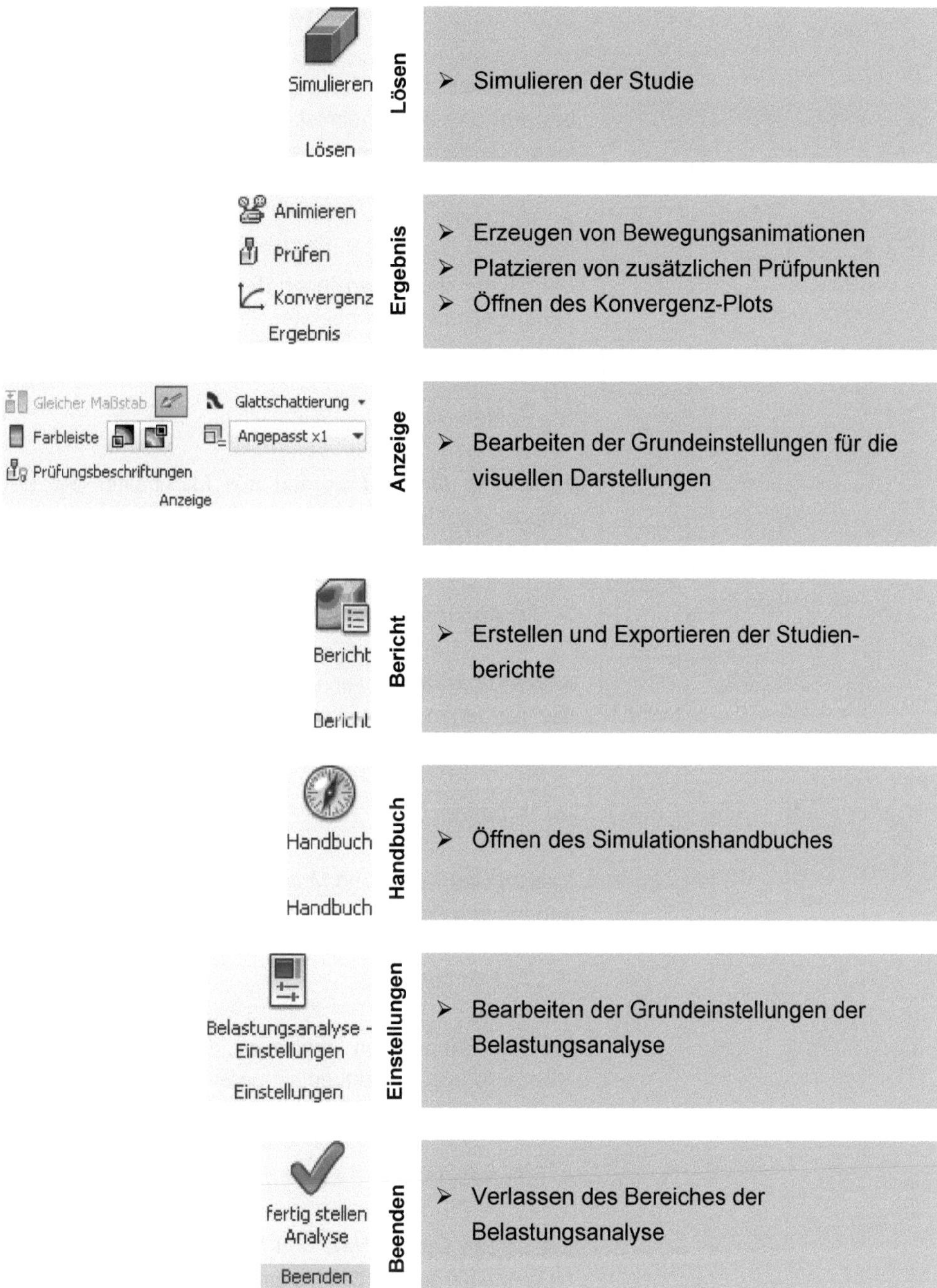
Simulieren
Lösen
Lösen
➤ Simulieren der Studie

Animieren
Prüfen
Konvergenz
Ergebnis
Ergebnis
➤ Erzeugen von Bewegungsanimationen
➤ Platzieren von zusätzlichen Prüfpunkten
➤ Öffnen des Konvergenz-Plots

Gleicher Maßstab
Farbleiste
Prüfungsbeschriftungen
Glattschattierung ▾
Angepasst x1
Anzeige
Anzeige
➤ Bearbeiten der Grundeinstellungen für die visuellen Darstellungen

Bericht
Bericht
Bericht
➤ Erstellen und Exportieren der Studienberichte

Handbuch
Handbuch
Handbuch
➤ Öffnen des Simulationshandbuches

Belastungsanalyse - Einstellungen
Einstellungen
Einstellungen
➤ Bearbeiten der Grundeinstellungen der Belastungsanalyse

fertig stellen Analyse
Beenden
Beenden
➤ Verlassen des Bereiches der Belastungsanalyse

6.2.3   Der Browser in der Belastungsanalyse

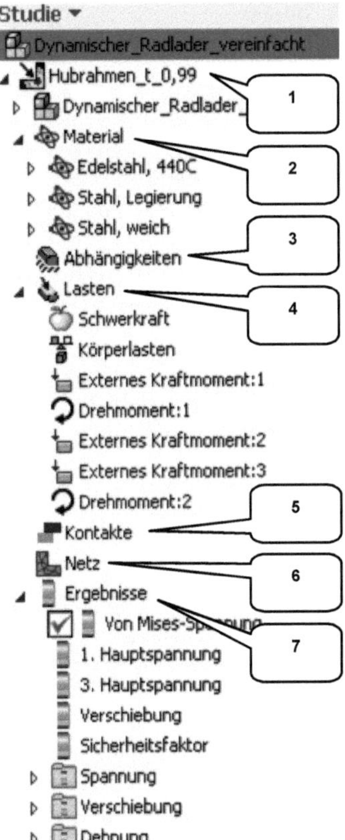

Der **Browser** der Belastungsanalyse spiegelt alle Eingabewerte und die Ergebnisse einer Simulation wider. Die folgenden **Ordner** werden <u>später</u> darin zu finden sein:

> **Studie** (1)

Die Studie findet man (nach der Bauteil- bzw. Baugruppenbezeichnung) an oberster Stelle im Browser. Sie enthält die Eigenschaften einer FEM-Analyse.

> **Material** (2)

Im Ordner **Material** werden alle Materialien der Baugruppe aufgelistet, sofern diese im Bereich der Belastungsanalyse neu zugeordnet (überschrieben) wurden.

> **Abhängigkeiten** (3)

Abhängigkeiten stellen alle Befestigungsmechanismen dar, mit denen Bauteile aneinander bzw. im Raum befestigt wurden, um ihre Einbausituation zu simulieren.

> **Lasten** (4)

Lasten sind Kräfte und Momente, die auf ein Bauteil wirken um ihre Belastungssituation zu simulieren.

> **Kontakte** (5)

Werden Baugruppen analysiert, dann sind im Ordner **Kontakte** alle Kontaktbedingungen zwischen den einzelnen Bauteiloberflächen (Kontaktflächen) hinterlegt.

> **Netz** (6) und **Ergebnisse** (7)

Die beiden Ordner **Netz** und **Ergebnisse** beinhalten die Netzstruktur sowie die Berechnungsergebnisse der Simulationen.

7 Studien statisch bestimmter Bauteile

7.1 Randbedingungen definieren

Von **statisch bestimmten Bauteilen** soll in diesem Zusammenhang gesprochen werden, wenn ein Bauteil bereits im Bereich der Dynamischen Simulation innerhalb einer Baugruppe analysiert wurde. Alle Abhängigkeiten und Lasten wurden in diesem Fall bereits definiert.

Einmal davon abgesehen, dass die Aufbereitung einer Baugruppe im Bereich der Dynamischen Simulation sehr aufwändig ist, können Bauteile in diesem Fall in der Belastungsanalyse sehr schnell analysiert werden, weil ihnen lediglich noch ein passendes Material zugewiesen werden muss (es müssen weder Abhängigkeiten noch Lasten gesetzt werden, weil das Bauteil bereits aus dem Bereich der Dynamischen Simulation heraus durch verschiedene Kräfte und Momente vollständig statisch bestimmt präsentiert wird). Außerdem sind die bereits platzierten Lasten und Auflager[8] äußerst präzise, was bei einer manuellen Platzierung der Randbedingungen nahezu ausgeschlossen werden könnte. Die Berechnungsergebnisse werden bei derartigen Analysen also stets genauer sein.

7.1.1 Grundlagen: Neue Studie erstellen

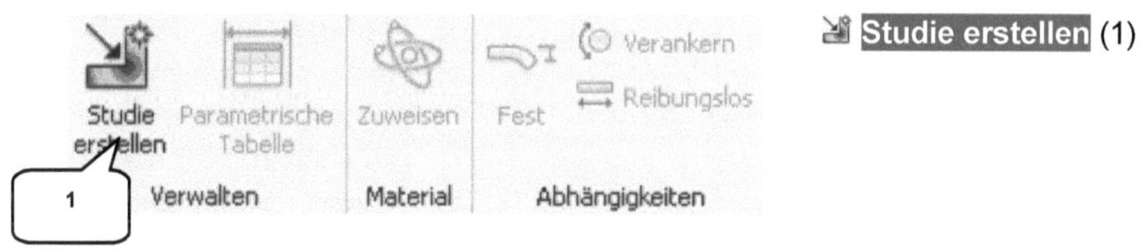

Mit dem Erstellen einer **neuen Studie** wird die grundlegende Richtung der Analyse festgelegt. D.h. auf welche Eigenschaften ein Bauteil bzw. einer Baugruppe letztendlich untersucht werden soll.

Studienbezeichnung und **Konstruktionsziel** sollten zuerst definiert werden, anschließend der **Studientyp**, bei Baugruppen sind zusätzlich die **Kontakteigenschaften** und gegebenenfalls weitere Einstellungen im **Modellzustand** festzulegen.

Die Eigenschaften einer Studie können jederzeit wieder geändert und bearbeitet werden, indem im Browser mit der **rechten Maustaste** auf die Studie geklickt und im Kontextmenü die Option **Studieneigenschaften bearbeiten** ausgewählt wird.

---

[8] Werden Daten aus dem Bereich der Dynamischen Simulation in den Bereich der Belastungsanalyse übertragen, so werden Auflager nicht als Abhängigkeiten übernommen, sondern als Lasten: Das Programm bestimmt das System somit ausschließlich anhand von Kräften und Momenten! ($\sum F_{x,y,z}=0$; $\sum M_{x,y,z}=0$)

7.1.2 Einzelpunkt-Studie erstellen

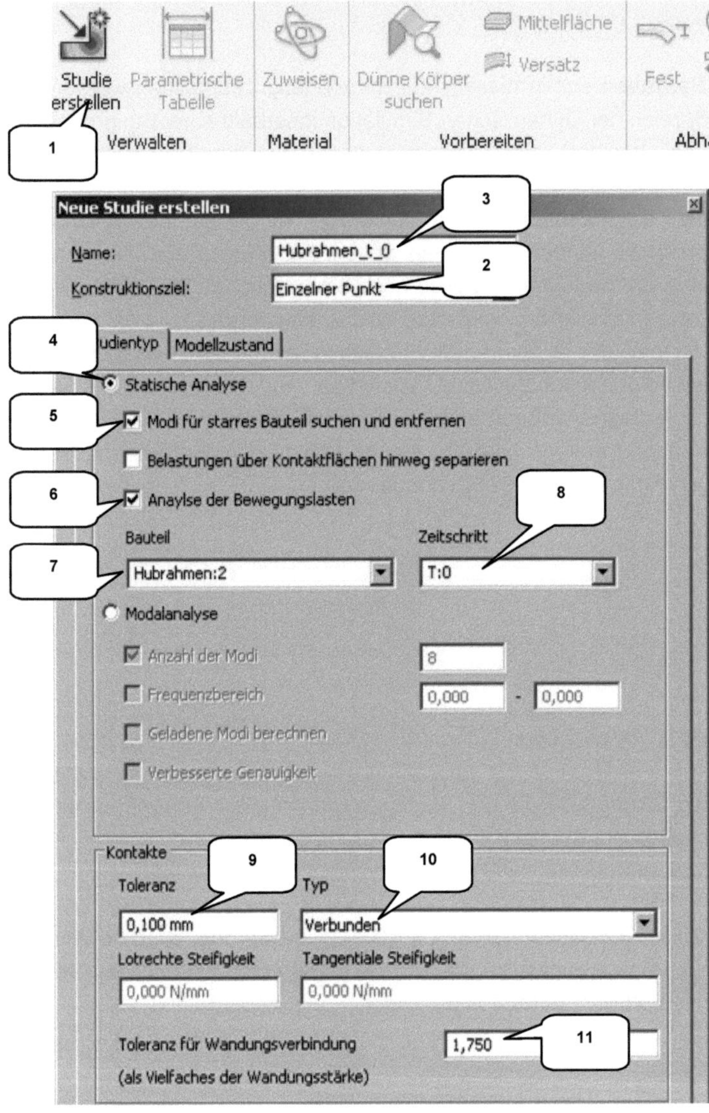

Im Bereich der Belastungsanalyse muss zuerst eine neue ⏺ *Studie* erstellt werden. Als *Konstruktionsziel* kann die Option *Einzelner Punkt* übernommen und als Name kann die Bezeichnung *Hubrahmen_t_0* eingetragen werden. Weiterhin soll eine *statische Analyse* des Bauteils erfolgen, wobei zusätzlich die Option *Modi für starres Bauteil suchen und entfernen*[9] zu aktivieren ist. Um die Lasten und Auflager aus dem Bereich der Dynamischen Simulation übernehmen zu können, sind die Optionen *Analyse der Bewegungslasten* zu aktivieren, das Bauteil *Hubrahmen:2* auszuwählen und der *Zeitschritt T:0* festzulegen. Die Einstellungen im Bereich *Kontakte* sollten ebenfalls überprüft und übernommen werden.

---

[9] Die Option „Modi für starres Bauteil suchen und entfernen" hilft dem Programm, statisch nicht einwandfrei definierte Randbedingungen um fehlende Abhängigkeiten zu ergänzen und somit überflüssige Freiheitsgrade zu eliminieren. Das verhindert unnötige Fehlermeldungen und minimiert die benötigte Rechenkapazität.

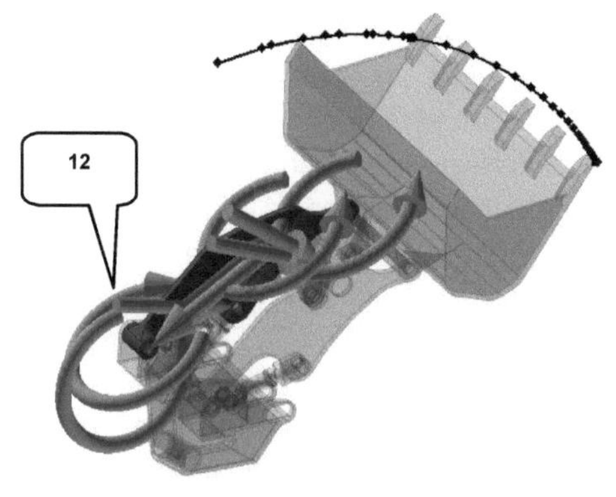

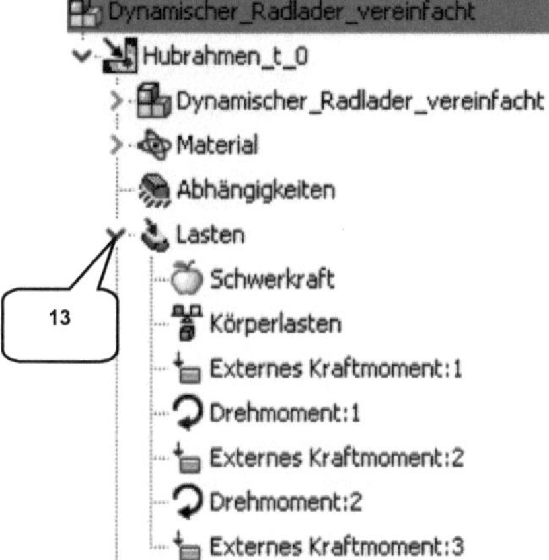

Studie erstellen (1)

- Konstruktionsziel: Einzelner Punkt (2)
- Name: Hubrahmen_t_0 (3)
- Studientyp: Statische Analyse (4)
- Aktivieren: Modi für starres Bauteil ... (5)
- Aktivieren: Analyse für Bewegungslast. (6)
- Bauteil: Hubrahmen:2 (7)
- Zeitschritt: T:0 (8)
- Toleranz: 0,1 mm (9)
- Typ: Verbunden (10)
- Toleranz für Wandungsverb.: 1,75 (11)
- `OK` *OK*

Wurde die Studie erstellt, so aktiviert das Programm einerseits weitere Befehle in der Befehlsleiste, andererseits wird die Darstellung der Baugruppe verändert: Das betroffene Bauteil wird farblich dargestellt und alle Kräfte und Momente werden mit gelben Pfeilen (12) symbolisiert.

Weitere Informationen dazu findet man im Browser innerhalb des Ordners *Lasten* (13).

7.1.3 Grundlagen: Handbuch

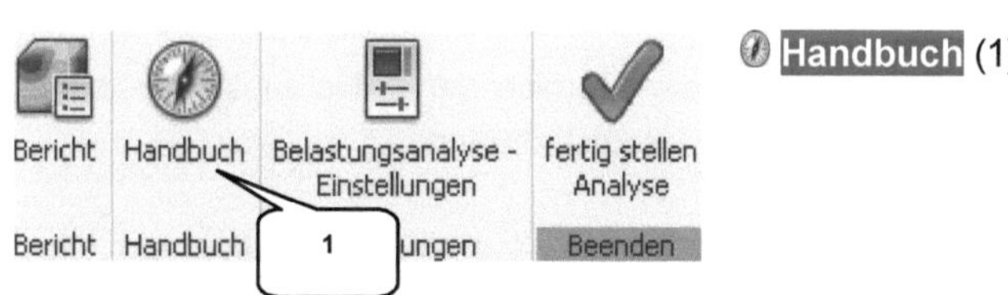

Handbuch (1)

Startet man den Befehl *Handbuch* so wird der Internet-Browser geöffnet. Grundsätzlich stehen darin die folgenden beiden Optionen zur Verfügung:

- *Ich habe noch keine Erfahrungen mit FEM*, ich möchte die grundlegenden Schritte einer Simulationseinrichtung sehen
- *Ich habe bereits Erfahrungen mit FEM*, benötige jedoch Empfehlungen für bestimmte Aspekte der Simulation

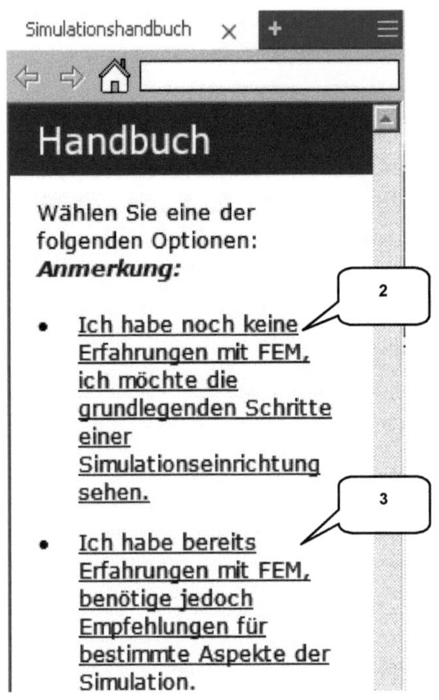

1) Ich habe noch keine Erfahrungen mit FEM... (2) öffnet im Browser einen FEM-Grundlagenbereich, worin die grundlegenden Schritte einer FEM-Analyse erklärt werden. Inhaltlich werden darin z. B. das Erstellen einer Simulation, das Zuweisen von Materialien oder das Definieren von Abhängigkeiten und Lasten erläutert.

2) Ich habe bereits Erfahrungen mit FEM... (3) wird im Browser einen erweiterten Auswahlbereich öffnen. Hier können weiterführende Handbücher zu den Bereichen: Belastungen, Abhängigkeiten, Kontakte, Netzdarstellung und der Auswertung der Berechnungsergebnisse gestartet werden.

7.1.4 Grundlagen: Belastungsanalyse-Einstellungen

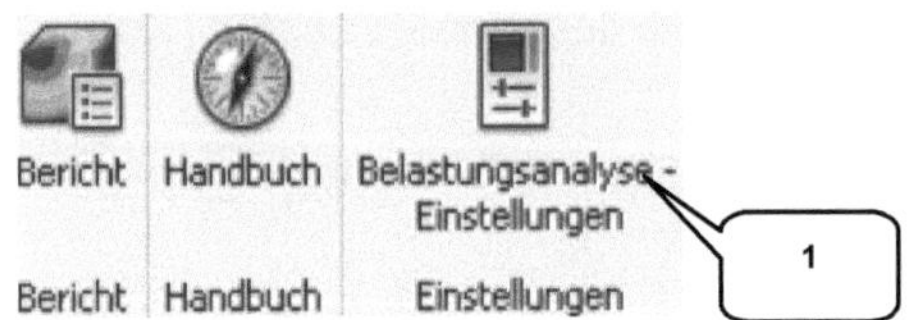

Belastungsanalyse-Einstellung. (1)

In den **Einstellungen** werden die Standards für den Bereich der Belastungsanalyse definiert. Der Befehl selbst beinhaltet die folgenden drei Registerkarten:

In der Registerkarte **Allgemein** (2) werden die Standardvorgaben des **Studientyps** (statische Analyse oder Modalanalyse) (3), die des **Vorgabeziels** (Einzelpunktanalyse oder parametrische Analyse) (4) ausgewählt, sowie die Vorgaben zur Behandlung von **Kontaktflächen** (5) für die Analyse von Baugruppen definieren.

In der Registerkarte **Berechnung** (6) werden die Randbedingungen der Berechnungseigenschaften festgelegt. Die **maximale Anzahl der H-Verfeinerungen** (7) kann hier zwischen 0 und 5 variieren (0 entspricht einem geringen Grad der Verfeinerung - also sehr großen

Netzelementen - und 5 entspricht einem sehr hohen Grad der Verfeinerung - also einem sehr feinen Netz).

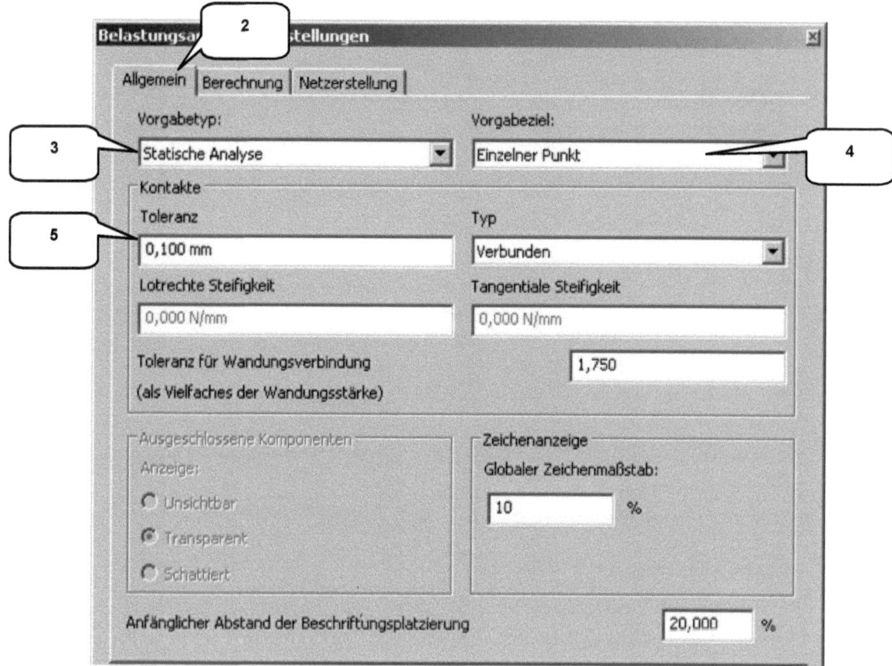

Die Berechnungen werden anhand des vorgegebenen H-Wertes solange verfeinert, bis die **Stopp-Bedingung** (8) erfüllt wurde. Sie wird als Prozentangabe (von 0...100%) hinterlegt und beeinflusst ebenfalls die Genauigkeit der Rechenergebnisse.

Eine weitere Option der Beeinflussung der Berechnungsgenauigkeit ist die Definition des **Schwellenwerts für H-Verfeinerungen** (9). Er definiert die Häufigkeit der Verfeinerungen lokaler Bereiche. Der Wert kann zwischen 0 und 1 festgelegt werden, wobei 0 einer maximalen Verfeinerung entspricht (viele Bereiche mit erhöhter lokaler Netzdichte) und 1 einer geringeren Anzahl an Verfeinerungen entspricht (wenige Bereiche mit erhöhter lokaler Netzdichte). Der Standardwert liegt bei 0,75.

In der Registerkarte **Netzerstellung** (10) werden die geometrischen Vorgaben für die Erstellung der einzelnen Netzelemente festgelegt: Je kleiner die Elementgrößen definiert werden, desto genauer sind zwar die Berechnungsergebnisse, aber desto höher ist auch der Rechenaufwand und der damit verbundene Zeitaufwand.

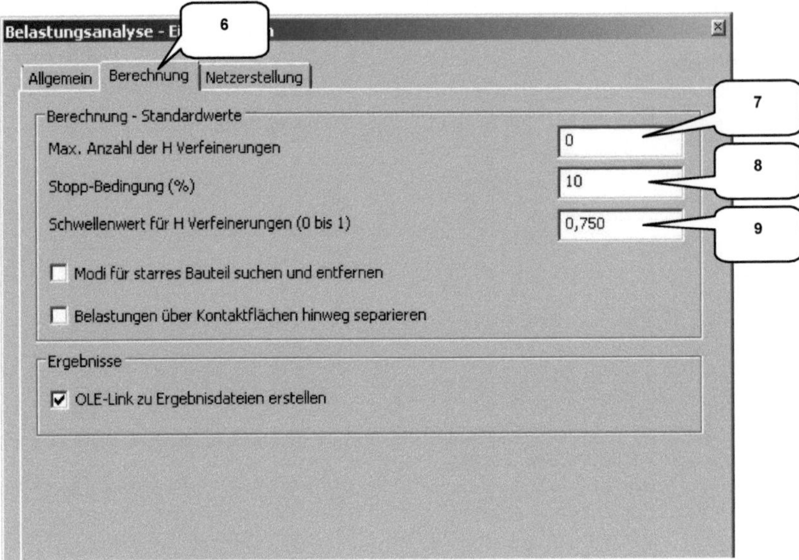
6
Belastungsanalyse - Einstellungen
Allgemein | Berechnung | Netzerstellung
Berechnung - Standardwerte
Max. Anzahl der H Verfeinerungen
0
7
Stopp-Bedingung (%)
10
8
Schwellenwert für H Verfeinerungen (0 bis 1)
0,750
9
Modi für starres Bauteil suchen und entfernen
Belastungen über Kontaktflächen hinweg separieren
Ergebnisse
OLE-Link zu Ergebnisdateien erstellen

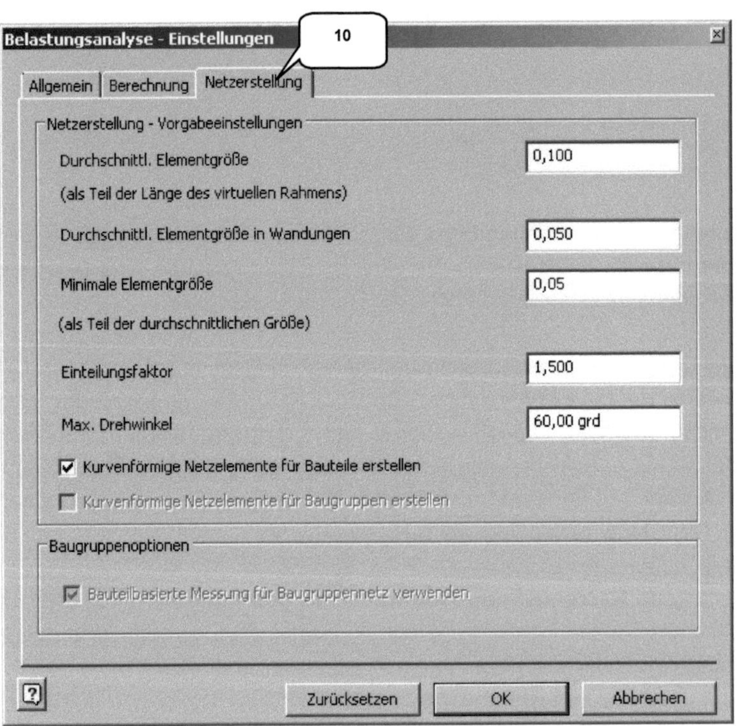
Belastungsanalyse - Einstellungen
10
Allgemein | Berechnung | Netzerstellung
Netzerstellung - Vorgabeeinstellungen
Durchschnittl. Elementgröße
0,100
(als Teil der Länge des virtuellen Rahmens)
Durchschnittl. Elementgröße in Wandungen
0,050
Minimale Elementgröße
0,05
(als Teil der durchschnittlichen Größe)
Einteilungsfaktor
1,500
Max. Drehwinkel
60,00 grd
Kurvenförmige Netzelemente für Bauteile erstellen
Kurvenförmige Netzelemente für Baugruppen erstellen
Baugruppenoptionen
Bauteilbasierte Messung für Baugruppennetz verwenden
Zurücksetzen   OK   Abbrechen

7.1.5   Grundlagen: Material zuweisen

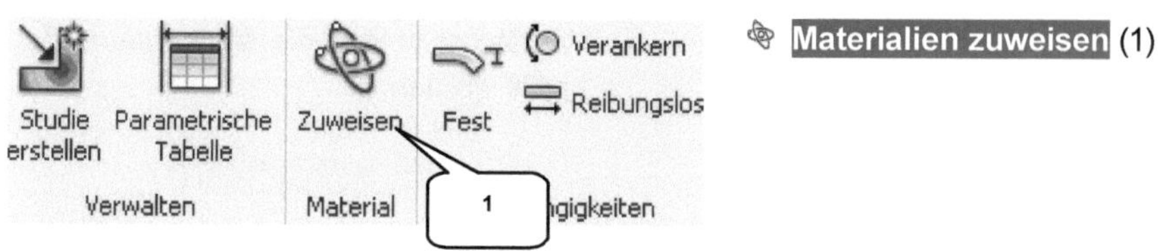

Wurden die Materialeigenschaften von Bauteilen nicht bereits in den iProperties (Bauteileigenschaften) so kann das mit dem Befehl **Material zuweisen** im Bereich der Belastungsanalyse nachgeholt werden.

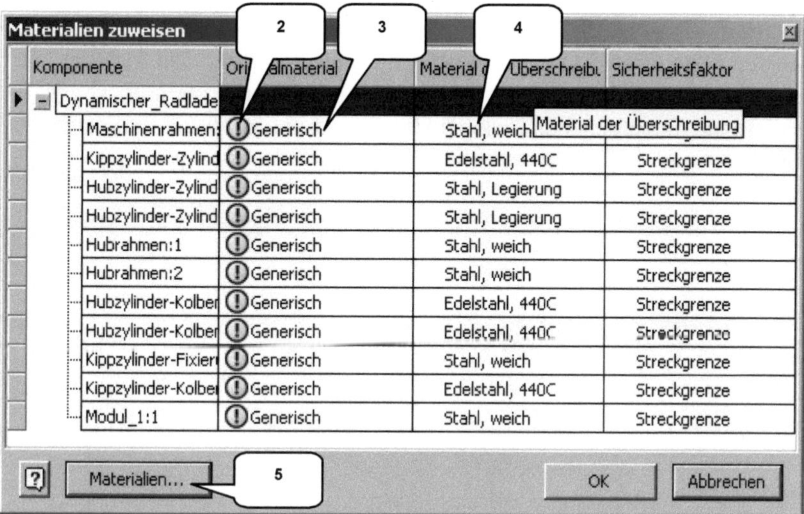

Nicht definierte oder zur Studie unbrauchbare Materialien werden durch ein ① **Achtung-Symbol** (2) gekennzeichnet. Im Befehlsfenster werden die ggf. vorhandenen **Originalmaterialien** (3) aufgelistet und können hier auch überschrieben werden. Dabei kann das neue Material entweder über ein **Pop-Up-Menü** (4) ausgewählt, oder über den **Materialienbrowser** (5) definiert werden.

7.1.6 Materialien zuweisen

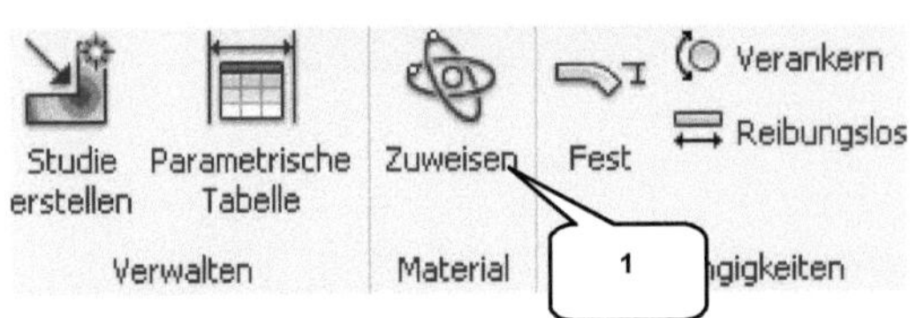

Zunächst sollten die **Materialien** überprüft werden.

Materialien zuweisen (1)

Im geöffneten Befehlsfenster werden jetzt alle Bauteile der Baugruppe aufgelistet. Auch
wenn letztendlich nur ein einziges Bauteil einer Studie unterzogen werden soll, müssen
dennoch alle Bauteile mit einem gültigen Material versehen werden.

Die ① *Achtung-Symbole* in der Spalte *Originalmaterial* weisen darauf hin, dass derzeit
keine gültigen Materialien vorhanden sind. Das bedeutet, dass das Material jedes in der
Baugruppe enthaltenen Bauteils überschrieben werden muss. Hierfür ist mit der linken
Maustaste auf die entsprechende Zelle zu klicken und das jeweilige Material aus dem Auswahlmenü zu wählen.

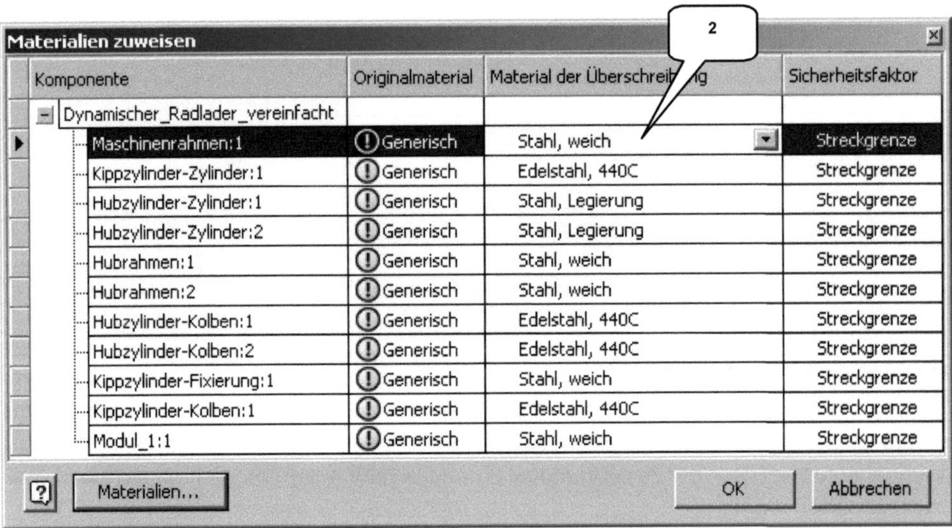

Materialien zuweisen

Komponente	Originalmaterial	Material der Überschreibung	Sicherheitsfaktor
⊟ Dynamischer_Radlader_vereinfacht			
▸ Maschinenrahmen:1	① Generisch	Stahl, weich	Streckgrenze
Kippzylinder-Zylinder:1	① Generisch	Edelstahl, 440C	Streckgrenze
Hubzylinder-Zylinder:1	① Generisch	Stahl, Legierung	Streckgrenze
Hubzylinder-Zylinder:2	① Generisch	Stahl, Legierung	Streckgrenze
Hubrahmen:1	① Generisch	Stahl, weich	Streckgrenze
Hubrahmen:2	① Generisch	Stahl, weich	Streckgrenze
Hubzylinder-Kolben:1	① Generisch	Edelstahl, 440C	Streckgrenze
Hubzylinder-Kolben:2	① Generisch	Edelstahl, 440C	Streckgrenze
Kippzylinder-Fixierung:1	① Generisch	Stahl, weich	Streckgrenze
Kippzylinder-Kolben:1	① Generisch	Edelstahl, 440C	Streckgrenze
Modul_1:1	① Generisch	Stahl, weich	Streckgrenze

Materialien... OK Abbrechen

> Markierte Zelle anklicken (2)
> Material: Stahl, weich
> Spalte *Material der Überschreibung* komplett übernehmen wie dargestellt
> **OK** *OK*

7.2   Mechanismus simulieren
7.2.1   Grundlagen: Simulieren

Simulieren (1)

Der Befehl **Simulieren** startet die Berechnung des Programms anhand der vorgegebenen Lasten und Auflager.

Bei einer Einzelpunktstudie wird im gleichnamigen Befehlsfenster automatisch die Option
Nur aktueller Konfigurationssatz (2) aktiviert (die Simulation erfolgt dann anhand festge-
legter Parameter). Bei parametrischen Studien stehen weiterhin die Optionen **Kompletter
Konfigurationssatz** (3) (alle Parameterkombinationen werden berechnet) und **Intelligenter
Konfigurationssatz** (4) (die Basiskonfiguration und der Rest wird interpoliert) zur Verfü-
gung.

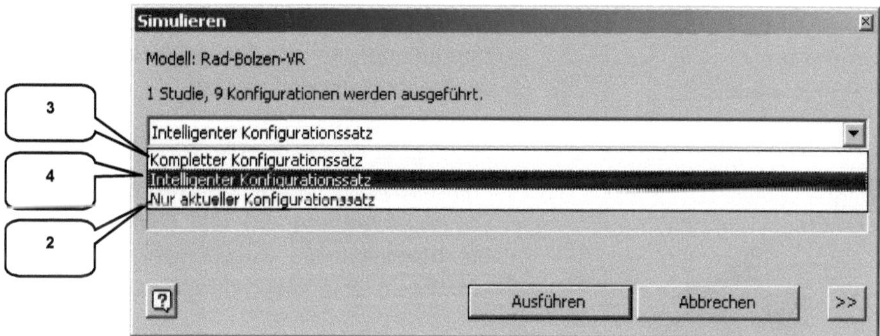

7.2.2   Simulation ausführen

Sobald die Materialien zugeordnet wurden kann die erste Simulation bereits gestartet werden.

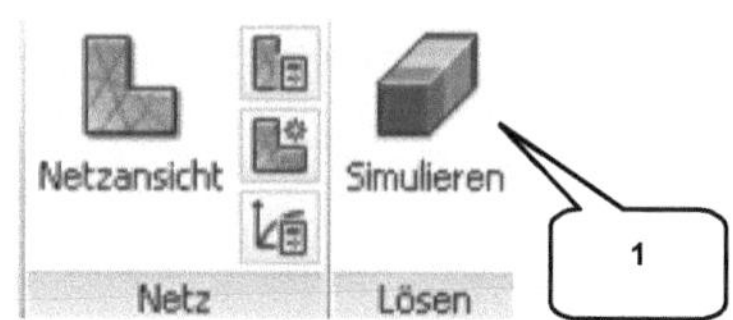

Simulieren (1)
>  **Ausführen**

7.3 Ergebnisanalyse

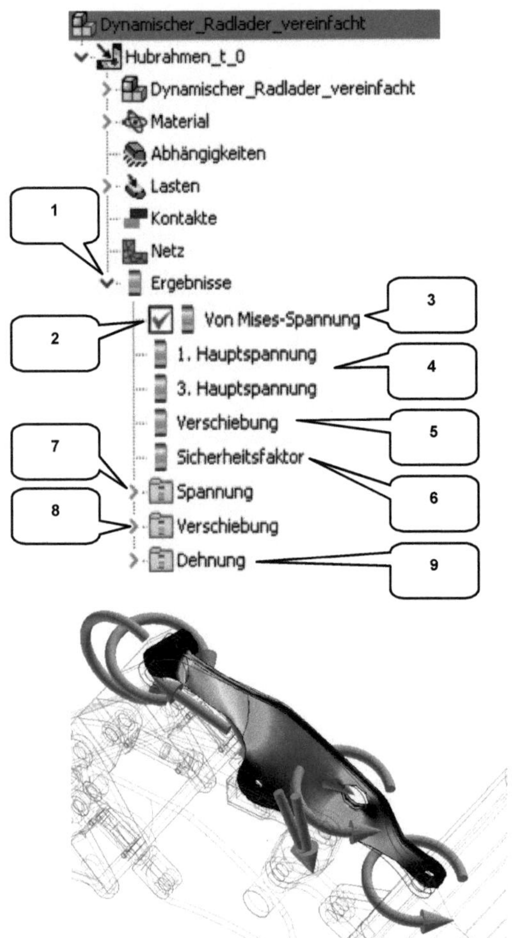

Nachdem die Simulation vollständig durchgeführt wurde kann im Browser der Ordner **Ergebnisse** (1) erweitert werden. Er enthält alle Berechnungsergebnisse der Simulation, welche per Doppelklick darauf aktiviert werden können. Das jeweils aktuelle Ergebnis wird durch den ☑ **Haken** (2) gekennzeichnet.

Nach der Simulation wird die **Von Mises-Spannung**[10] (3) automatisch als Ergebnis im Zeichenbereich dargestellt.

Außerdem können die **1.** und **3. Hauptspannung** (4), die **Verschiebung** (5) (als Verformung) und der **Sicherheitsfaktor** (6) als Ergebnis aktiviert werden.

Im unteren Bereich des Browsers findet man außerdem die drei Ordner **Spannung** (7), **Verschiebung** (8) und **Dehnung** (9). Sie beinhalten die verschiedenen Normal- und Schub- und Tangentialspannungen.

---

[10] Die Von Mises-Spannung (nach Richard Edler von Mises, auch Vergleichsspannung bzw. Gestaltänderungshypothese genannt) ist die am häufigsten verwendete Methode zur Berechnung von Belastungszuständen in Bauteilen.

7.3.1 Kräfte und Momente

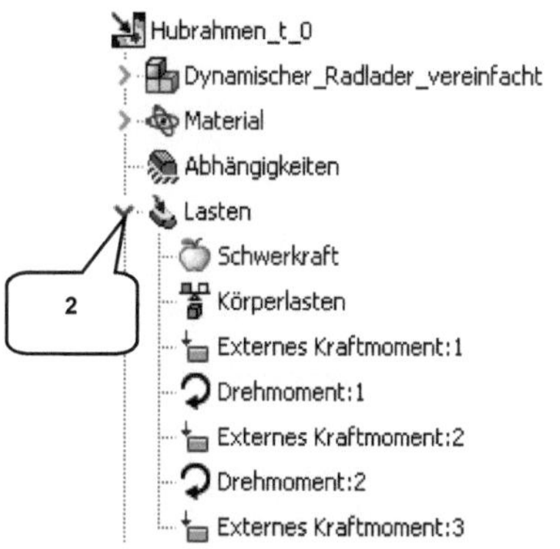

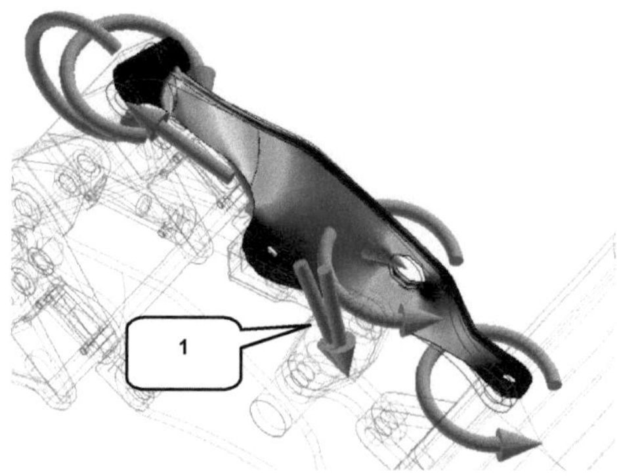

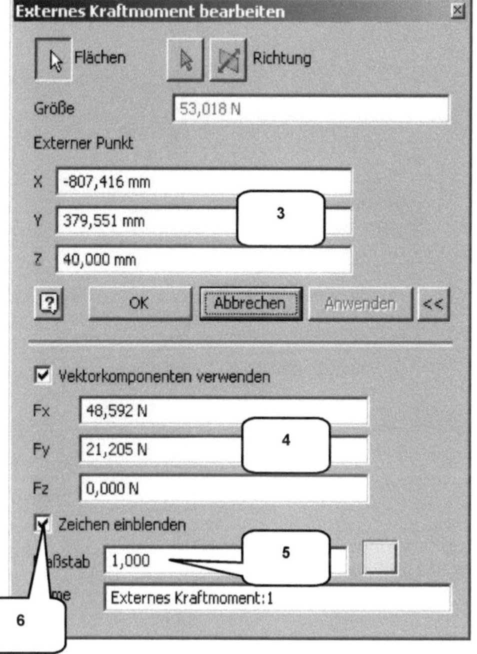

Betrachtet man den Arbeitsbereich des Programms so ist zu erkennen, dass alle zum Zeitpunkt der Simulation auf das Bauteil **Hubrahmen** wirkenden Lasten durch verschiedene **Pfeile** (1) dargestellt werden, deren rein symbolische Darstellung allerdings nicht aussagekräftig ist.

Ihre genaue Größe, ihre Position und ihre Wirrichtung kann man in Erfahrung bringen, indem im Browser der Ordner **Lasten** (2) erweitert wird und die Bearbeitung der entsprechenden Kraft bzw. des Drehmomentes aktiviert wird (**rechte Maustaste > Bearbeiten**)[11]. Im geöffneten Befehlsfenster können dann der Kraftangriffspunkt (3) und die einzelnen Kraftvektoren (4) abgelesen werden.

Sollten die symbolisch dargestellten Kraftvektoren den Blick auf das Bauteil zu sehr verdecken, können die Pfeile entweder im geöffneten Fenster über den Faktor **Maßstab** (5) verkleinert werden, oder aber generell ausgeblendet (6).

---

[11] Alternativ kann das Befehlsfenster auch per Doppelklick auf den entsprechenden Pfeil (1) geöffnet werden.

7.3.2 Grundlagen: Begrenzungsbedingungen

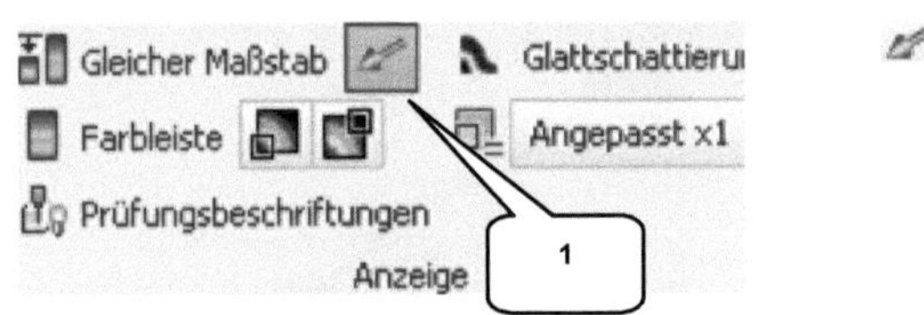

Soll nicht nur ein einzelner Kraftvektor ausgeblendet werden, sondern sollen alle Vektoren gleichzeitig ausgeblendet werden, so kann das über die Deaktivierung der **Begrenzungsbedingungen** erreicht werden.

7.3.3 Begrenzungsbedingungen deaktivieren

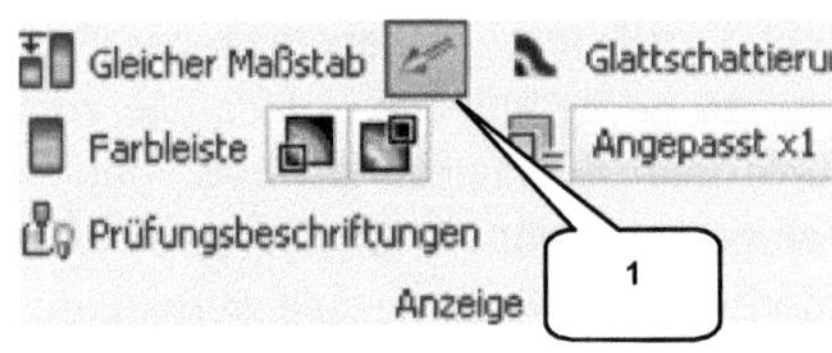

Die **Begrenzungsbedingungen** sind zu deaktivieren.

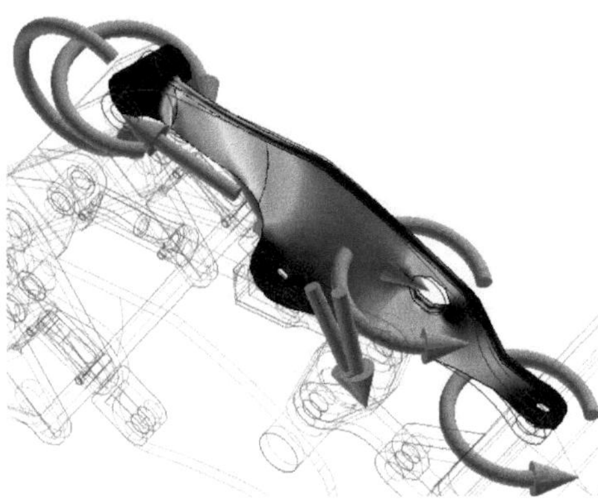

a) aktivierte Begrenzungsbedingungen

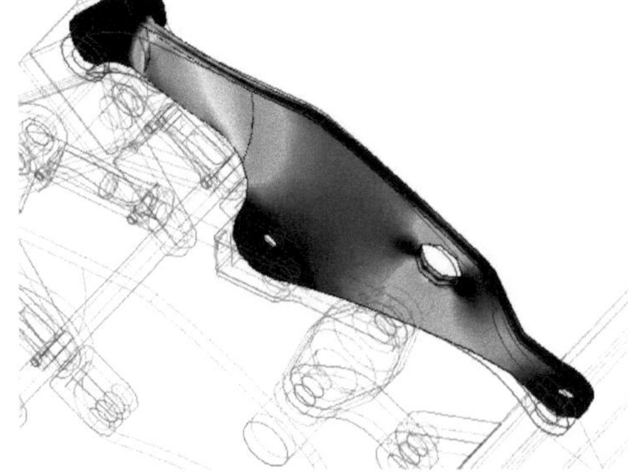

a) deaktivierte Begrenzungsbedingungen

7.3.4 Grundlagen: Schattierungen

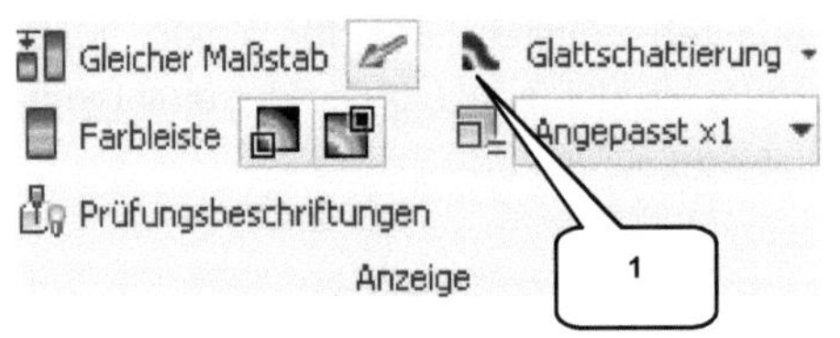

Wurde eine Simulation erfolgreich ausgeführt, so werden die Berechnungsergebnisse auch im Bauteil/ in der Baugruppe selbst farblich[12] dargestellt. Das Farbspektrum reicht dabei von Blau (geringe Werte) bis rot (erhöhte Werte).

Eine *Farbleiste* (2) zeigt passend zum Farbverlauf die ermittelten Berechnungsergebnisse an. Die *Farbübergänge* auf dem Bauteil selbst können in drei verschiedenen Optionen dargestellt werden:

> Option: *Glattschattierung* (mit weichen Farbübergängen) (3)
> Option: *Konturschatten* (mit harten Farbübergängen) (4)
> Option: *Keine Schattierung* (einfarbig) (5)

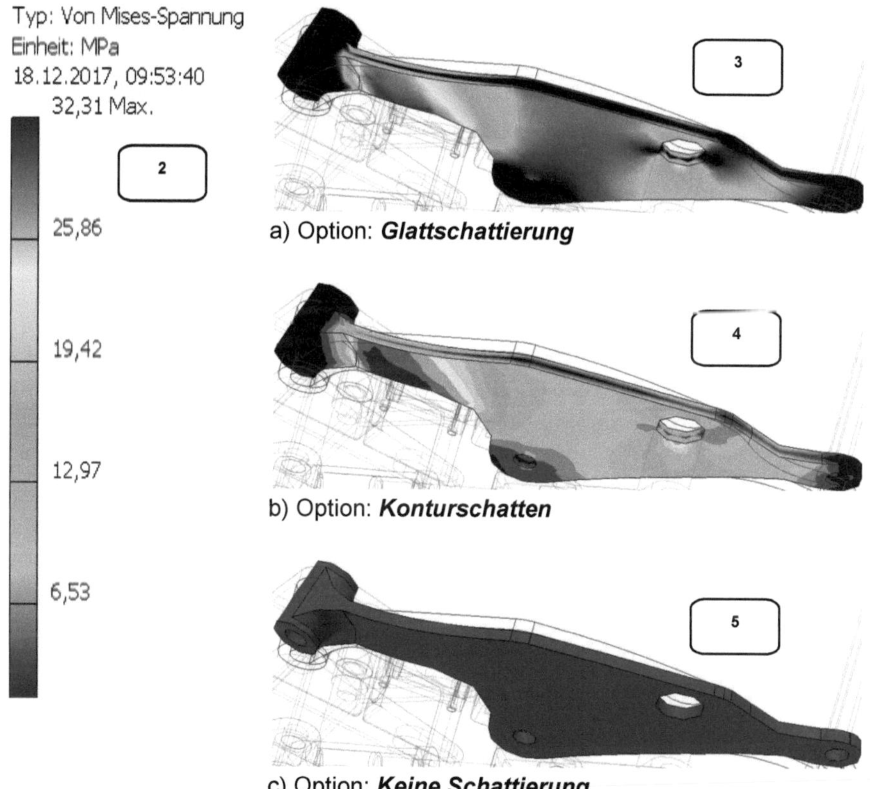

a) Option: *Glattschattierung*

b) Option: *Konturschatten*

c) Option: *Keine Schattierung*

---

[12] Sollte das Bauteil nach der Simulation lediglich *grau* und nicht *farblich* dargestellt werden, so sollte die entsprechende Grundeinstellung überprüft werden: Hierfür ist im Register *Ansicht* des Programms zu kontrollieren ob in der Befehlsgruppe *Darstellung* die Option *Texturen* aktiviert ist, was ansonsten nachzuholen ist. Sollte das nicht zum gewünschten Ergebnis führen, könnten weiterhin die *Farbleisteneinstellungen* (Farbtyp) überprüft werden.

7.3.5 Grundlagen: Farbleisteneinstellungen

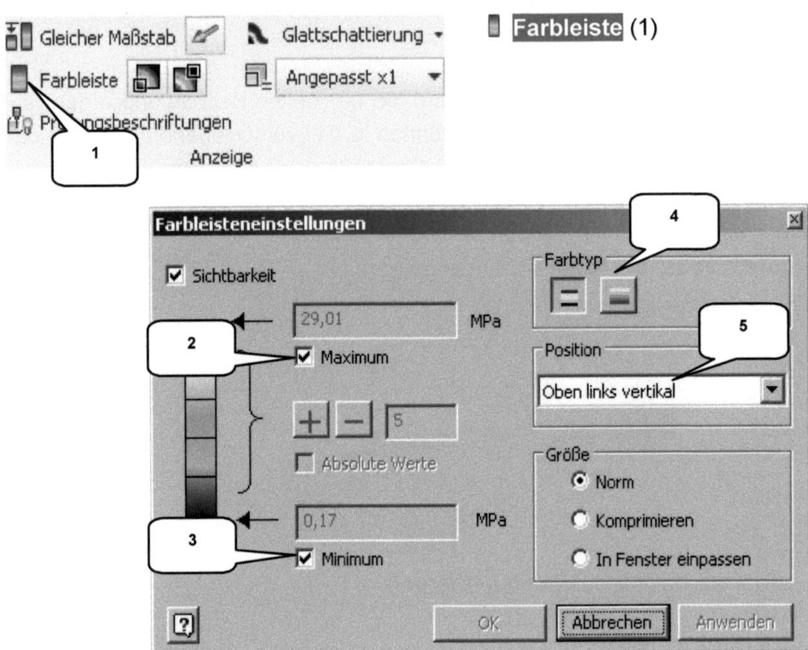

Farbleiste (1)

In den *Farbleisteneinstellungen* können u. a. der *Maximal-* (2) und der *Minimalwert* (3) begrenzt werden (Farbverlauf-Bandbreite), der *Farbtyp* von farbig auf schwarz-weiß geändert werden (4) oder die *Positionierung* der Farbleiste (5) eingestellt werden.

7.3.6 Grundlagen: Gleicher Maßstab

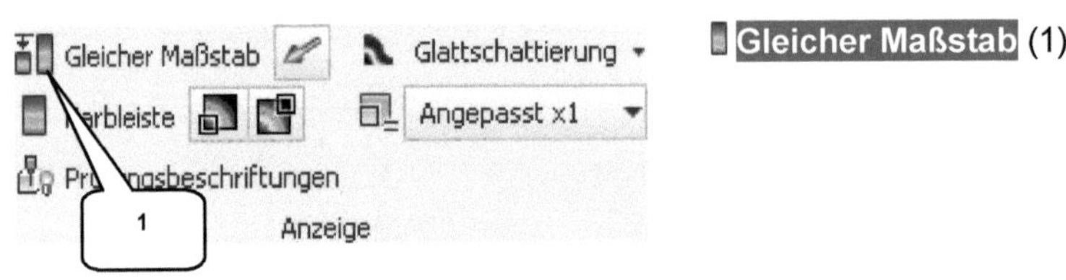

Gleicher Maßstab (1)

Die Option *Gleicher Maßstab* wird z. B. bei der parametrischen Untersuchung von Bauteilen aktiviert. Die Farbleiste bezieht sich dann nicht mehr auf einzelne Ergebniswerte, sondern richtet sich nach den maximalen und minimalen Ergebnissen parametrischer Sätze.

7.3.7 Grundlagen: Verschiebungsanzeige

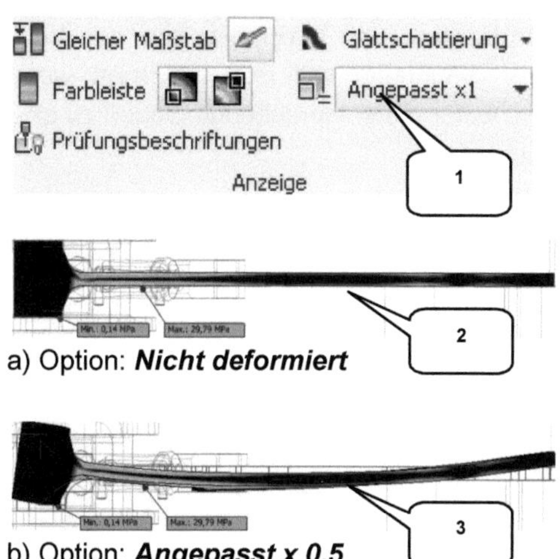

Verschiebungsanzeige (1)

Zur Darstellung der **Verformungen** eines Bauteils kann festgelegt werden, mit welchem Faktor die optisch dargestellte Verformung zur tatsächlich stattfindenden Verformung angezeigt werden soll.

Die folgenden **Optionen** stehen zur Verfügung:

> Option: **Nicht deformiert** (2)
> Option: **Angepasst x 0,5** (3)
> Option: **Angepasst x 5** (4)

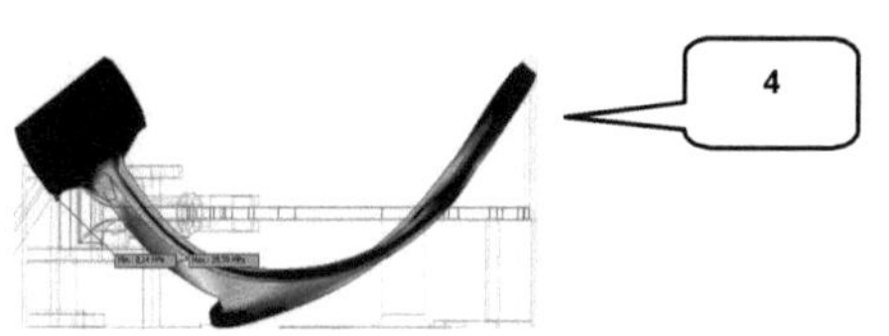

a) Option: **Nicht deformiert**

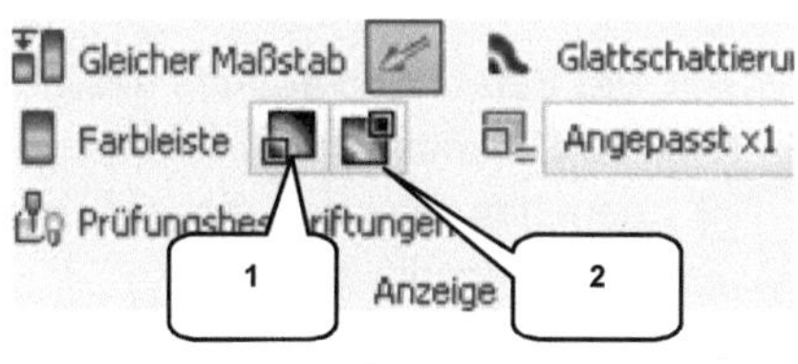

b) Option: **Angepasst x 0,5**

c) Option: **Angepasst x 5**

7.3.8 Grundlagen: Maximal- und Minimalwertdarstellungen

Bei der **Maximalwertdarstellung** kennzeichnet das Programm den Bereich des ermittelten Maximalwertes (z. B. der Spannung oder der Verschiebung), je nachdem welches Ergebnis im Browser aktiviert wurde. Bei der **Minimalwertdarstellung** kennzeichnet das Programm entsprechend den kleinsten Wert.

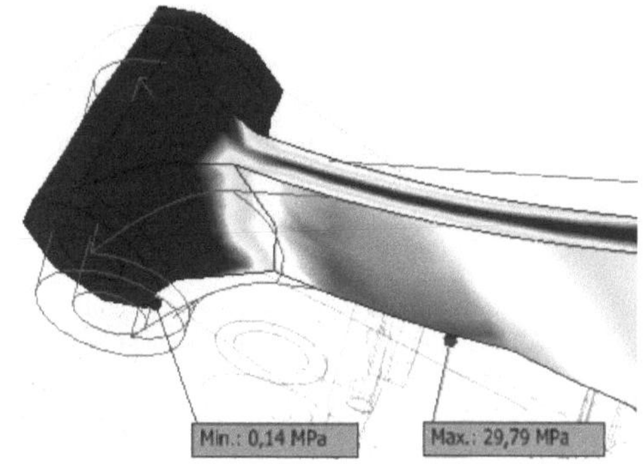

> **Maximalwert** (1)
> **Minimalwert** (2)

7.3.9   Maximalwert der Von Mises-Spannung lokalisieren

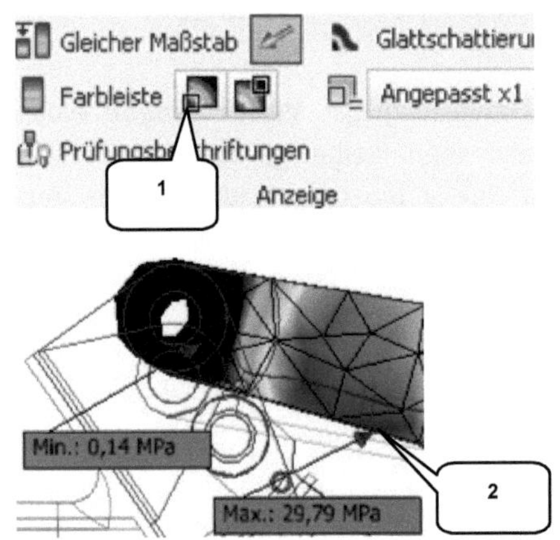

Der Bereich des Maximalwertes der Von Mises-Spannung soll jetzt lokalisiert werden, wofür die entsprechende Option zu aktivieren ist.

> Aktivieren: **Maximalwert** (1)

Im aktuellen Beispiel wurde der Maximalwert der Von Mises-Spannung an der Position (2) mit ca. **30 MPa** [13] ermittelt.

7.3.10   Grundlagen: Netzeinstellungen und Netzansicht

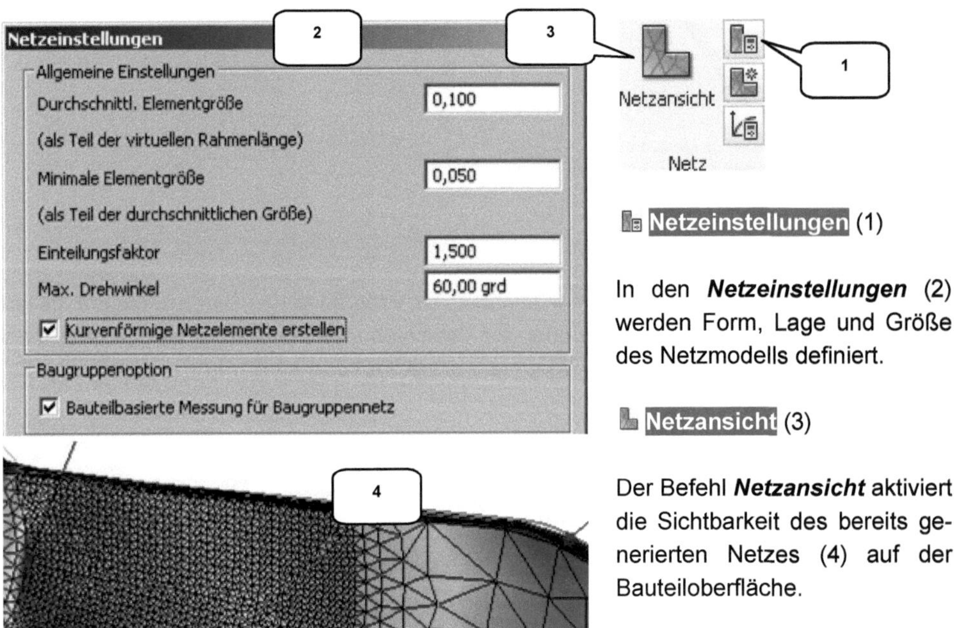

Netzeinstellungen (1)

In den **Netzeinstellungen** (2) werden Form, Lage und Größe des Netzmodells definiert.

Netzansicht (3)

Der Befehl **Netzansicht** aktiviert die Sichtbarkeit des bereits generierten Netzes (4) auf der Bauteiloberfläche.

---

[13] Position und Größe von Maximal- und Minimalwert können stark variieren. Je höher der eingestellte Grad der Netzverfeinerung ist, desto höher ist auch der jeweilige Maximalwert. Die vom Programm ermittelten Maximalwerte sollten also immer in Relation zur definierten Netzverfeinerung betrachtet werden und können nicht unbearbeitet in weiterführende Berechnungen übernommen werden.

7.3.11 Netzdarstellung aktivieren

Die allgemeinen Netzeinstellungen müssen nicht erneut überprüft werden, weil sie bereits in den **Belastungsanalyse-Einstellungen** (vorangegangenes Kapitel) definiert wurden. Das eigentliche FEM-Netz existiert zwar bereits, muss aber noch sichtbar gemacht werden, wofür der Befehl **Netzansicht** (1) zu starten ist. Betrachtet man das Netz genauer so ist zu erkennen, dass es bei großen Oberflächen relativ grob und bei kleineren Oberflächen (wie z. B. an Rundungen oder in der Nähe von Kanten und Bohrungen) etwas feiner generiert wurde. Das Programm entscheidet hier allein anhand der geometrischen Form eines bestimmten Bereiches, bzw. der lokalen Größe der Bauteiloberfläche.

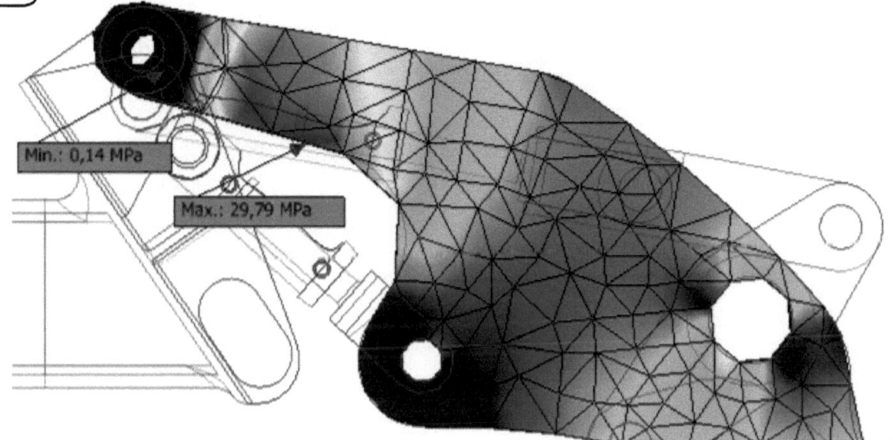

Leider werden Bauteiloberflächen mit hohen anzunehmenden Spannungen vom Programm nicht auch automatisch mit einer feinen Netzstruktur versehen, weil ausschließlich die Bauteilgeometrie bei der Netzerstellung eine Rolle spielt. Genau diese Bereiche sind es allerdings, die speziell betrachtet werden müssen und daher auch mit einem feineren Netz versehen werden sollten. Liegen solche Bereiche innerhalb größerer Bauteiloberflächen, also in Bereichen mit einer sehr groben Netzstruktur, so können diese lokal begrenzten Netzverfeinerungen ausschließlich dann vorgenommen werden, wenn die Bauteiloberflächen vorab im Modellbereich dafür vorbereitet wurden. Im aktuellen Übungsbeispiel muss der Bereich der Belastungsanalyse dafür vorerst wieder verlassen werden, um in den normalen Baugruppenbereich zurückzukehren.

✔ **Fertigstellen** (2)

7.4 Kontakt- und Kraftangriffsflächen präzisieren
7.4.1 Bauteil HUBRAHMEN bearbeiten

Der Bearbeitungsbereich des Hubrahmens kann ganz einfach per **Doppelklick** darauf aktiviert werden. Auf der markierten Seitenfläche ist jetzt eine neue **Skizze** zu erstellen um darin die Bauteilgeometrie zu **projizieren** und außerdem einen neuen **Kreis** zu zeichnen.

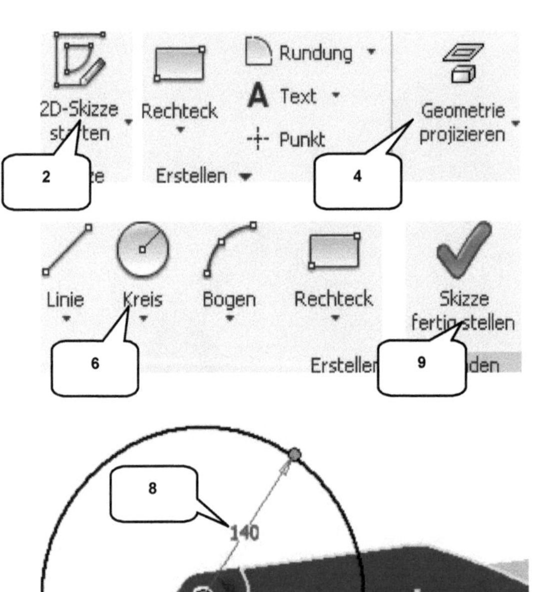

> Doppelklick auf **Hubrahmen** (1)

2D-Skizze erstellen (2)
> Markierte Seitenfläche wählen (3)

Geometrie projizieren (4)
> Markierte Fläche wählen (5)

Kreis durch Mittelpunkt (6)
> Mittelpunkt der Bohrung wählen (7)
> Durchmesser: 140 mm (8)

Fertigstellen (9) (Skizze verlassen)

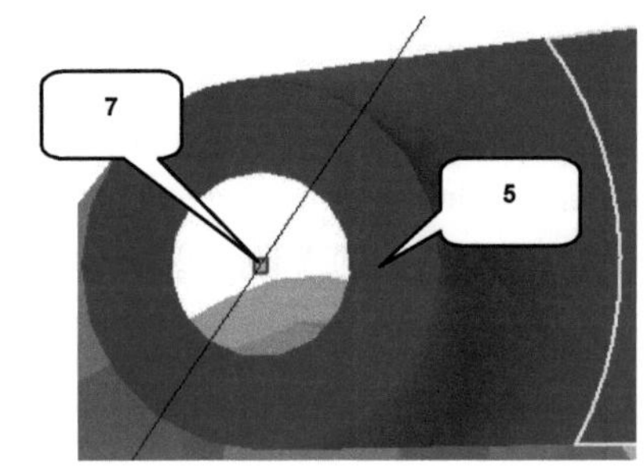

7.4.2 Oberflächen trennen

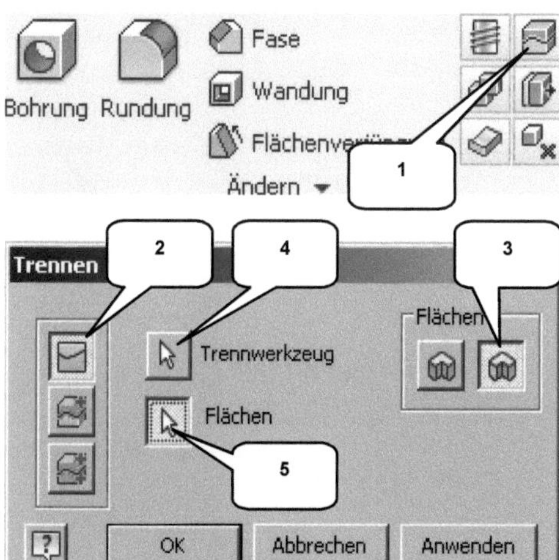

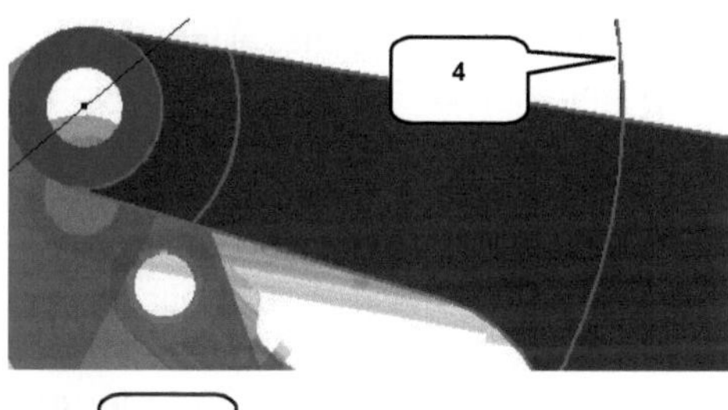

Der Kreis soll die Seitenfläche des Bauteils *trennen*. Die resultierenden Teilflächen ermöglichen später im Bereich der Belastungsanalyse eine präzise Auswahl der mit einem feineren FEM-Netz zu versehenden Oberflächen.

Trennen (1)
> Option: Fläche trennen (2)
> Option: Auswählen (3)
> Trennwerkzeug: Kreis wählen (4)
> Flächen: Seitenfläche wählen (5)
> **OK**

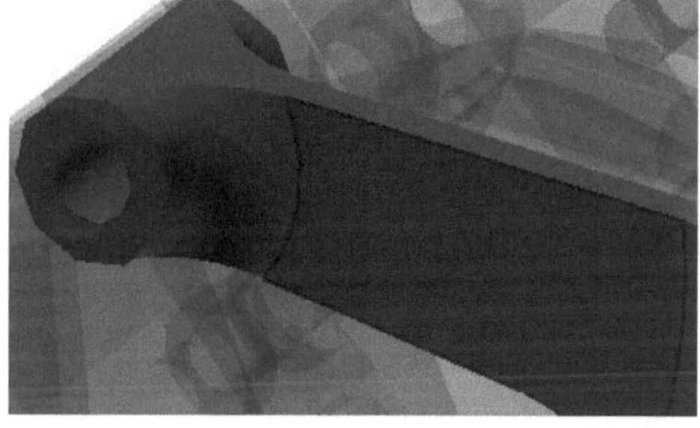

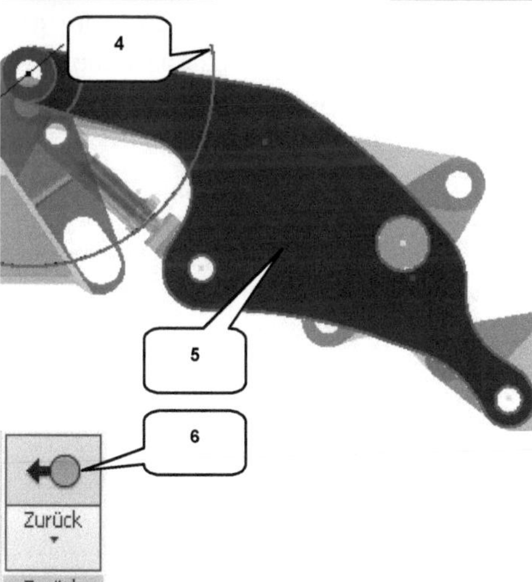

Zur Kontrolle kann jetzt noch einmal mit dem Mauspfeil über die Seitenfläche (5) gefahren werden: War die Trennung der Fläche erfolgreich, so müsste sich die neue Teilfläche jetzt rot abgrenzen.

In diesem Fall kann das Bauteil *gespeichert* und in den Baugruppenbereich *zurückgekehrt* werden.

Speichern (Bauteil)

Zurück (zur Baugruppe) (6)

7.4.3 Umgebung der Belastungsanalyse aktivieren

Arbeitsbereich:
Belastungsanalyse

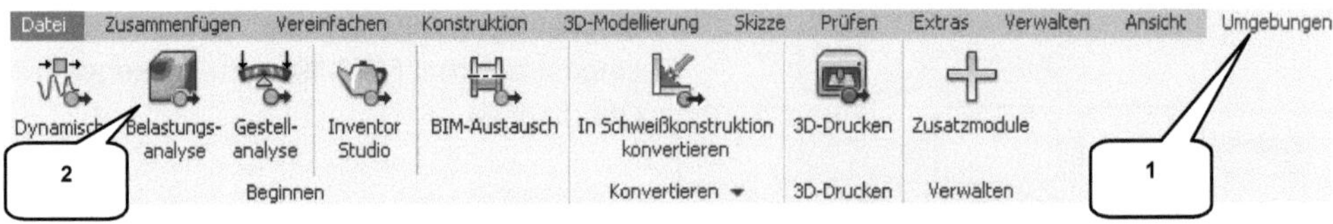

> Register ***Umgebungen*** (1)
>
>  **Belastungsanalyse** (2)

7.4.4 Grundlagen: Lokale Netzsteuerung

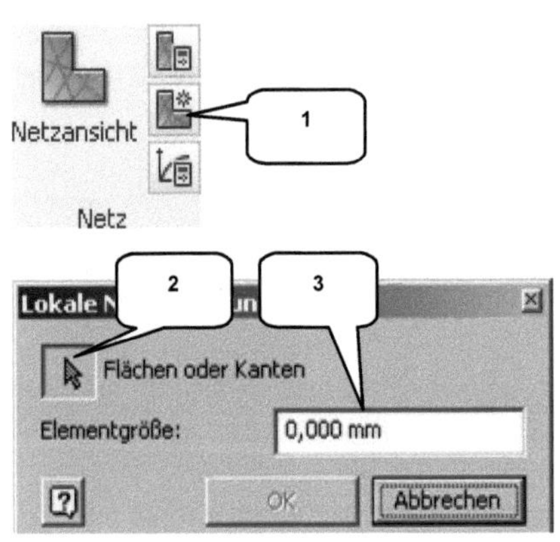

Lokale Netzsteuerung (1)

Um ausgewählte Bereiche eines Bauteils mit einem feineren FEM-Netz versehen zu können, müssen diese Bereiche manuell ausgewählt und mit dem Befehl ***Lokale Netzsteuerung*** bearbeitet werden. Eine Netzverfeinerung kann z. B. entlang von Körperkanten oder auf separaten Oberflächen durchgeführt werden (2). Die gewünschte Elementgröße (Maschengröße) ist dabei sinnvoll auszuwählen (3).

7.4.5 Netzstruktur lokal verfeinern

Der Hubrahmen soll jetzt im Bereich der maximalen Von Mises-Spannung mit einem feineren FEM-Netz versehen werden, wofür der Befehl ***Lokale Netzsteuerung*** zu starten ist. Die Größe der Maschen in diesem Bereich (Elementgröße) soll dabei 1 mm betragen.

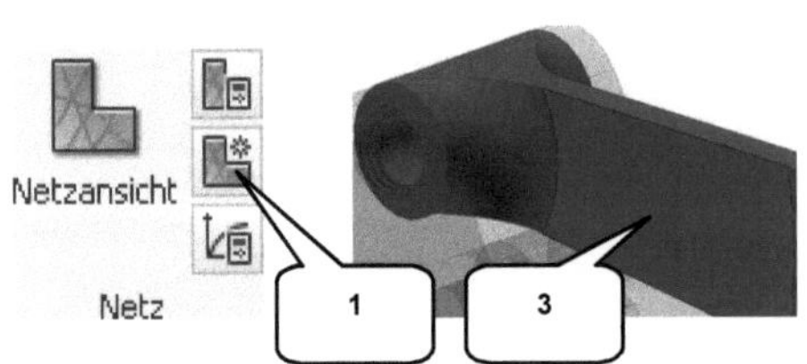

Lokale Netzsteuerung (1)
> Elementgröße: 1 mm (2)
> Markierte Fläche wählen (3)
> **OK** ***OK***

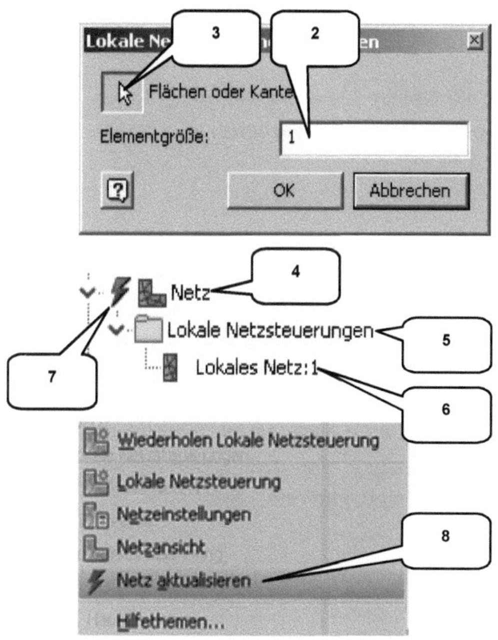

Sobald der Befehl beendet wurde, erscheint im Browser des Programms innerhalb des Ordners **Netz** (4) ein neuer Ordner **Lokale Netzsteuerungen** (5). Erweitert man diesen Ordner, so findet man darin die zuletzt erzeugte **Netzverfeinerung** (6). Sie kann über das Kontextmenü der rechten Maustaste bearbeitet werden, wenn z. B. die Maschengröße geändert wird, oder weitere Flächen hinzugefügt werden sollen. Ein $\frac{f}{}$ **Blitzsymbol** (7) weist darauf hin, dass aktuell eine Regenerierung der Netzansicht erforderlich ist: Hierfür muss mit der rechten Maustaste auf den Ordner **Netz** geklickt werden, um im Kontextmenu die Option **Netz aktualisieren** zu aktivieren.

> **Rechte Maustaste** auf Ordner **Netz** (4)
> **Netz aktualisieren** (8)

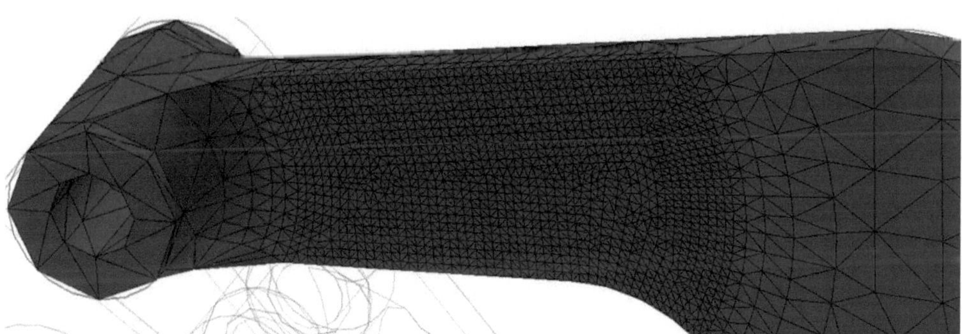

Sobald das Netz aktualisiert wurde, ist die Netzverfeinerung deutlich sichtbar am Bauteil zu erkennen (9). Wenn es gewünscht wird, kann die vorhandene lokale Netzverfeinerung (6) erneut bearbeitet und weiter verfeinert[14] werden (im Browser über das Kontextmenü der rechten Maustaste).

---

[14] Die Maschengröße sollte allerdings nicht zu klein gewählt werden, weil sehr feine Netzstrukturen einerseits unrealistisch hohe Spannungsspitzen ergeben und der PC andererseits extreme Rechenleistungen erbringen muss, also sehr lange Rechenzeiten zu erwarten sind.

7.4.6 Simulation ausführen

Welche Auswirkungen die Netzverfeinerung auf die Rechenergebnisse hat, soll in einer weiteren *Simulation* nachgewiesen werden.

Simulieren (1)
> Ausführen *Ausführen*

Der Maximalwert[15] der *Von Mises-Spannung* liegt mit ca. *32 MPa* (2) leicht über dem vorherigen Wert, was in diesem Fall kein Problem darstellt. Bei höheren Spannungen allerdings könnte es sehr wohl ein Kriterium dafür sein, ob ein Material im elastischen Bereich bleibt oder in den plastischen Bereich übergeht, also ob es dabei zerstört wird oder nicht.

Wesentlich interessanter ist allerdings die Tatsache, dass der Bereich der ermittelten maximalen Von Mises-Spannung offensichtlich von Position (3) zur Position (4) verschoben wurde: Es existieren also im Bauteil weitere Bereiche mit erhöhten Spannungswerten, welche ebenfalls betrachtet werden sollten.

---

[15] Die Rechenergebnisse selbst können von Computer zu Computer stark variieren, was auf verschiedene Ursachen zurückzuführen ist und eine Reproduzierbarkeit der Ergebnisse erschwert. Der eigentliche Fokus sollte bei derartigen Studien daher nicht auf die Verlässlichkeit der ermittelten Maximalwerte gelegt werden, sondern vielmehr auf ihre Lokalisation.

7.5　Prüfpunkte platzieren
7.5.1　Grundlagen: Prüfen

Prüfen (1)

Mit dem Befehl *Prüfen* können die Simulationsergebnisse eines beliebigen Punktes auf einem Bauteil abgerufen werden.

7.5.2　Prüfpunkte hinzufügen

Betrachtet man den *Farbverlauf* des Bauteils, so ist zu erkennen, dass mehrere stark belastete Bereiche vorhanden sind (sie sind orange/ rot gefärbt). Einer dieser Bereiche soll jetzt mit einem zusätzlichen Prüfpunkt versehen werden, um auch dort den Wert der Von Mises-Spannung zu ermitteln.

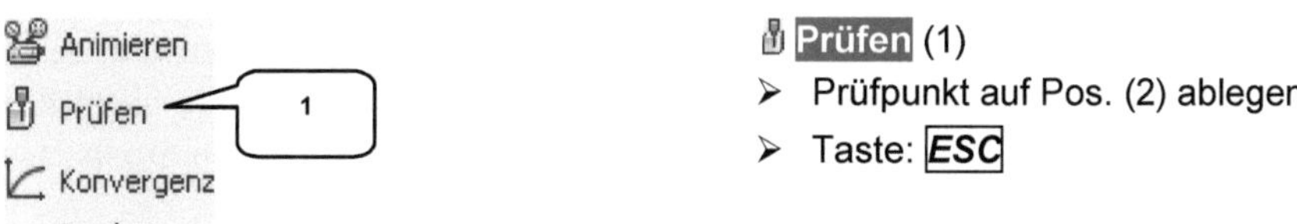

Prüfen (1)
> Prüfpunkt auf Pos. (2) ablegen
> Taste: **ESC**

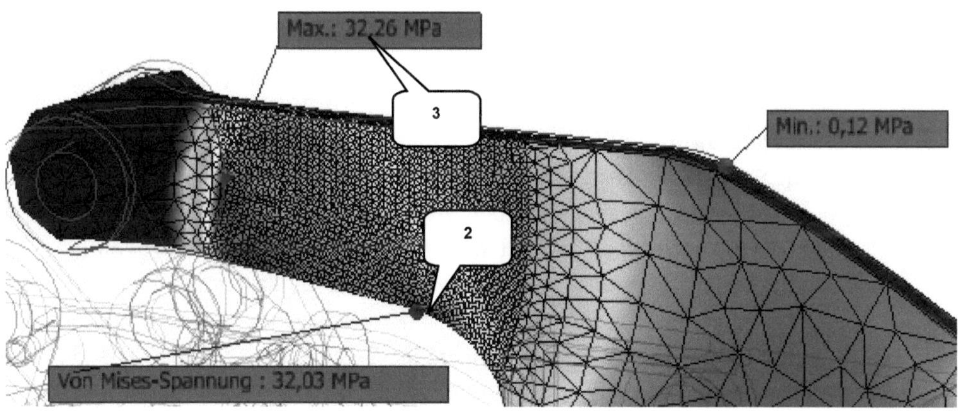

Vergleicht man das Messergebnis von ca. *32 MPa* mit dem des Maximalwertes (3), so ist zu erkennen, dass beide Ergebnisse nur geringfügig voneinander abweichen. Eine gewissenhafte Prüfung verschiedener roter Bereiche eines Bauteils sollte also auf jeden Fall durchgeführt werden.

7.6 Ergebnisinterpretation

Grundlegend sollte die folgende **Vorgehensweise** bei der Studie von Bauteilen bzw. Baugruppen eingehalten werden:

1. Ein Bauteil/ eine Baugruppe wird im Bereich der Belastungsanalyse durch alle notwendigen Randbedingungen (Lasten und Auflager) bestimmt und mit Materialien versehen.
2. Eine Simulation wird ausgeführt, um die Netzstruktur nach kritischen Bereichen zu untersuchen.
3. Besonders kritische Bereiche werden mit einer lokalen Netzverfeinerung versehen.
4. Eine erneute Simulation liefert präzisere Ergebnisse zur besseren Lokalisation der gefährdeten Bereiche eines Bauteils.
5. Das Bauteil wird anhand der Simulationsergebnisse optimiert.

Das **Problem** ist folgendes: Je feiner das Netz an bestimmten Stellen generiert wird, desto größer sind natürlich auch die Spannungen je Netzelement (das Programm versucht den Maximalwert theoretisch auf einen einzelnen Punkt zu beziehen). Die ermittelten Ergebnisse (insbesondere Spannungen) steigen dadurch unkontrolliert an und sind somit nicht mehr aussagekräftig.

Aus diesem Grund sollten bei der Definition der Netzelemente und der lokalen Netzsteuerung die folgenden **Grundsätze** beachtet werden:

a. **Durchschnittswerte bilden**: Um brauchbare Ergebnisse (insbesondere bei Spannungen) zu erhalten, sollten stets im unmittelbaren Umfeld des Spitzenwertes weitere Vergleichswerte bestimmt werden. Aus der Summe der Werte eines Bereiches wird dann ein Durchschnitt gebildet, der genauere Ergebnisse liefern kann.
b. **Realistische Verfeinerung der Netzstruktur**: Die lokale Netzverfeinerung sollte sich im Bereich von maximal 0,5 mm bis 1 mm bewegen. Die Lokalisierung der Problemzonen ist damit gewährleistet und die Berechnungsergebnisse liegen in einem akzeptablen Rahmen.
c. **Zusätzliche Analyseprogramme verwenden**: Zur Bestätigung der Berechnungsergebnisse sollten generell weiterführende Analyseprogramme genutzt werden, welche teilweise auch ins Programm integriert werden können.

7.6.1 Grundlagen: Animieren

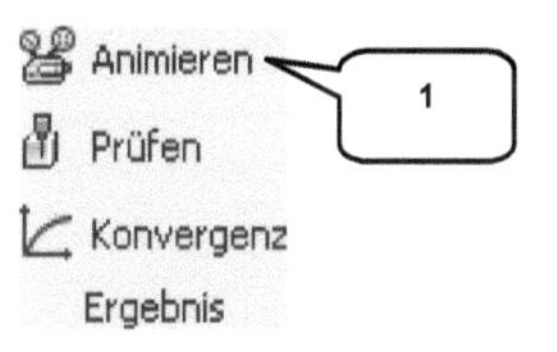

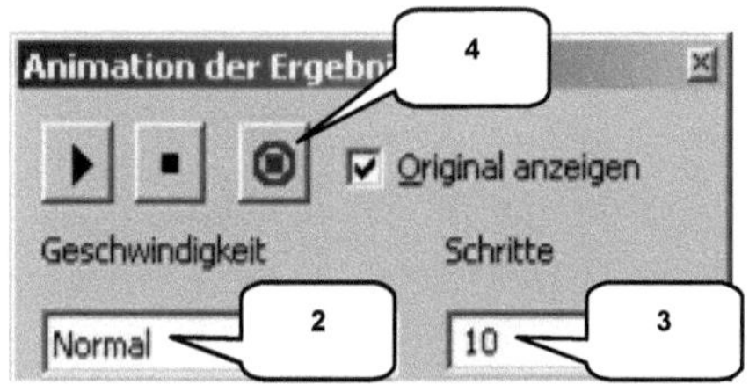

 Animieren (1)

Wurde ein Bauteil/ eine Baugruppe erfolgreich simuliert, so kann das Bewegungsverhalten nachträglich *animiert* werden. Hierbei können die *Geschwindigkeit* (2) und die Anzahl der darzustellenden *Bilder* (3) festgelegt werden. Weiterhin gibt es die Möglichkeit die Animation als *Video* abzuspeichern (4).

7.6.2 Simulationsergebnisse animieren

Die Ergebnisse sollen jetzt *animiert* und zusätzlich als Video gespeichert werden.

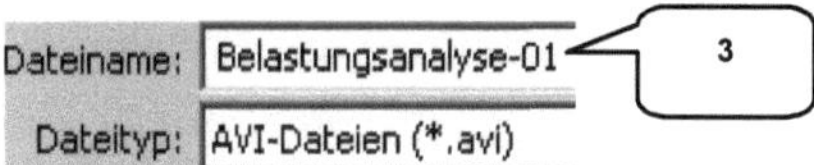 Animieren (1)
➢ ⊚ *Aufnahme* (2)
➢ Dateiname:
  Belastungsanalyse-01 (3)
➢ Dateityp: *.avi
➢ Speichern *Speichern*
➢ Komprimierung: Microsoft Video 1
➢ Qualität: 100 %
➢ OK *OK*

Das Video müsste im Projektordner zur Verfügung stehen und über den *Arbeitsplatz* per Doppelklick geöffnet werden können.

7.6.3 Grundlagen: Konvergenzeinstellungen und -plot

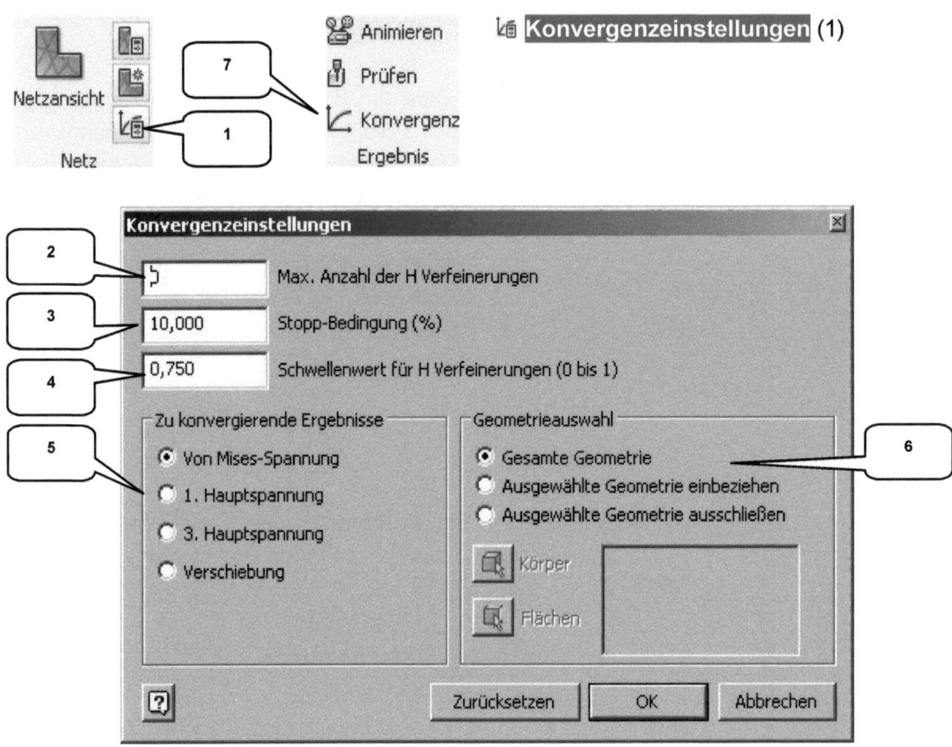

Simulationsergebnisse werden durch die Annäherung an einen Grenzwert (Konvergenz) berechnet, wobei die Richtlinien dafür in den **Konvergenzeinstellungen** zu definieren sind. Bei jedem Rechenschritt vergleicht das Programm das aktuelle Ergebnis mit den letzten Ergebnissen und analysiert dabei die Differenz der Maximalwerte. Unterschreitet diese Differenz bei einem bestimmten Rechenschritt einen festgelegten Wert bzw. eine festgelegte prozentuale Größe, so wird die Berechnung gestoppt und das Näherungsergebnis wird erstellt. Im Eingabefeld der **maximalen Anzahl der H-Verfeinerungen** (2) wird die maximal zulässige Anzahl an Rechenschritten definiert. In den **Stopp-Bedingungen** (3) kann die prozentuale Größe festgelegt werden, bei der eine Berechnung gestoppt werden soll. Der **Schwellenwert für H-Verfeinerungen** (4) gibt an, an wie vielen Bereichen der Bauteilgeometrie Verfeinerungen durchgeführt werden sollen (je kleiner der Wert, desto mehr Verfeinerungen). Weiterhin kann eingestellt werden, welche Berechnungsergebnisse im Konvergenz-Plot (5) darzustellen sind (Von Mises-Spannung, Hauptspannungen, Verschiebung) und ob nur ausgewählte Volumenkörper oder bestimmte Flächen zu berechnen sind (6).

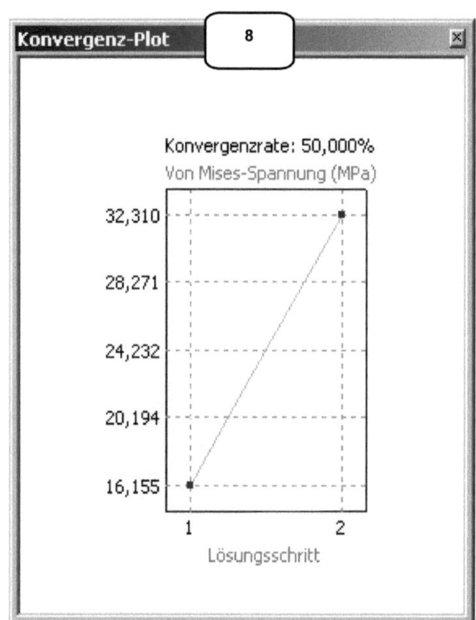

Konvergenzplot (7)

Wurden die Konvergenzeinstellungen defi-niert, so kann der **Konvergenz-Plot** (8) ge-öffnet werden. Er enthält eine grafische Dar-stellung der Berechnungsergebnisse im Verhältnis zum Lösungsschritt. Klickt man mit der **rechten Maustaste** auf das Ergeb-nisfenster (8), so öffnen sich die **Plot-Optionen** (9), worin die Ergebnisdarstellung ausgewählt werden kann.

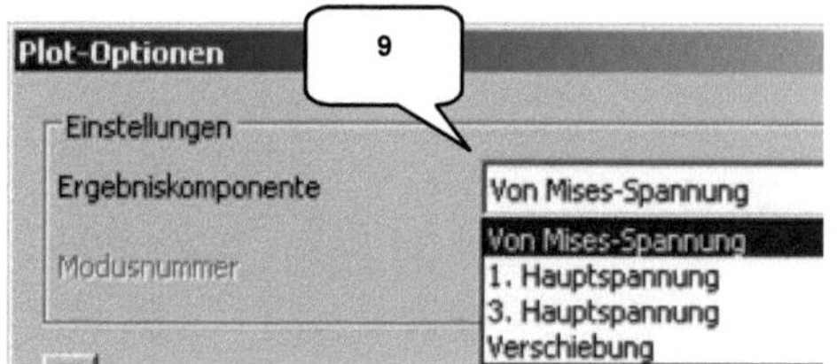

7.7 Konstruktionselemente von Studien ausschließen
7.7.1 Studie kopieren

Die aktuelle Studie soll jetzt kopiert werden, um eine weitere Studie mit geänderten Rand-bedingungen durchführen zu können. Der Vorteil beim Kopieren von Studien ist, dass nicht alle Grundeinstellungen (z. B. die Materialdefinition) erneut vorgenommen werden müssen.

Um eine Studie kopieren zu können, ist im Browser mit der **rechten Maustaste** auf die be-reits vorhandene Studie zu klicken und im Kontextmenü die Option **Studie kopieren**[16] aus-zuwählen. Anschließend kann sie bearbeitet werden, um z. B. ihre Bezeichnung und den zu analysierenden Zeitschritt zu ändern.

---

[16] Sollte das Kopieren der Studie nicht zum gewünschten Ergebnis führen (die Kopie wird im Browser nicht erzeugt), so muss eine neue Studie erzeugt werden. Das anschließende Definieren der Materialien darf dann allerdings nicht vergessen werden.

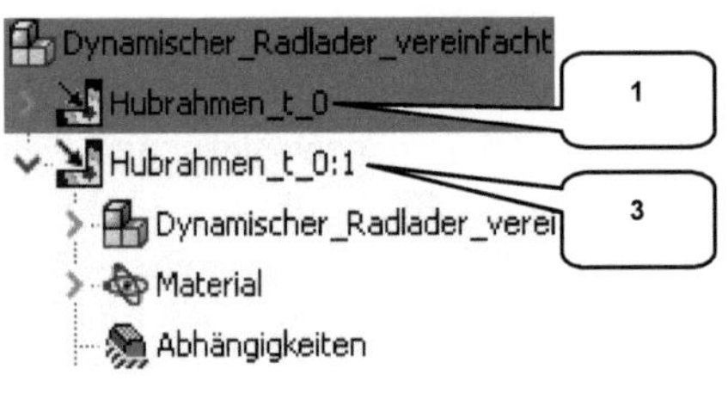

> **Rechte Maustaste** auf **Hubrahmen_t_0** (1)
> **Studie kopieren** (2)
> **Rechte Maustaste** auf **Kopie** (3)
> **Studieneigenschaften bearbeiten** (4)
> Name: Hubrahmen_t_0,91 (5)
> Zeitschritt: T:0,91 (6)
> ⬛ OK **OK**

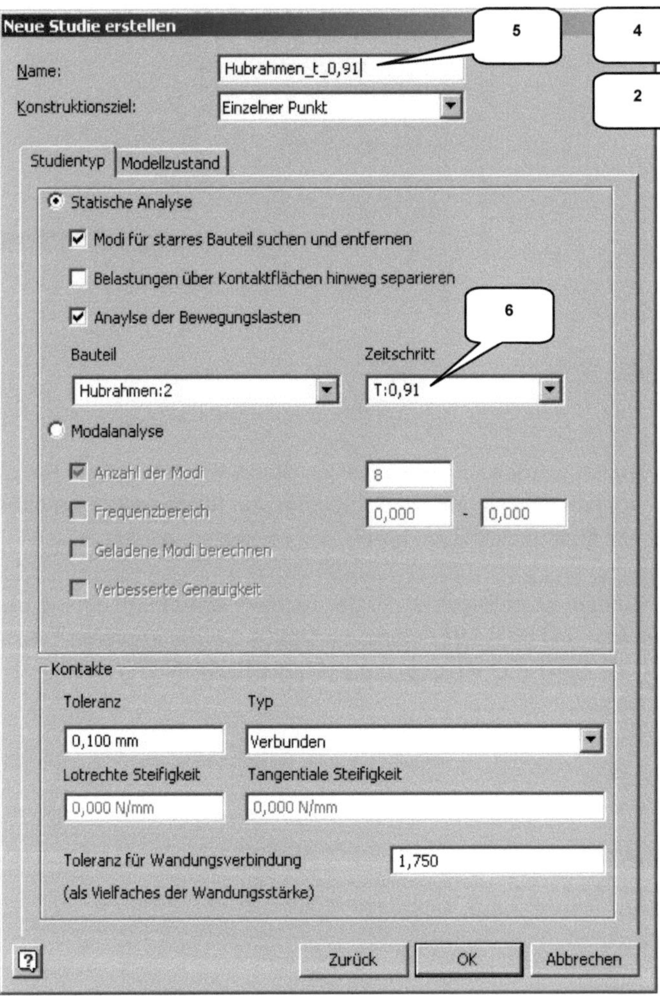

Auch die Randbedingungen für den Zeitschritt T:0,91 wurden bereits im Bereich der Dynamischen Simulation analysiert und können jetzt einfach in den Bereich der Belastungsanalyse übernommen werden.

Wurde die Kopie der ersten Studie erzeugt, sollten die Materialvorgaben noch vorhanden sein. Musste aber eine neue Studie erstellt werden (weil das Kopieren der ersten Studie nicht klappt), so sind auch die Materialien erneut zu definieren (siehe Kapitel 7.1.6 - Materialien zuweisen).

7.7.2 Simulation ausführen und aufzeichnen

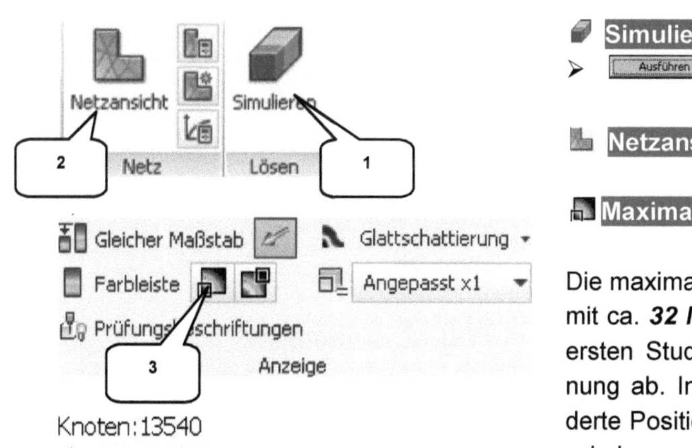

Simulieren (1)
> `Ausführen` **Ausführen**

Netzansicht (2)

Maximalwert (3)

Die maximale **Von Mises-Spannung** weicht mit ca. **32 MPa** (4) nur leicht von der in der ersten Studie ermittelten maximalen Spannung ab. Interessant ist jedoch ihre veränderte Position, denn sie hat sich erneut verschoben.

Knoten:13540
Elemente:6879
Typ: Von Mises-Spannung
Einheit: MPa
20.11.2017, 10:55:17
31,93 Max.

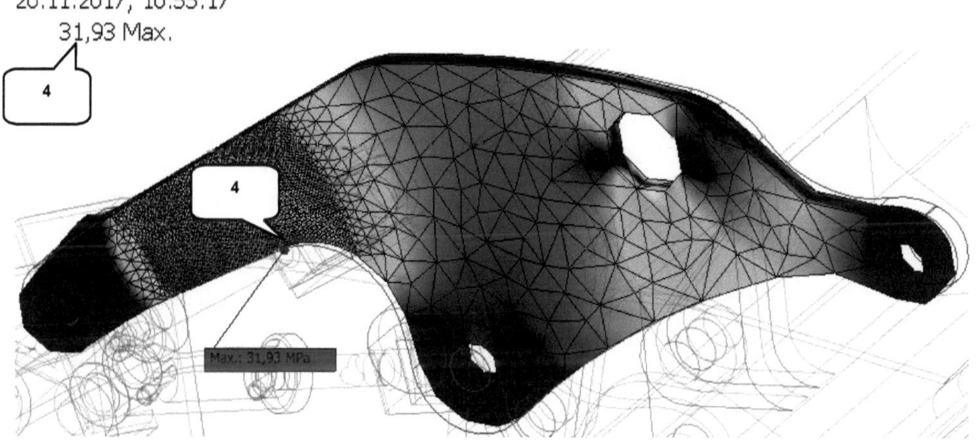

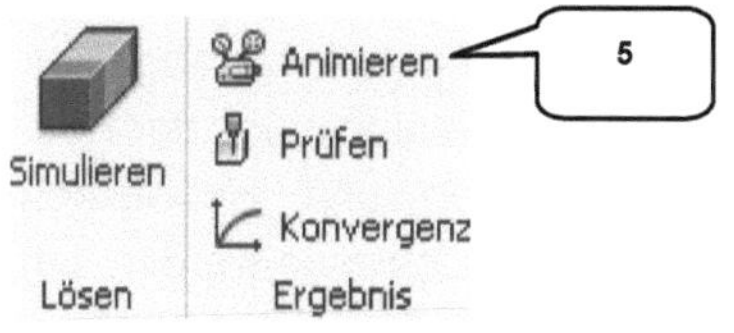

Auch die Bewegungen des Bauteils in dieser zweiten Studie sollen **animiert** und als **Video** aufgezeichnet werden.

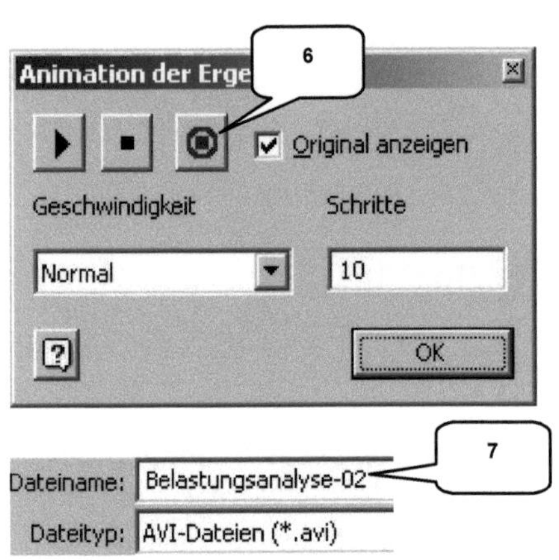

- **Animieren** (5)
  - > **Aufnahme** (6)
  - > Dateiname:
    Belastungsanalyse-02 (7)
  - > Dateityp: *.avi
  - > Speichern **Speichern**
  - > Komprimierung: Microsoft Video 1
  - > Qualität: 100 %
  - > OK **OK**

- **Speichern** (Baugruppe)

7.7.3 Rundungen von Studie ausschließen

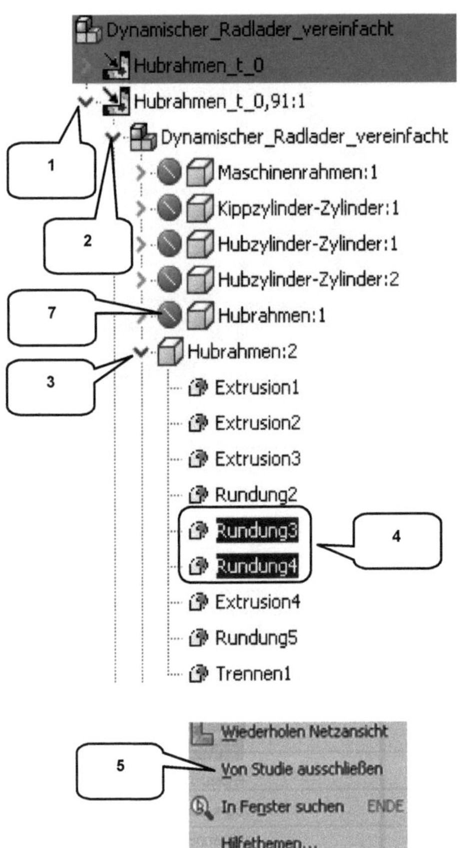

Um verschiedene Konstruktionsvarianten im Bereich der Belastungsanalyse miteinander vergleichen zu können, müssen diese oftmals zuerst konstruiert werden, was einen erhöhten Aufwand bedeutet. Soll hingegen nur geprüft werden, ob es einen Unterschied macht, ob z. B. eine Rundung in einem Bauteil vorhanden ist oder nicht, so kann das auch innerhalb der Simulationsumgebung eingestellt werden, ohne das eigentliche Bauteil ändern zu müssen: über das **Ausschließen von Konstruktionsdetails**. Dabei können bestimmte geometrische Elemente (z. B. Extrusionen, Rundungen, Bohrungen usw.) für eine bestimmte Studie temporär deaktiviert werden.

In der folgenden Übung soll der **abgerundete Übergang** im Kontaktbereich der Bauteile Maschinenrahmen und Hubrahmen von der Studie ausgeschlossen werden, um im Vergleich zur bisherigen Konstruktion, die Unterschiede in der Auswirkung der Studie in Erfahrung zu bringen.

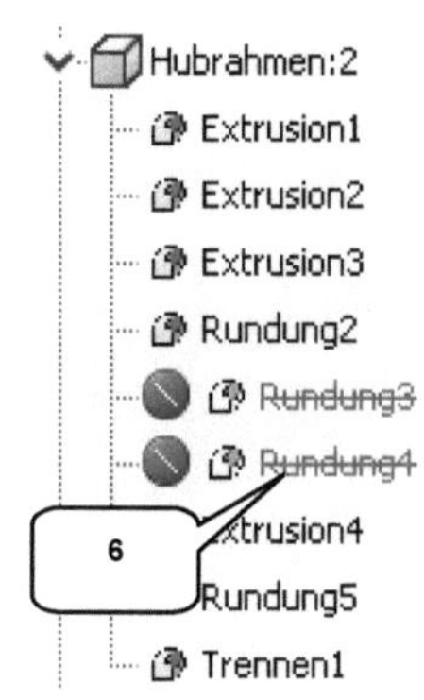

> Studie *Hubrahmen_t_0,91* erweitern (1)
> Baugruppe *Dynamischer_ Radlader_ vereinfacht* erweitern (2)
> Bauteil *Hubrahmen:2*[17] erweitern (3)
> *Rundungen 3* und *4* markierten (4)
> *Rechte Maustaste* auf eine der markierten Rundungen
> *Von Studie ausschließen* (5)

Wurden die beiden Rundungen erfolgreich deaktiviert, so werden sie im Browser *grau* und *durchgestrichen* (6) dargestellt.

7.7.4 Simulation ausführen und aufzeichnen

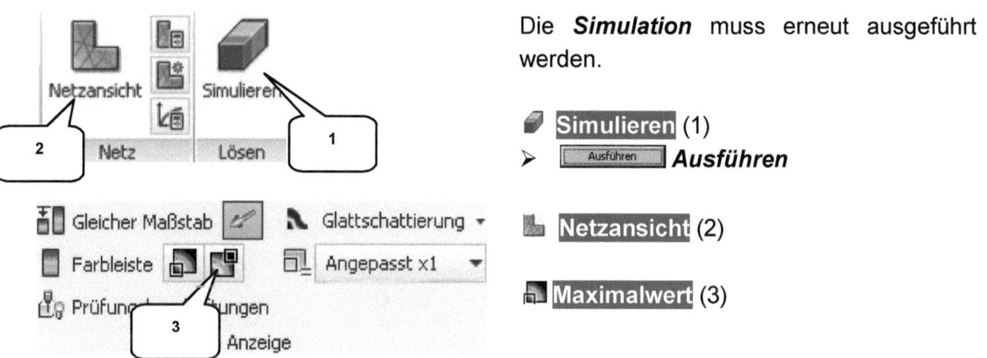

Die *Simulation* muss erneut ausgeführt werden.

- *Simulieren* (1)
> Ausführen *Ausführen*

- *Netzansicht* (2)

- *Maximalwert* (3)

In den Berechnungsergebnissen ist festzustellen, dass die maximale *Von Mises-Spannung* mit ca. *39 MPa* (4) nur geringfügig von der vorherigen maximalen Spannung abweicht. Interessanter ist hier die erneut veränderte Position der maximalen Spannung. Sie tritt jetzt in einem Bereich auf, an dem vorher die Rundungen angeordnet waren. Würden die beiden Rundungen also konstruktiv entfernt werden, würde das zu einer Neupositionierung des maximalen kritischen Bereiches führen. Die Rundungen sollten also möglichst beibehalten werden.

Auch dieses Simulationsergebnis soll animiert und als *Video* gespeichert werden. Die Baugruppe ist anschließend zu *speichern* und zu *schließen*.

---

[17] Eventuell muss anstelle des Bauteils *Hubrahmen:2* das Bauteil *Hubrahmen:1* bearbeitet werden (es kommt darauf an welches Bauteil verwendet wurde). Der richtige Hubrahmen ist daran zu erkennen, dass ihm im Browser <u>kein</u> Symbol der *Ableitung* (7) vorangestellt wurde.

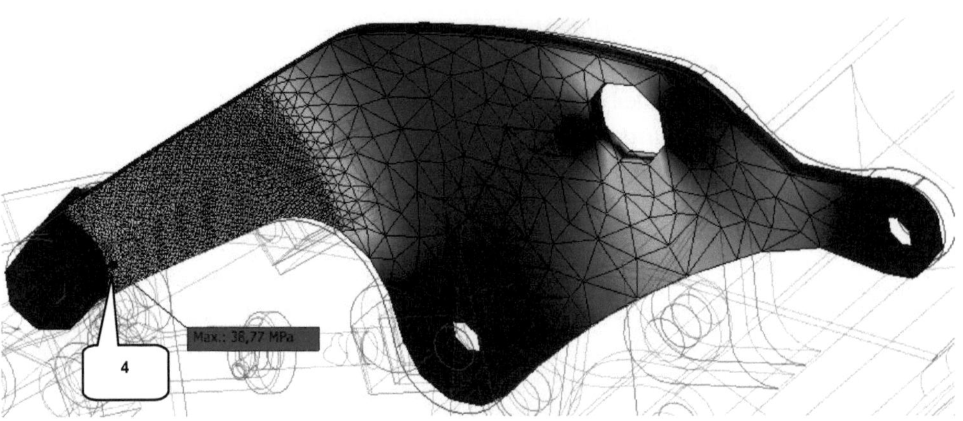

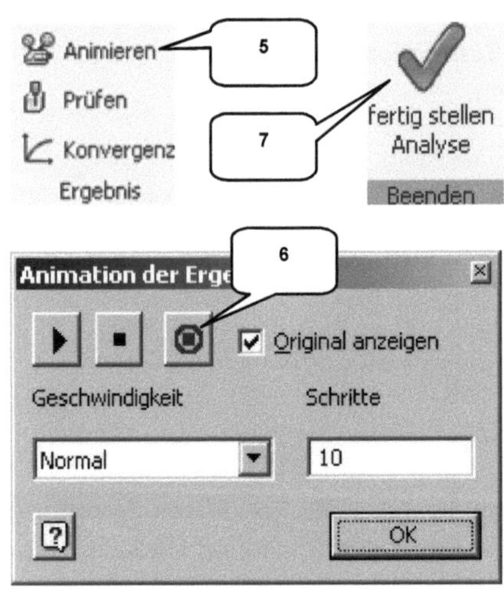

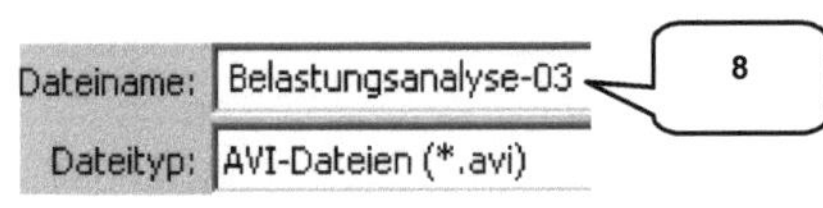

Animieren (5)

>  *Aufnahme* (6)
> Dateiname:
> Belastungsanalyse-03 (7)
> Dateityp: *.avi
> Speichern *Speichern*
> Komprimierung: Microsoft Video 1
> Qualität: 100 %
> OK *OK*

Die Baugruppe kann jetzt *gespeichert* und *geschlossen* werden.

 **Fertigstellen** (8)

Speichern (Baugruppe)
Schließen (Baugruppe)

8 Studien statisch unbestimmter Bauteile

8.1 Einzelpunkt-Studie erstellen
8.1.1 Bauteil HUBZYLINDER_KOLBEN öffnen

Als **statisch unbestimmt** werden in diesem Zusammenhang Bauteile bezeichnet, die nicht bereits durch vorhandene Kräfte und Auflager im Bereich der Dynamischen Simulation (also durch die Randbedingungen einer komplexen Baugruppe) bestimmt wurden. Sie werden als einzelne Bauteile (nicht aus einer Baugruppe heraus) geöffnet und in den Bereich der Belastungsanalyse übertragen. Sämtliche Randbedingungen müssen hier also erst noch definiert werden. Diese Vorgehensweise wird häufig verwendet, wenn ein Bauteil relativ schnell im Bereich der Belastungsanalyse analysiert werden soll und vor allem, wenn keine vorherigen Analysen im Bereich der Dynamischen Simulation durchgeführt wurden.

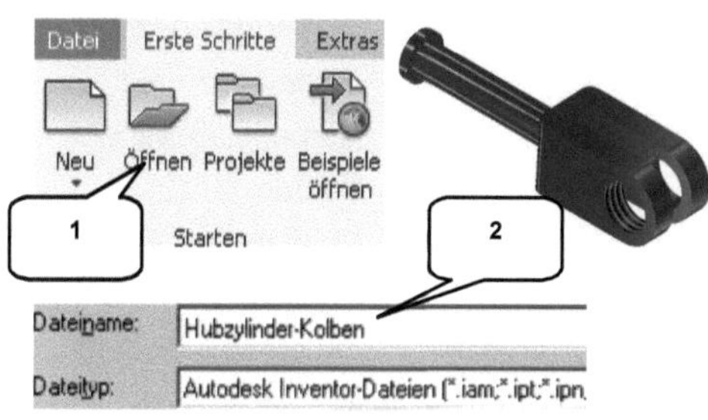

In der folgenden Übung soll der **Kolben** des **Hubzylinders** analysiert werden, wofür das Bauteil jetzt zu öffnen ist.

 **Öffnen** (1)
> Order: Projektordner wählen
> Dateiname: Hubzylinder-Kolben (2)
> Dateityp: *.ipt
>  **Öffnen**

8.1.2 Umgebung der Belastungsanalyse aktivieren

Arbeitsbereich:
Belastungsanalyse

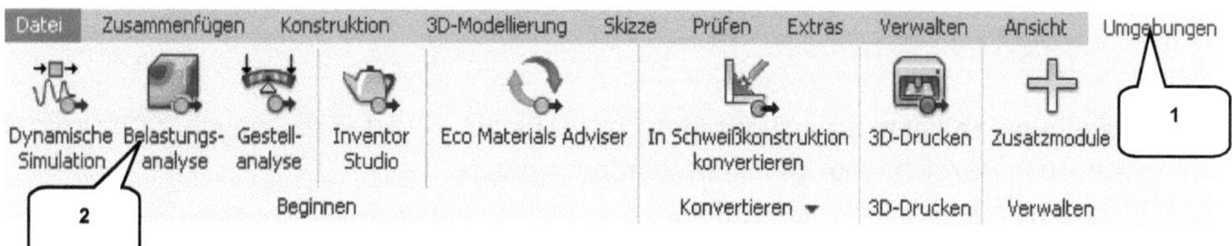

> Register **Umgebungen** (1)
> **Belastungsanalyse** (2)

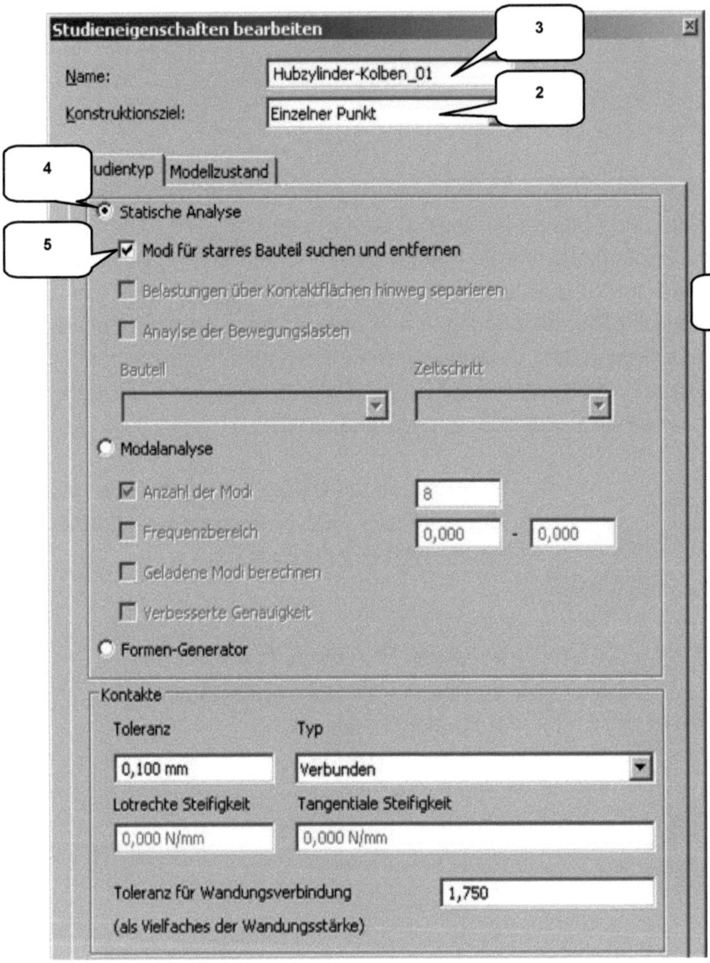

Im Bereich der Belastungsanalyse muss zunächst eine neue **Studie** in Form einer **statischen Einzelpunktanalyse** erstellt werden.

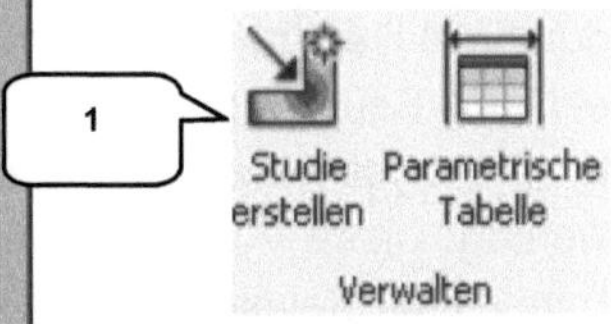

Neue Studie (1)
- Konstruktionsziel: Einzelner Punkt (2)
- Name: Hubzylinder-Kolben_01 (3)
- Studientyp: Statische Analyse (4)
- Aktivieren: Modi für starres Bauteil ... (5)
- ☐ OK ☐ **OK**

8.1.3 Materialien zuweisen

Für diese Studie soll dem Bauteil das **Material** Edelstahl mit der Bezeichnung **X105CrMo17** (amerikanische Bezeichnung: **440 C**) zugeordnet werden.

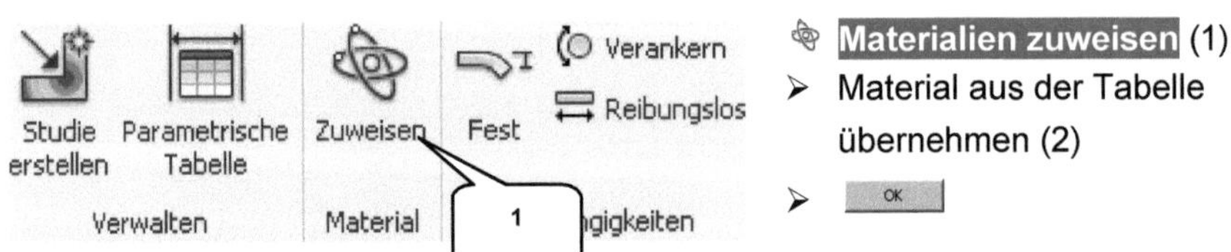

Materialien zuweisen (1)
- Material aus der Tabelle übernehmen (2)
- ☐ OK ☐

8.2 Belastungen platzieren
8.2.1 Grundlagen: Kraft und Druck

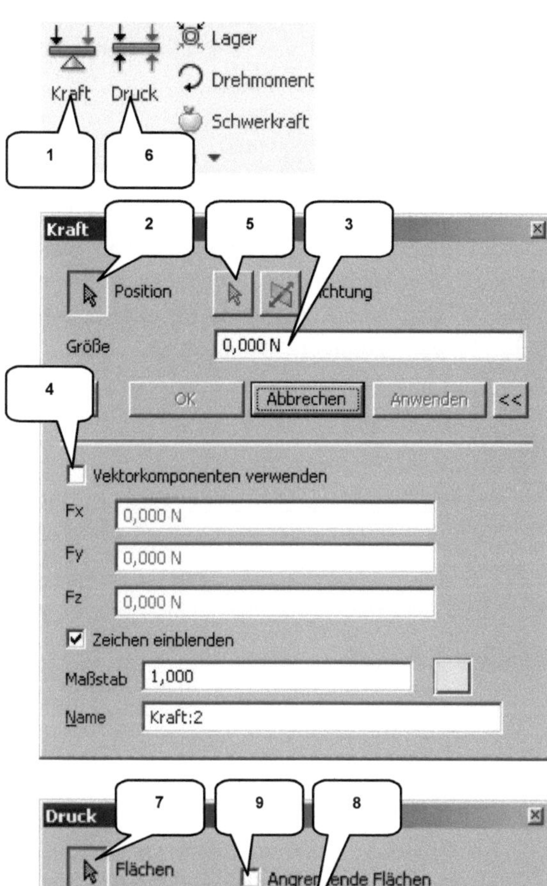

Kraft (1)

Der Befehl **Kraft** ermöglicht das Platzieren einer Kraft, die von außen auf ein Bauteil wirkt. Sie kann entweder auf einer Fläche, einer Kante oder auch auf einer Ecke positioniert werden (2). Ihre Größe kann entweder über das entsprechende Eingabefeld (3), oder über Vektorkomponenten (4) definiert werden. Die Wirkrichtung einer Kraft ist über die Vektorkomponenten oder auch entlang einer Körperkante (5) zu definieren.

Druck (6)

Soll ein **Druck** simuliert werden welcher auf eine Fläche wirkt, so muss diese Fläche (7) zuerst gewählt werden, um anschließend den Druck selbst (8) bestimmen zu können. Die Wirkrichtung ist dabei grundlegend lotrecht zur Bauteiloberfläche. Außerdem kann definiert werden, ob tangential angrenzende Oberflächen ebenfalls mit einem Druck zu beaufschlagen sind (9).

8.2.2 Grundlagen: Lagerbelastung und Drehmoment

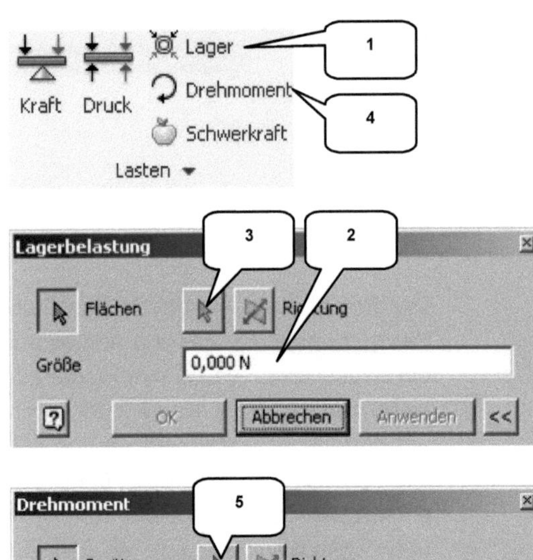

⚙ **Lagerbelastung** (1)

Bei einer **Lagerbelastung** werden zylindrische Bauteiloberflächen mit einer Kraft (2) versehen, deren Wirkrichtung entweder entlang einer Körperkante (3) oder anhand von Vektorkomponenten definiert werden kann.

↻ **Drehmoment** (4)

Drehmomente können auf Bauteiloberflächen, Kanten und Ecken platziert werden. Ihre Rotationsachse wird über eine Körperkante (5) oder mittels Vektorkomponenten definiert.

8.2.3 Grundlagen: Schwerkraft

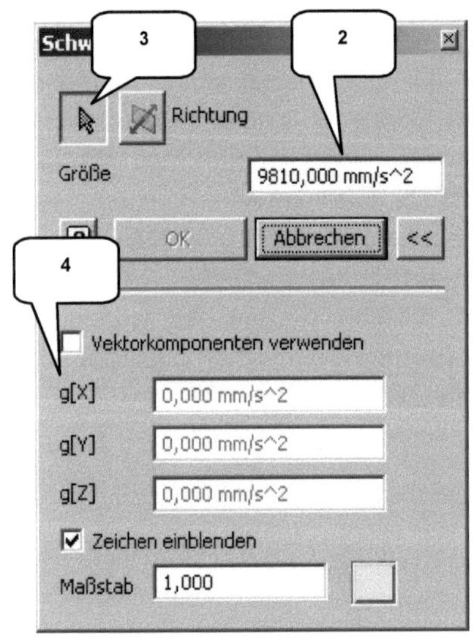

🍎 **Schwerkraft** (1)

Zur Berechnung der **Schwerkraft** müssen im gleichnamigen Befehlsfenster Größe (2) und Richtung der Normalfallbeschleunigung definiert werden. Ihre Wirkrichtung kann dabei entlang einer Körperkante (3) oder aber anhand von Vektorkomponenten (4) definiert werden.

8.2.4 Grundlagen: Externes Kraftmoment

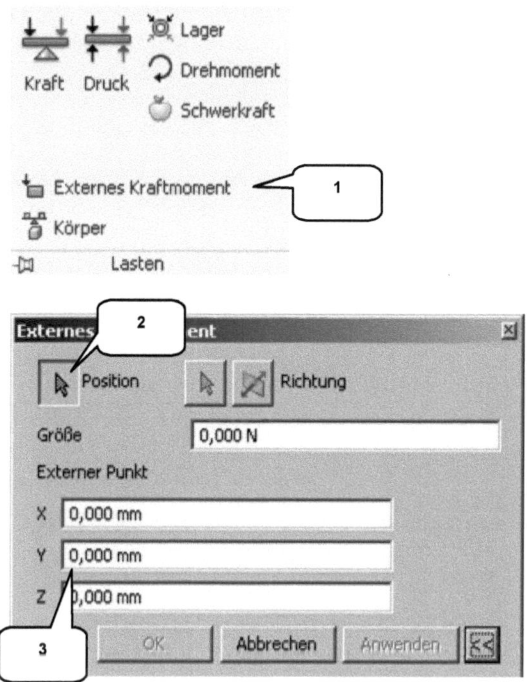

Externes Kraftmoment (1)

Externe Kraftmomente können wie normale Drehmomente platziert werden. Ihre Wirkrichtung resultiert durch die Vorgabe einer Körperkante (2) oder einer zylindrischen Fläche (zur Ermittlung der Rotationsachse), oder aber durch die Vorgabe von Vektorkomponenten. Der Kraftangriffspunkt des externen Kraftmomentes (3) wird über die Vorgabe eines Koordinatenpunktes (X, Y, Z) definiert. Der Befehl simuliert damit eine theoretische Punktlast.

8.2.5 Grundlagen: Körperlasten

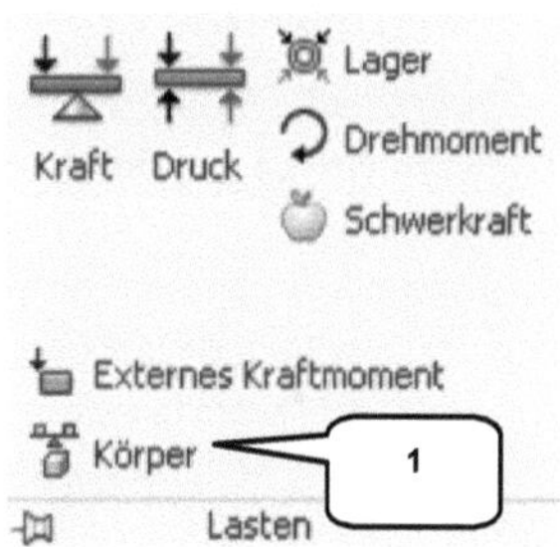

Körperlasten (1)

Mit dem Befehl ***Körperlasten*** können Beschleunigungs- und Zentrifugalkräfte in eine Simulation integriert werden.

Beschleunigungskräfte werden im Register ***Linear*** (2) definiert, wo Größe und Wirkrichtung (3) definiert werden können. Wenn ***Zentrifugalkräfte*** in die Simulation mit einbezogen werden sollen, muss das Register ***Winkel*** (4) geöffnet werden, um die Option zu aktivieren (5). Hier können entweder konstante Zentrifugalkräfte oder beschleunigte Zentrifugalkräfte anhand einer Körperkante oder mittels Vektorkomponenten definiert werden.

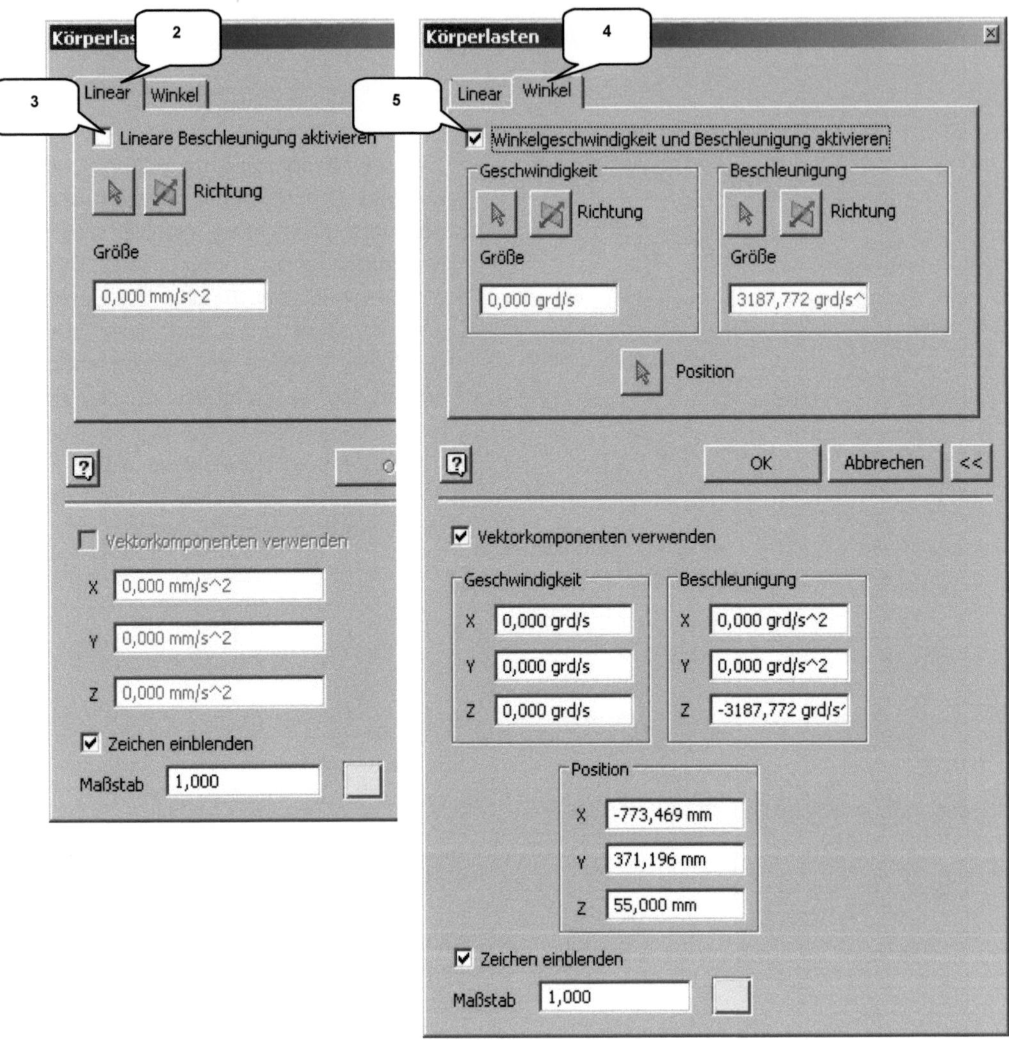

8.2.6 Einspann- und Belastungssituation des Bauteils KOLBEN

Um den Kolben simulieren zu können, sollten vorher alle zur Berechnung relevanten Randbedingungen über die Analyse der Einspann- und Belastungssituation des Kolbens bestimmt werden.

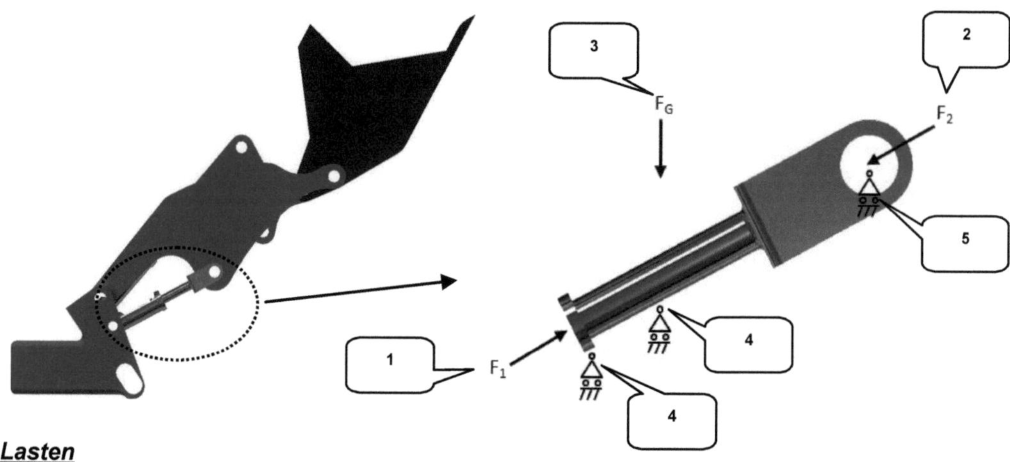

Lasten

1) Der Kolben wird mit einer Kraft F_1 (1) belastet, welche in Richtung des Hubrahmens wirkt. Sie soll mit **500 N** angenommen werden.
2) Der Kolben wird weiterhin durch den Hubrahmen in Form einer Lagerkraft F_2 belastet (2). Sie wirkt mit **500 N** der Kraft F_1 direkt entgegen.
3) Die Gewichtskraft F_G (3) kann in dieser Übung vernachlässigt werden.

Auflager

1) Der Kolben wird gleitend an zwei Positionen im **Zylinder** geführt (4).
2) Der Kolben ist über ein **Drehgelenk** mit dem Hubrahmen verbunden (5).

8.2.7 Kraft zwischen KOLBEN und ZYLINDER platzieren

Zuerst wird die Kraft F_1 platziert. Sie wirkt zwischen den Bauteilen Zylinder und Kolben und soll den Kolben axial in Richtung des Hubrahmens bewegen. Lediglich Fläche und Größe der Kraft sind zu definieren weil ihre Wirkrichtung[18] vom Programm automatisch lotrecht zur Kraftangriffsfläche angenommen wird.

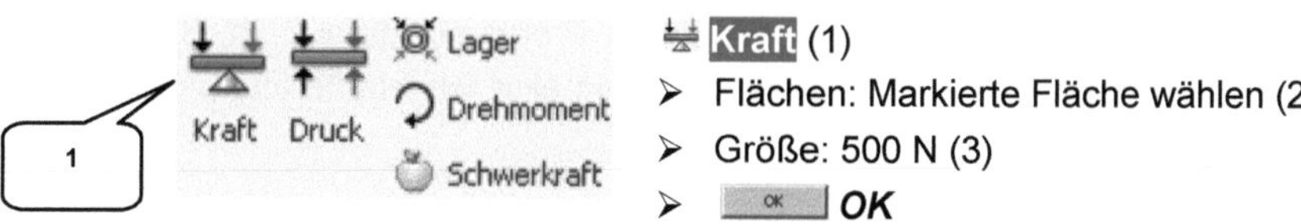

Kraft (1)
- ➤ Flächen: Markierte Fläche wählen (2)
- ➤ Größe: 500 N (3)
- ➤ OK **OK**

---

[18] Sollte die Wirkrichtung der Kraft unerwartet vom Bauteil weg zeigen, so kann die Richtung mit der **Umschalttaste** (4) korrigiert werden.

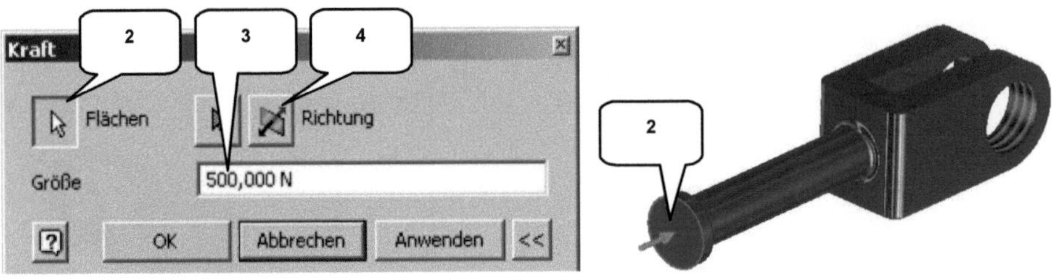

8.2.8 Simulation ausführen und aufzeichnen

Auch wenn das Bauteil zum aktuellen Zeitpunkt statisch noch nicht bestimmt ist, soll eine erste **Simulation** durchgeführt und die Reaktion des Programms betrachtet werden.

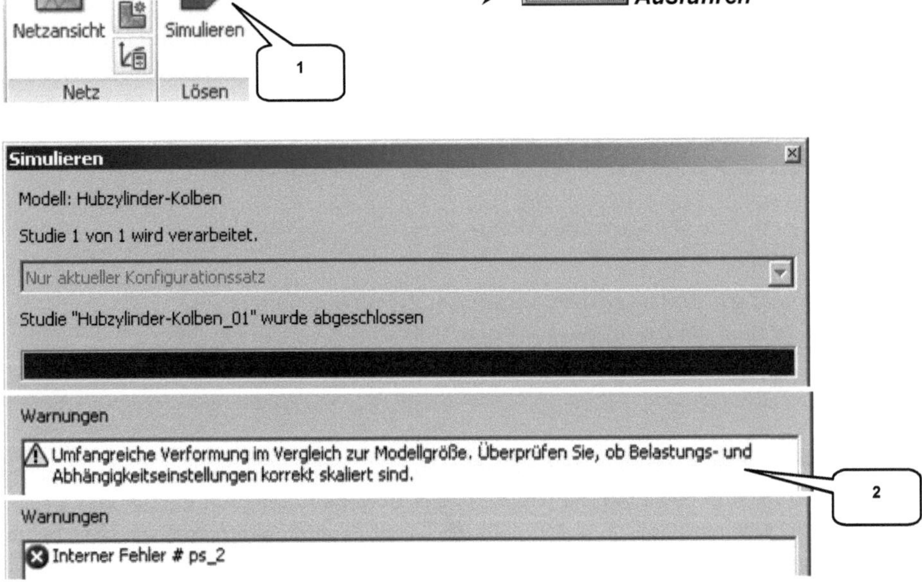

Mit der oberen Fehlermeldungen (2) weist das Programm darauf hin, dass aufgrund der noch nicht definierten Lasten und Abhängigkeiten eine fehlerhafte Interpretation der Analyseergebnisse sehr wahrscheinlich ist.

Das Fenster der Fehlermeldung kann geschlossen werden und das Programm sollte die Simulation trotzdem ausführen.

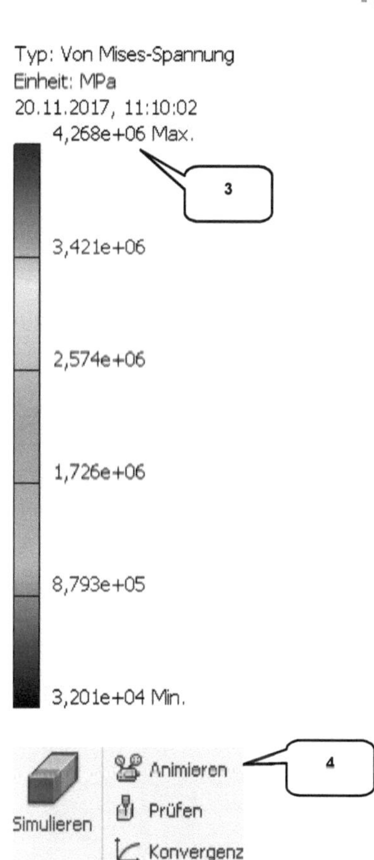

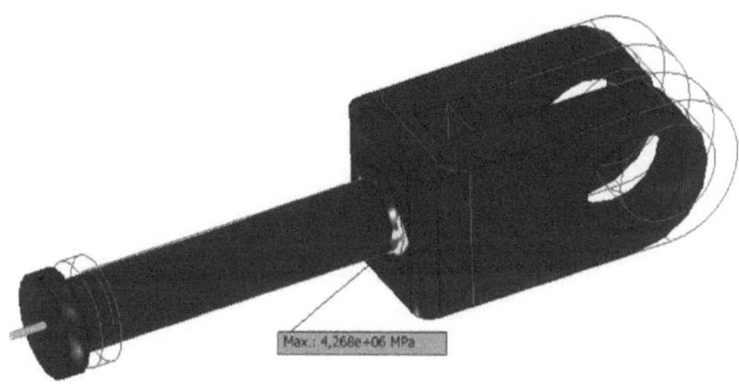

Betrachtet man die Berechnungsergebnisse (z. B. die Von Mises-Spannung) so ist zu erkennen, dass die ermittelten Resultate unbrauchbar sein müssen, denn das Programm berechnet eine maximale Spannung von über 4 Millionen MPa (3).

Trotzdem soll der Bewegungsablauf **animiert** werden und zusätzlich als **Video** aufgezeichnet.

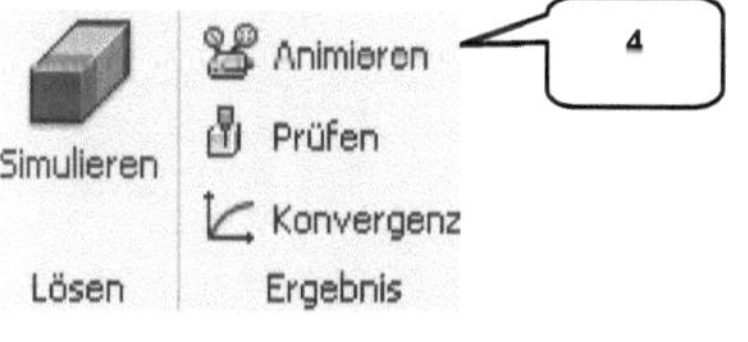

- Animieren (4)
- ▶ **Aufnahme** (5)
- Dateiname:
  Belastungsanalyse-04 (6)
- Dateityp: *.avi
- Speichern **Speichern**
- Komprimierung: Microsoft Video 1
- Qualität: 100 %
- OK **OK**

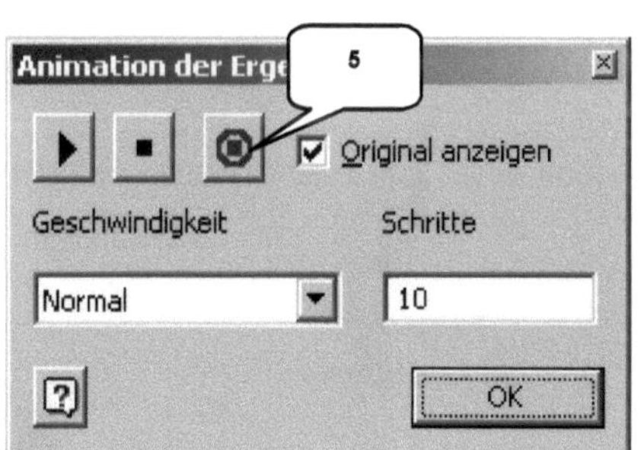

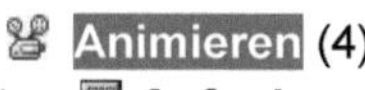

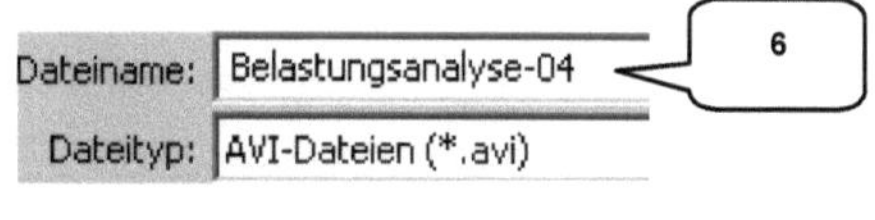

8.2.9 Lagerkraft zwischen KOLBEN und HUBRAHMEN platzieren

Als Gegenkraft soll in den beiden zylindrischen Bohrungsflächen des Kolbens (Gelenkverbindung zwischen Hubrahmen und Kolben) eine *Lagerkraft F_2* platziert werden. Sie wirkt mit gleicher Größe der Kraft *F_1* direkt entgegen. Die Wirkrichtung ist daher entlang der Z-Achse zu definieren.

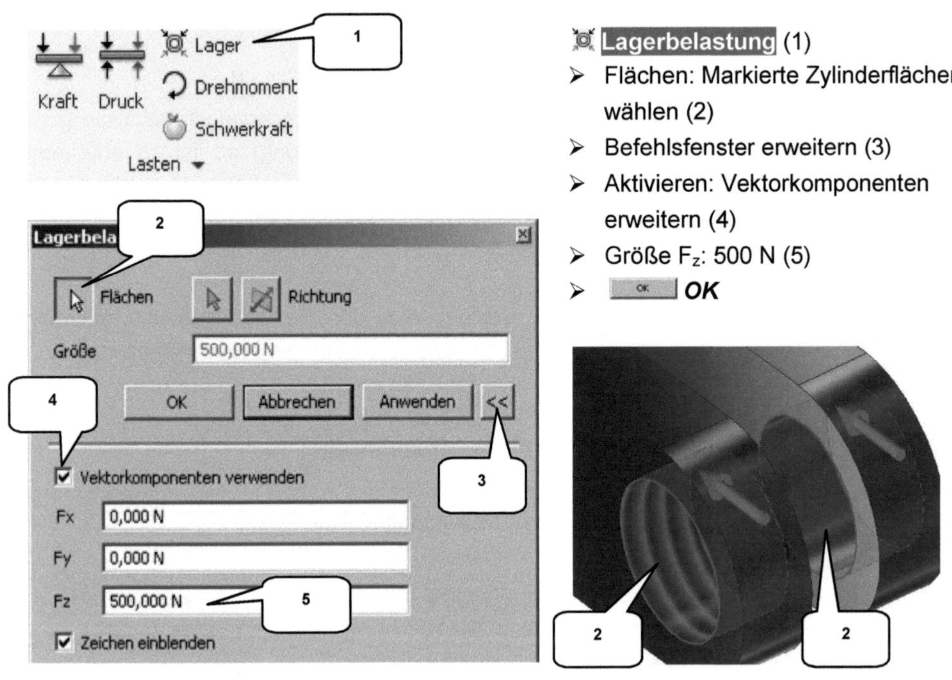

Lagerbelastung (1)
- Flächen: Markierte Zylinderflächen wählen (2)
- Befehlsfenster erweitern (3)
- Aktivieren: Vektorkomponenten erweitern (4)
- Größe F_z: 500 N (5)
- OK **OK**

8.2.10 Simulation ausführen und aufzeichnen

Ob die zuletzt platzierte Kraft das System statisch bestimmt hat, soll in einer neuen *Simulation* kontrolliert werden.

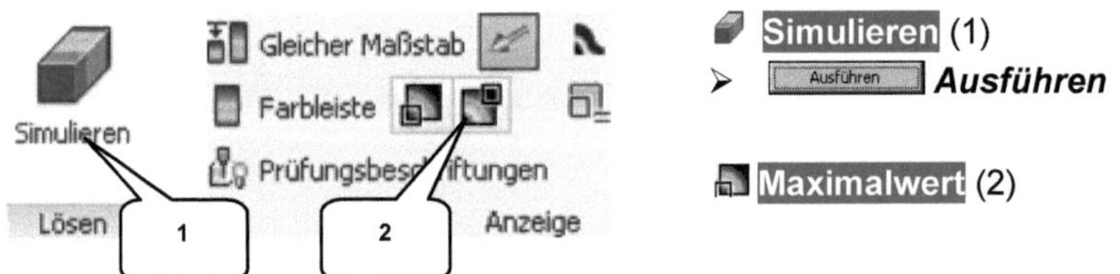

Simulieren (1)
- Ausführen *Ausführen*

Maximalwert (2)

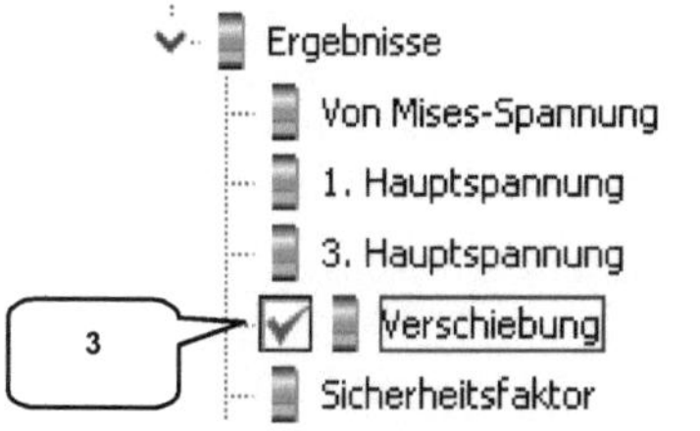

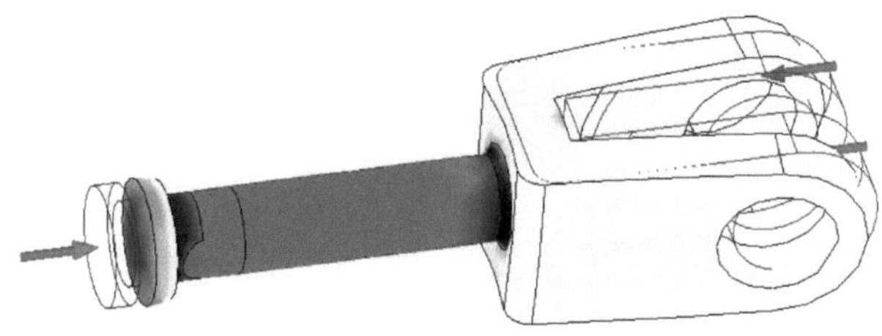

Typ: Verschiebung
Einheit: mm
23.10.2017, 13:34:52
0,002113 Max.

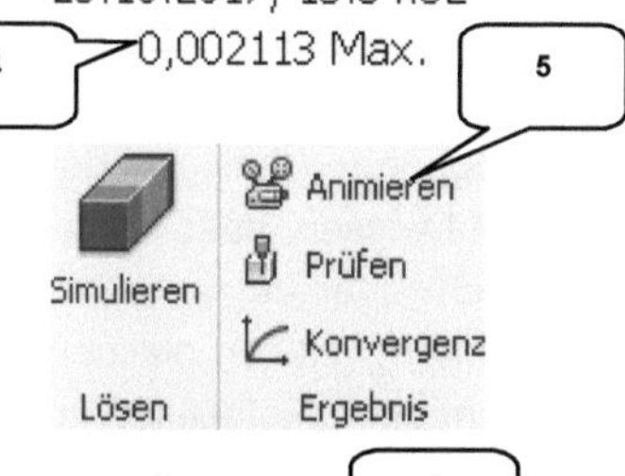

> Doppelklick auf **Verschiebung** (3)

Die Simulation müsste jetzt ohne eine erneute Fehlermeldung durchgeführt worden sein. Und auch die Berechnungsergebnisse sollten einen akzeptablen Wert erreichen. Der Wert der maximalen Verschiebung z. B. müsste sich im Bereich von ca. **0,002 mm** bewegen (4).

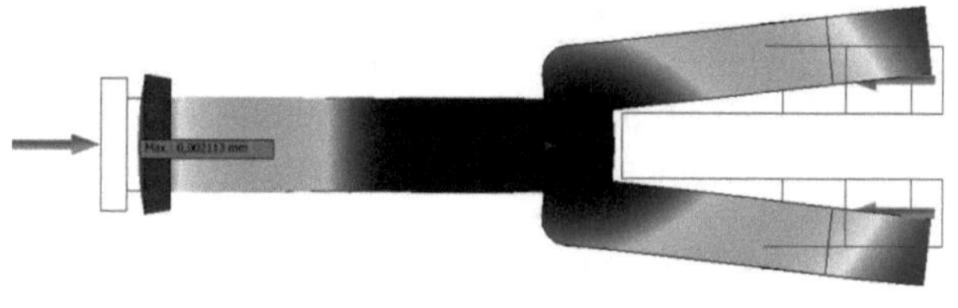

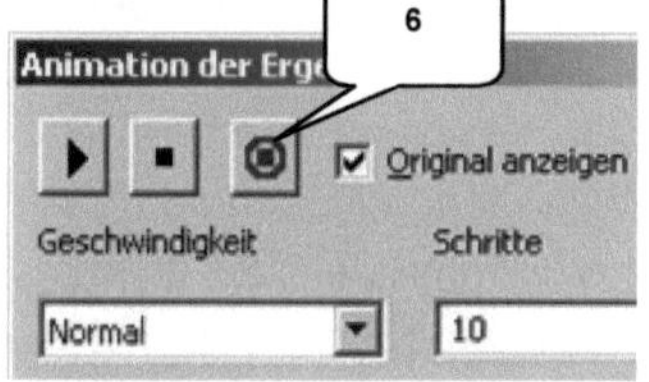

Der Bewegungsablauf ist zu **animieren** und als **Video** zu speichern.

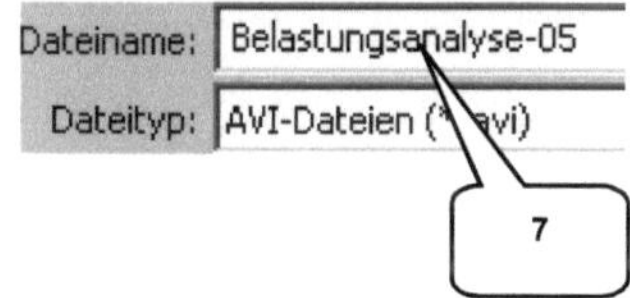

Animieren (5)
> Aufnahme (6)
> Dateiname:
  Belastungsanalyse-05 (7)
> Dateityp: *.avi
> Speichern **Speichern**
> Komprimierung: Microsoft Video 1
> Qualität: 100 %
> OK **OK**

✓ Fertigstellen
Speichern (Bauteil)

8.3 Kontaktflächen bearbeiten
8.3.1 Baugruppe DYNAMISCHER_RADLADER_VEREINFACHT öffnen

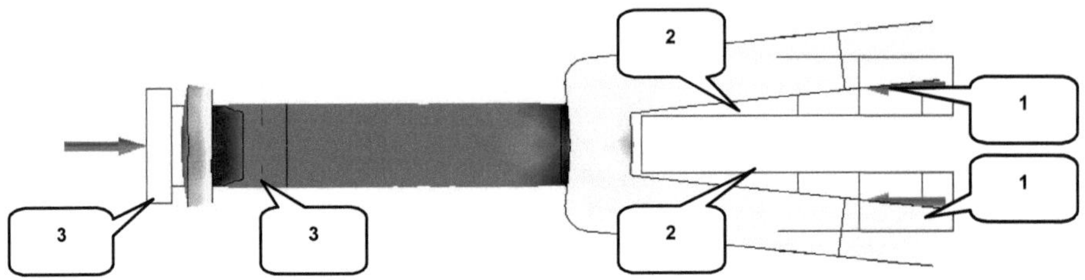

Betrachtet man den Kolben aus der Draufsicht, so ist zu erkennen, dass die beiden Gabelzinken des Kolbens auseinandergebogen werden (1). Dieses Bewegungsprofil entsteht dadurch, dass außer den beiden Kräften noch keine weiteren Randbedingungen (Auflager) definiert wurden. Das Programm kann zum aktuellen Zeitpunkt noch nicht wissen, dass derartige Bewegungen des Kolbens aufgrund äußerer Abhängigkeiten nicht oder nur begrenzt möglich sind. Um diesen Fehler zu korrigieren, müssen zusätzlich Abhängigkeiten platziert werden, indem die beiden Gabelzinken des Kolbens z. B. durch Flächenabhängigkeiten im inneren Bereich (2) befestigt und die zylindrischen Flächen des Kolbens im Kontaktbereich zum Zylinder (3) mit einer zylindrischen Abhängigkeit versehen werden.

Vor dem Setzen der Abhängigkeiten muss der Kolben allerdings bearbeitet werden, denn die Kontaktflächen zwischen den einzelnen Bauteilen (z. B. Kolben und Zylinder oder Kolben und Hubrahmen bzw. Kolben und Kolbenbolzen) müssen auch am Kolben separat auszuwählen sein. Eine Auswahl bestimmter Teilflächen einer Oberfläche ist im Bereich der Belastungsanalyse leider so nicht möglich ist (das Programm würde ausschließlich die gesamten Oberfläche markieren), daher ist der Kolben zu ändern.

Um den Kolben bearbeiten zu können, sollte das Bauteil gespeichert und vorerst geschlossen werden, denn bearbeitet werden muss es direkt aus der zugehörigen Baugruppe heraus (nur so sind die Kontaktflächen zu erkennen).

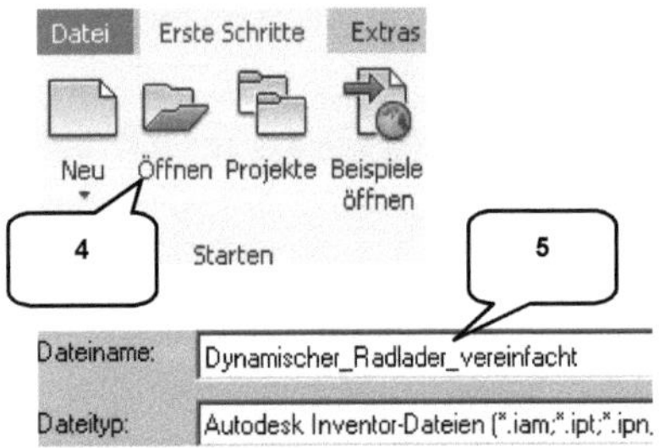

⊠ Schließen (Bauteil)

📂 Öffnen (4)
- Order: Projektordner wählen
- Dateiname:
  Dynamischer_Radlader_vereinfacht (5)
- Dateityp: *.iam
- Öffnen **Öffnen**

8.3.2 Bauteile isolieren

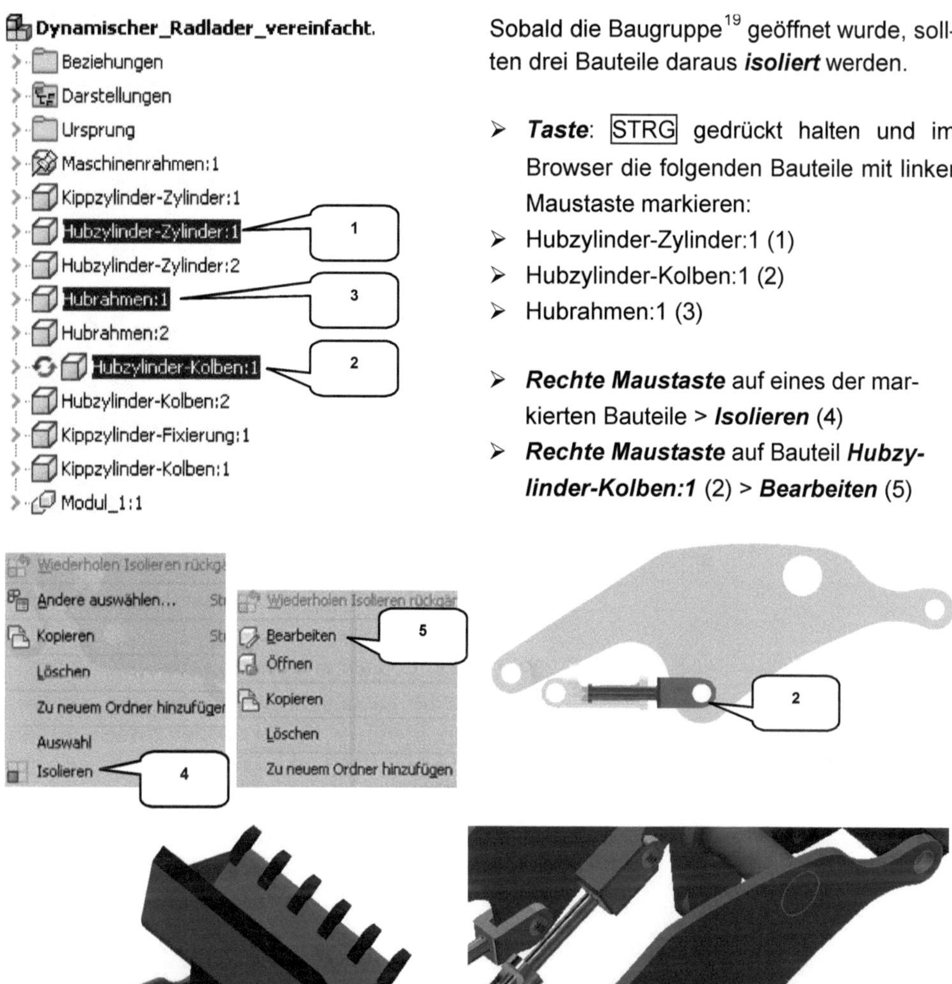

Sobald die Baugruppe[19] geöffnet wurde, sollten drei Bauteile daraus *isoliert* werden.

> *Taste*: STRG gedrückt halten und im Browser die folgenden Bauteile mit linker Maustaste markieren:
> Hubzylinder-Zylinder:1 (1)
> Hubzylinder-Kolben:1 (2)
> Hubrahmen:1 (3)

> *Rechte Maustaste* auf eines der markierten Bauteile > *Isolieren* (4)
> *Rechte Maustaste* auf Bauteil *Hubzylinder-Kolben:1* (2) > *Bearbeiten* (5)

---

[19] Die Bearbeitung des Kolbens muss zwingend aus der Baugruppe heraus erfolgen, weil die in der folgenden Übung zu projizierenden Konturen ansonsten nicht vorhanden wären.

8.3.3 Kontaktflächen präzisieren

Im Bearbeitungsbereich des Kolbens angelangt, soll mit der Präzisierung der ersten Fläche begonnen werden. Hierfür ist auf der markierten Oberfläche eine neue *2D-Skizze* zu erstellen um dort die Kontur des Hubrahmens zu *projizieren*.

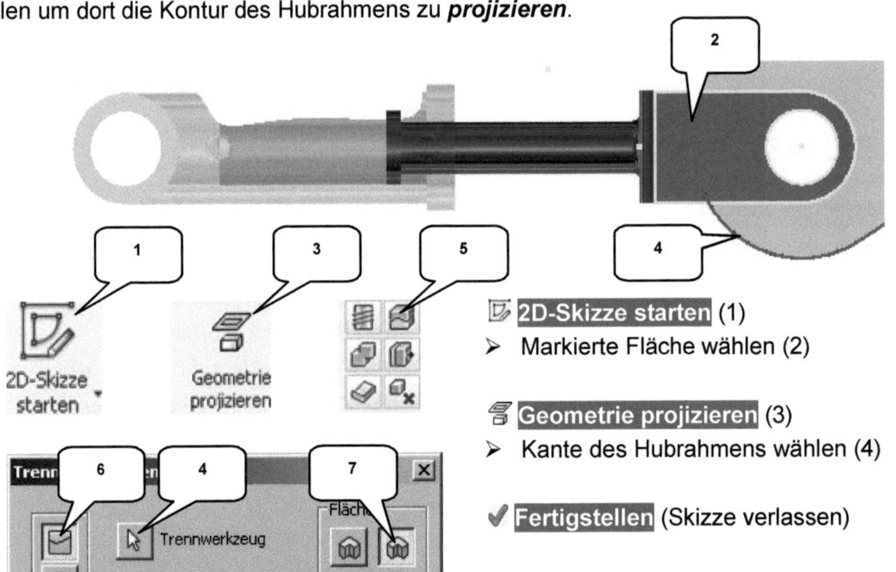

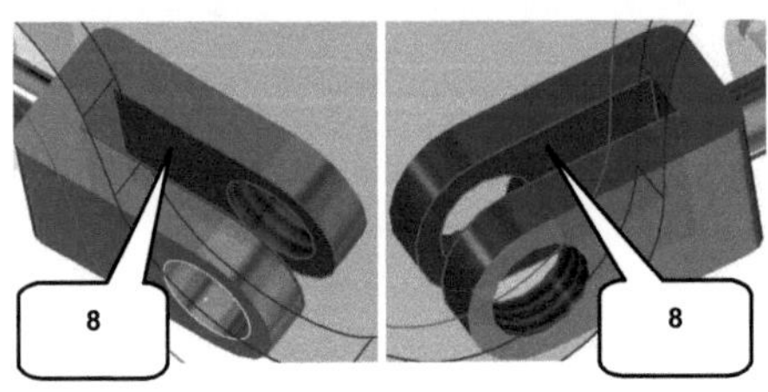

2D-Skizze starten (1)
> Markierte Fläche wählen (2)

Geometrie projizieren (3)
> Kante des Hubrahmens wählen (4)

Fertigstellen (Skizze verlassen)

Die projizierte Körperkante des Hubrahmens kann jetzt dazu verwendet werden, die genaue Kontaktfläche zwischen den Bauteilen Hubrahmen und Kolben auf dem Kolben abzubilden und die Fläche zu separieren. Dieser Schritt ermöglicht es später, diese Teilfläche im Bereich der Belastungsanalyse als Kontaktfläche auszuwählen.

Trennen (5)
> Option: Fläche trennen (6)
> Fläche: Auswählen (7)
> Trennwerkzeug: Projizierte Kante (4)
> Flächenauswahl: <u>Beide</u> Flächen im
  Inneren der Gabelzinken wählen (8)
> *OK*

Fertigstellen (Skizze verlassen)

Um zu überprüfen ob das Trennen der Flächen zum gewünschten Ergebnis führte, kann mit der Maus über den Kolben gefahren werden: die separierten Flächen (9) sollten sich dabei deutlich hervorheben.

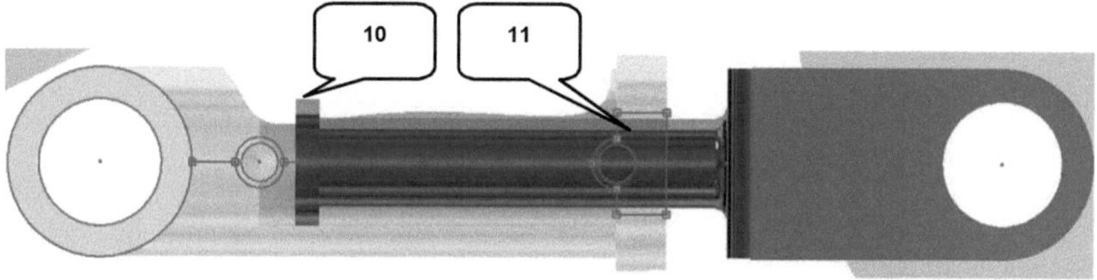

Auch der Kontaktbereich zwischen Zylinder und Kolben muss präzisiert werden. Genau genommen sind es zwei Kontaktflächen, welche den Kolben im Zylinder führen. Zum einen besitzt der Kolben im markierten Bereich (10) ein zylindrisches Segment mit einem etwas größeren Durchmesser. Diese Fläche muss nicht weiter bearbeitet werden, weil sie umfänglich im Bereich der Belastungsanalyse als Kontaktfläche definiert werden kann.

Zum anderen wird der Kolben über die markierte Fläche (11) im Zylinder geführt. Weil die Schnittmenge der Kontaktbereiche von Kolben und Zylinder nur einen kleinen Anteil der Gesamtfläche umfasst, muss diese Fläche ebenfalls präzisiert werden. Je nach Lage des Kolbens im Zylinder variiert die Position dieser Kontaktfläche allerdings (sie kann also durchaus etwas von der oberen Darstellung abweichen).

Auf der bereits verwendeten Bauteiloberfläche des Kolbens muss erneut eine 2D-Skizze erzeugt werden, worin diesmal die Kontur des Zylinders zu projizieren ist. Auch sie kann im Anschluss daran dazu verwendet werden, die Kontaktfläche zwischen Kolben und Zylinder zu präzisieren.

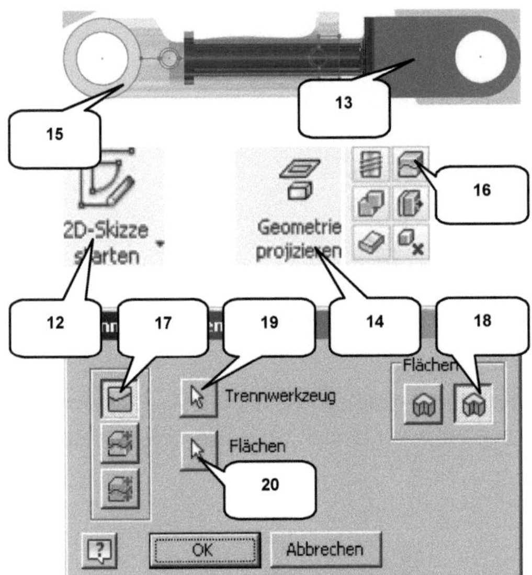

📝 **2D-Skizze starten** (12)
> Markierte Fläche wählen (13)

Geometrie projizieren erweitern (14)

Schnittkanten projizieren
> Markierten Zylinder wählen (15)

✔ **Fertigstellen** (Skizze verlassen)

Trennen (16)
> Option: Fläche trennen (17)
> Option: Auswählen (18)
> Trennwerkzeug: Projizierte Kontur (19)
> Flächen: Zylinder des Kolbens (20)
>   OK   **OK**

Zur Überprüfung der erfolgreichen Trennung der Bauteiloberfläche kann auch diesmal wieder mit dem Mauspfeil über die entsprechende Bauteiloberfläche gefahren werden: die separierten Flächen sollten sich hervorheben.

Die Bearbeitung des Kolbens kann damit wieder beendet werden und die *Isolierung* der drei Bauteile ist wieder rückgängig zu machen.

Kolben und Baugruppe sind abschließend zu *speichern* und zu schließen.

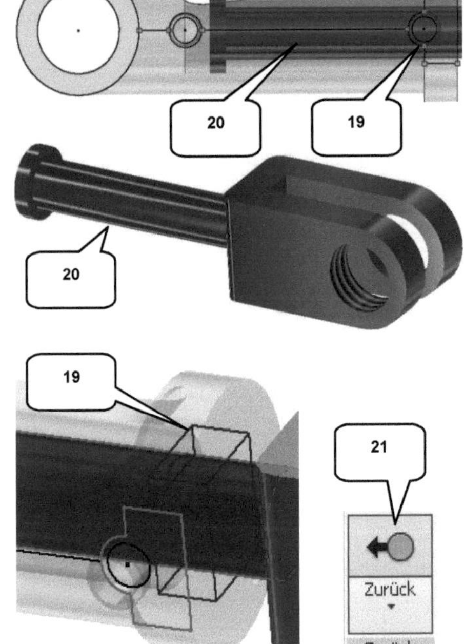

⬅ **Zurück** (zum Baugruppenbereich) (21)

> *Rechte Maustaste* auf den Hintergrund des Zeichenbereiches
> *Isolieren rückgängig* (22)

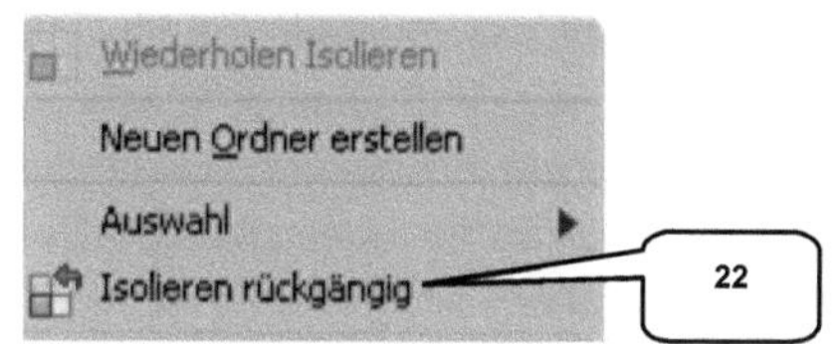

🖫 **Speichern** (Baugruppe)
- ➤ Ja für alle **Ja für alle**
- ➤ OK **OK**

❌ **Schließen** (Baugruppe)

8.3.4 Bauteil KOLBEN öffnen

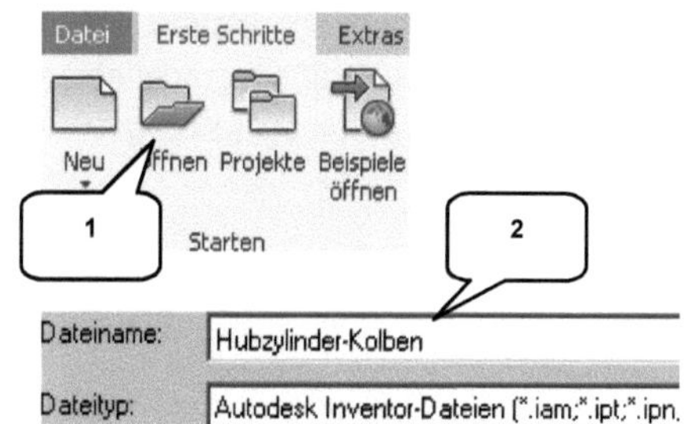

Das Bauteil **Hubzylinder-Kolben** muss jetzt wieder geöffnet werden.

📂 **Öffnen** (1)
- ➤ Order: Projektordner wählen
- ➤ Dateiname: Hubzylinder-Kolben (2)
- ➤ Dateityp: *.ipt
- ➤ Öffnen **Öffnen**

8.4 Kontaktflächen zwischen KOLBEN und HUBRAHMEN def.
8.4.1 Grundlagen: Festgelegte Abhängigkeiten

- ➤ Register **Umgebungen** (1)
- **Belastungsanalyse** (2)

- **Festgelegte Abhängigkeit** (3)

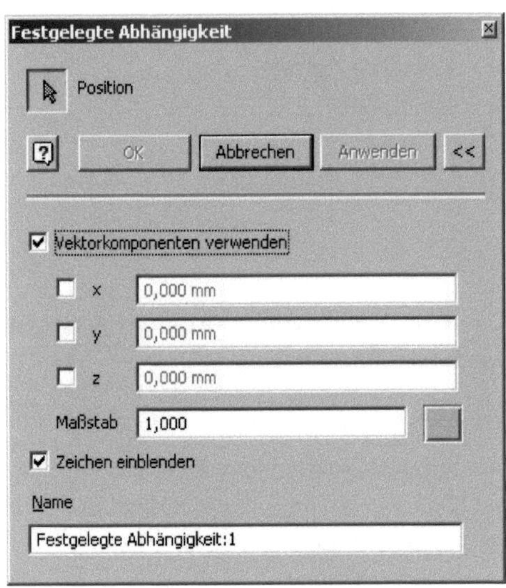

Festgelegte Abhängigkeiten werden oft verwendet, weil sie ein Bauteil sehr schnell und mit einem einzigen Handgriff vollständig fixieren können, was für überschlägige Berechnungen durchaus sinnvoll sein kann.

Benötigt man allerdings präzise Berechnungsergebnisse, so sollte die Verwendung dieser Option gut durchdacht werden. Denn sie entfernt alle sechs Freiheitsgrade eines Bauteils und fixiert es damit vollständig.

8.4.2   Grundlagen: Pin-Abhängigkeiten und reibungslose Abhängigkeiten

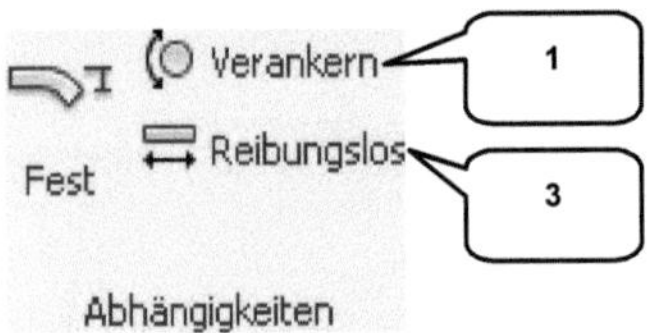

Pin-Abhängigkeit (1)

Pin-Abhängigkeiten werden ausschließlich bei zylindrischen Oberflächen verwendet. Welche Freiheitsgrade dabei eliminiert werden sollen (radiale, axiale oder tangentiale Abhängigkeiten), kann ausgewählt werden (2).

Reibungslose Abhängigkeit (3)

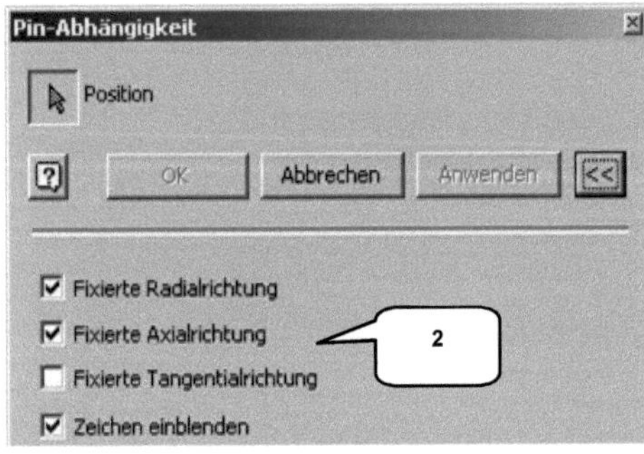

Reibungslose Abhängigkeiten können bei ebenen oder zylindrischen Oberflächen angewendet werden. Sie eliminieren bei ebenen Flächen die Bewegungen in Richtung des Normalvektors und bei zylindrischen Flächen die Radialbewegung des Bauteils. Auszuwählen ist lediglich die Referenzfläche (4) des Bauteils.

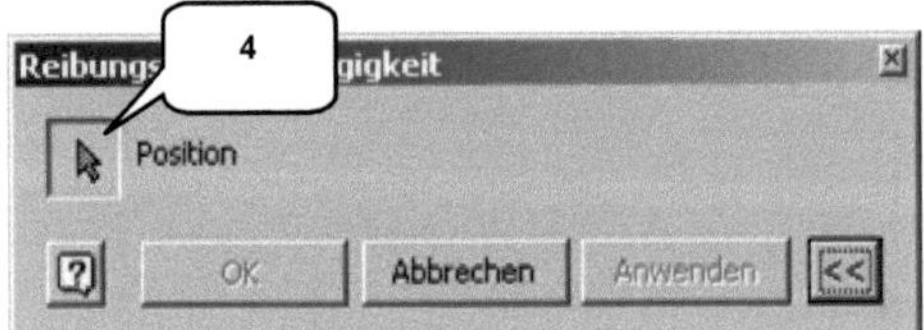

8.4.3 Reibungslose Abhängigkeiten definieren

Das Bauteil soll jetzt anhand der bereits erläuterten Abhängigkeiten befestigt werden, bis die Einbausituation des Kolbens innerhalb der Baugruppe möglichst realistisch nachempfunden wurde. Zuerst soll der Kolben mit einer *reibungslosen Abhängigkeit* versehen werden, um die Kontaktflächen zwischen den Gabelzinken des Kolbens und dem Hubrahmen nachzubilden.

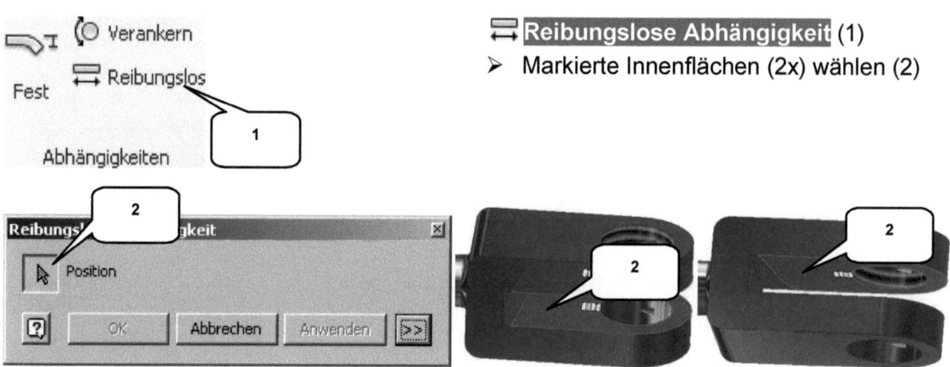

8.4.4 Simulation ausführen und aufzeichnen

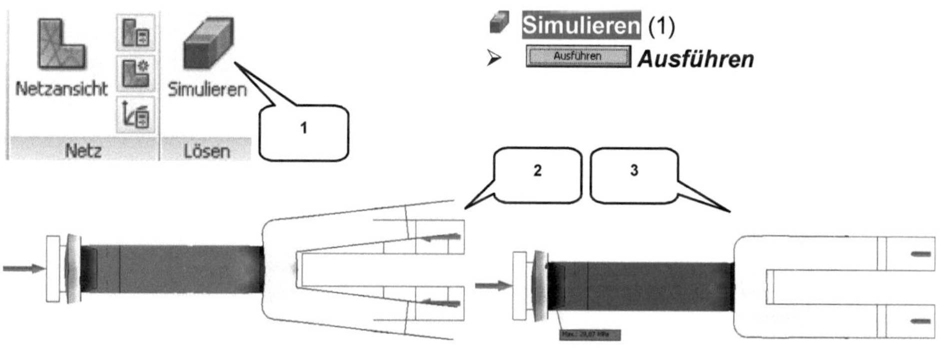

Vergleicht man die Verformung der Gabelzinken vor (2) und nach (3) dem Setzen der reibungslosen Abhängigkeit, so ist zu erkennen, dass die Gabelzinken jetzt nicht mehr auseinandergebogen werden, was die Einbausituation zum aktuellen Zeitpunkt wesentlich realistischer macht.

Das aktuelle Ergebnis soll zusätzlich *animiert* und als *Video* gespeichert werden.

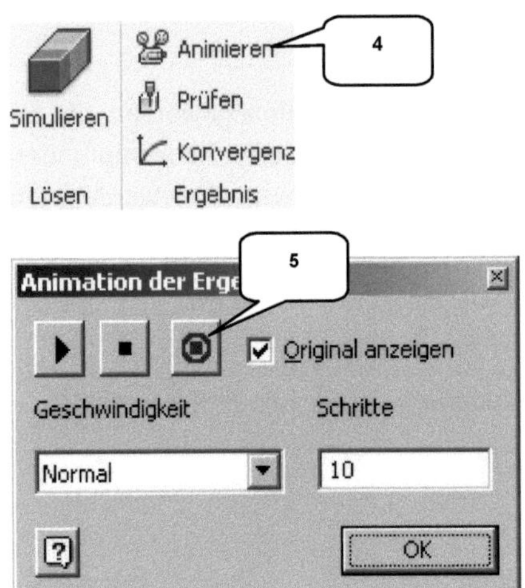

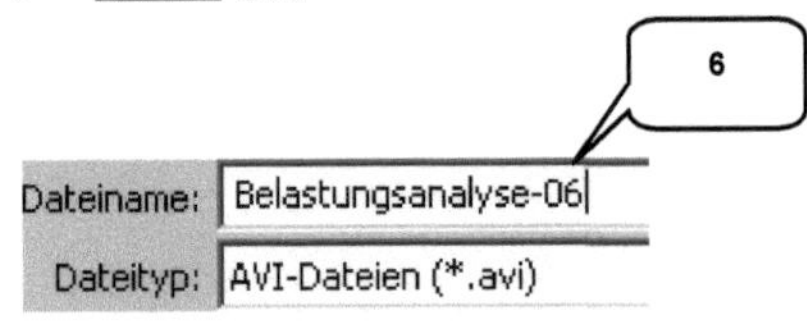

Animieren (4)
- ⊙ *Aufnahme* (5)
- Dateiname:
  Belastungsanalyse-06 (6)
- Dateityp: *.avi
- Speichern **Speichern**
- Komprimierung: Microsoft Video 1
- Qualität: 100 %
- OK **OK**

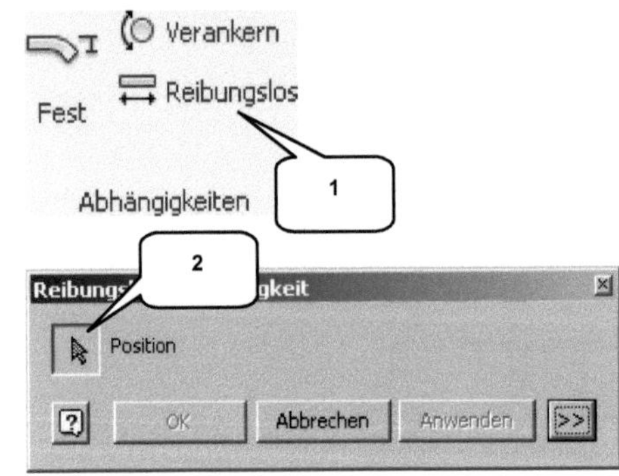

Dateiname: Belastungsanalyse-06

Dateityp: AVI-Dateien (*.avi)

6

8.5   Kontaktflächen zwischen KOLBEN und ZYLINDER definieren
8.5.1   Reibungslose Abhängigkeiten platzieren

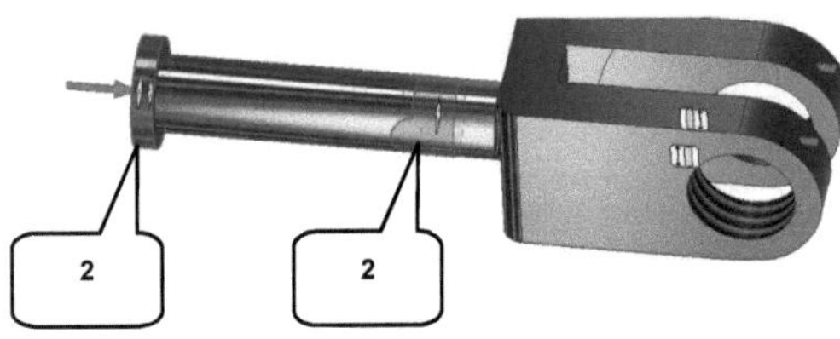

Auch die beiden Kontaktflächen der Bauteile Kolben und Zylinder können durch eine *reibungslose Abhängigkeit* simuliert werden.

Reibungslose Abhängigkeit (1)
- Beide markierte Flächen wählen (2)
- OK **OK**

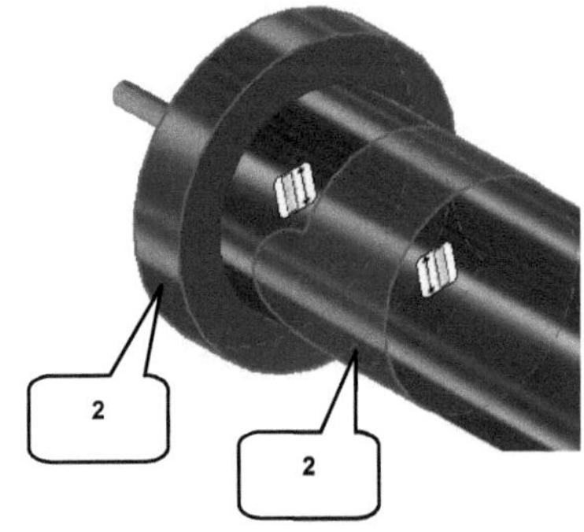

8.5.2 Simulation ausführen und aufzeichnen

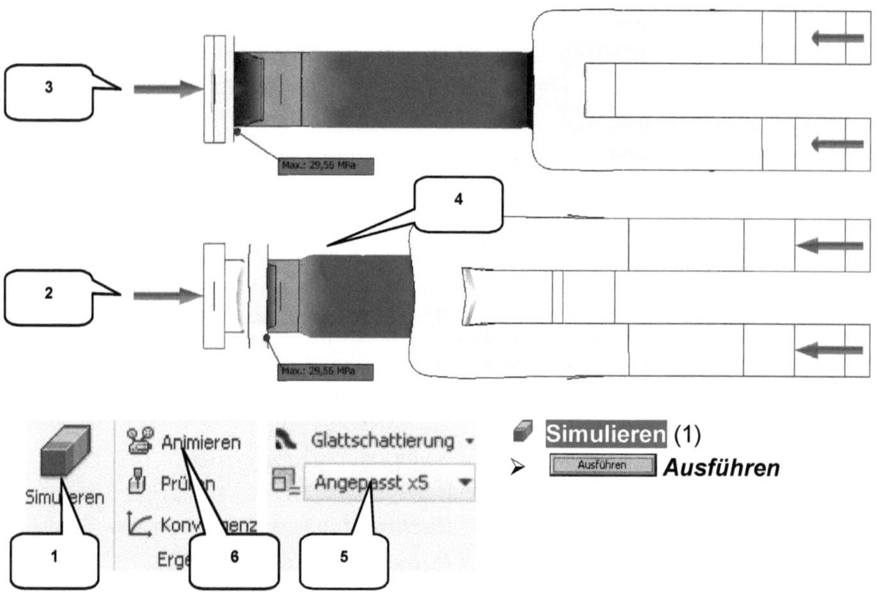

Vergleicht man die aktuelle Verformung des Bauteils (2) mit dem vorherigen Simulationsergebnis (3), so ist zu erkennen, dass insbesondere im Bercich des langen Zylindersegments (4) Unterschiede sichtbar werden. Die Stauchung des Kolbens in diesem Bereich findet jetzt nicht mehr komplett entlang des Zylinders statt, sondern fokussiert sich auf die Bereiche vor und nach der Kontaktfläche beider Bauteile. Gut sichtbar wird das erst bei einer Darstellung mit dem *Faktor 5* (5).

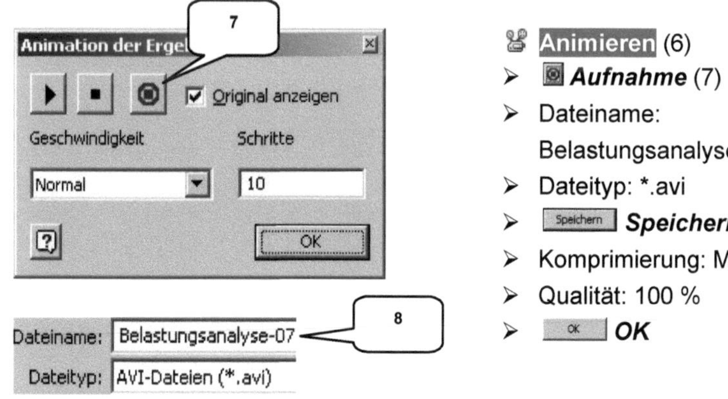

Animieren (6)
> *Aufnahme* (7)
> Dateiname:
  Belastungsanalyse-07 (8)
> Dateityp: *.avi
> Speichern *Speichern*
> Komprimierung: Microsoft Video 1
> Qualität: 100 %
> OK *OK*

8.6 Tatsächlich auftretende Kräfte ermitteln
8.6.1 Studie kopieren

Bei den bisherigen Berechnungen wurde das System anhand von zwei Kräften ins statische Gleichgewicht gebracht, wobei die beiden Kräfte F_1 und F_2 in direkter Richtung und mit gleicher Größe gegeneinander ausgerichtet wurden. Doch sind es wirklich die vollen 500 N der Kraft F_2, die auch auf der gegenüberliegenden Seite des Kolbens ankommen?

Zur Klärung dieser Frage soll die aktuelle Studie kopiert werden und die Kopie ist danach zu bearbeiten.

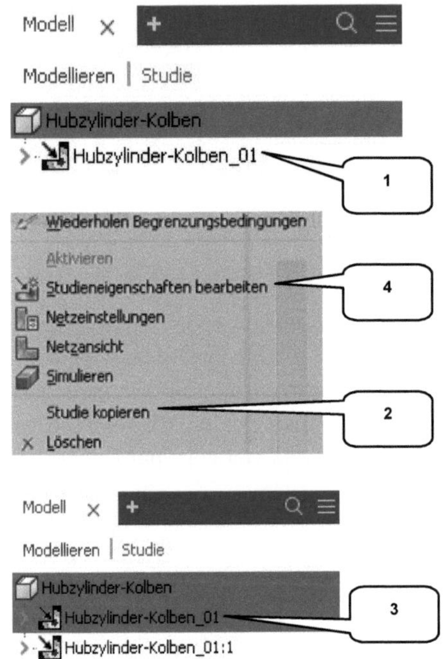

> **Rechte Maustaste** auf Studie **Hubzylinder-Kolben_01** (1)
> **Studie kopieren** (2)

Die Studie ist umzubenennen.

> **Rechte Maustaste** auf kopierte Studie **Hubzylinder-Kolben_01** (3)
> **Studieneigenschaften bearbeiten** (4)
> Name: Hubzylinder-Kolben_02 (5)

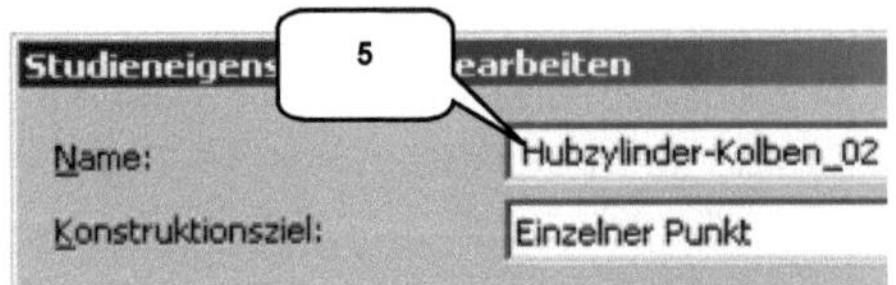

8.6.2   Kraft durch festgelegte Abhängigkeit ersetzen

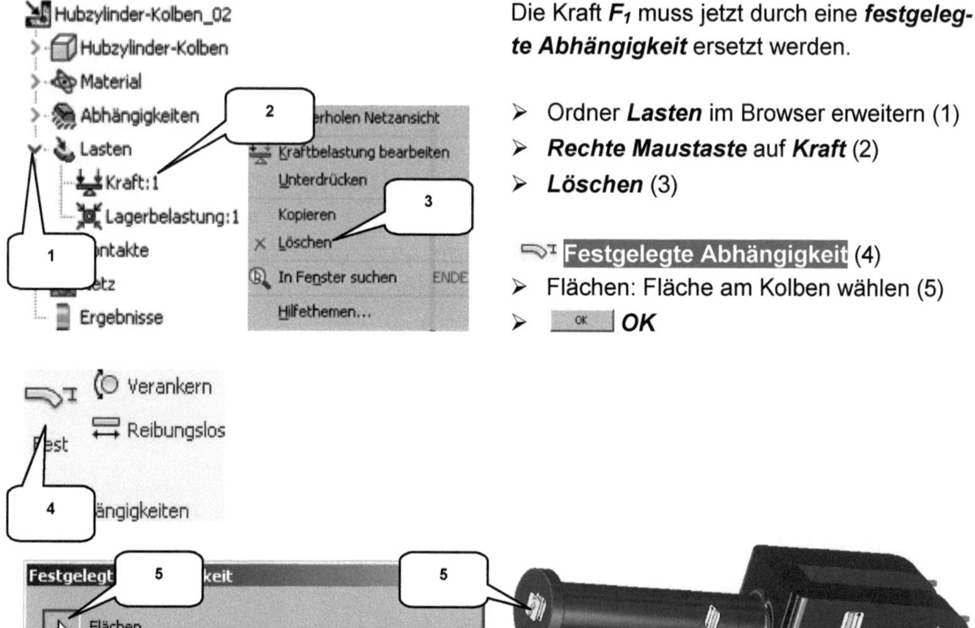

Die Kraft F_1 muss jetzt durch eine *festgelegte Abhängigkeit* ersetzt werden.

> Ordner **Lasten** im Browser erweitern (1)
> **Rechte Maustaste** auf **Kraft** (2)
> **Löschen** (3)

Festgelegte Abhängigkeit (4)
> Flächen: Fläche am Kolben wählen (5)
> OK **OK**

8.6.3   Simulation ausführen

Das Bauteil sollte erneut *simuliert* und anschließend *gespeichert* werden.

Simulieren (1)
> Ausführen **Ausführen**

Speichern (Bauteil)

8.6.4 Rückstoßkräfte ermitteln

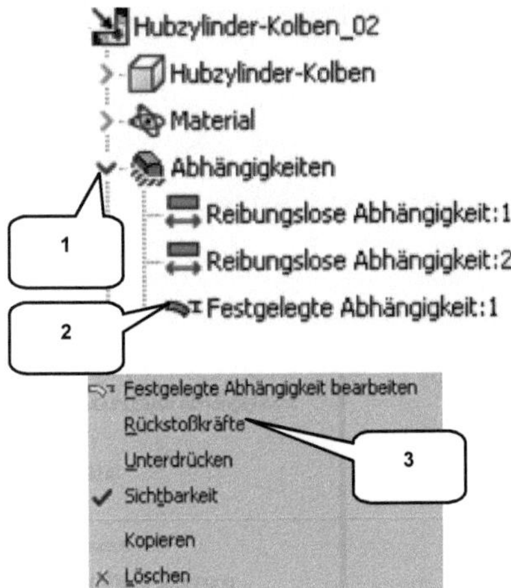

Erweitert man im Browser den Ordner **Abhängigkeiten** und klickt man darin mit der rechten Maustaste auf die **festgelegte Abhängigkeit**, so kann man in ihrem Kontextmenu die Option **Rückstoßkräfte** aktivieren.

> Ordner **Abhängigkeiten** erweitern (1)
> **Rechte Maustaste** auf **Festgelegte Abhängigkeit** (2)
> **Rückstoßkräfte** (3)

Die Option öffnet das gleichnamige Befehlsfenster, worin abgelesen werden kann, welche Kraft (Rückstoßkraft) und welches Moment (Rückstoßmoment) auf die befestigte Oberfläche zum Zeitpunkt der Simulation wirken.

Betrachtet man die Spalte der **Rückstoßkraft** etwas genauer, so ist zu erkennen, dass in etwa **463 N** (4) auf die Kontaktfläche wirken. Insgesamt sind es also nur ca. 92 Prozent der ursprünglich als Lagerbelastung ins Bauteil eingeleiteten Kraft (500 N), die an der gegenüberliegenden Seite des Kolbens letztendlich auch ankommen. Die restlichen Kräfte werden entweder in Verformungsarbeit umgewandelt, oder wirken als Querkräfte in Richtung der X bzw. Y-Achse.

Das Fenster kann jetzt wieder **geschlossen** und das Bauteil **gespeichert** werden.

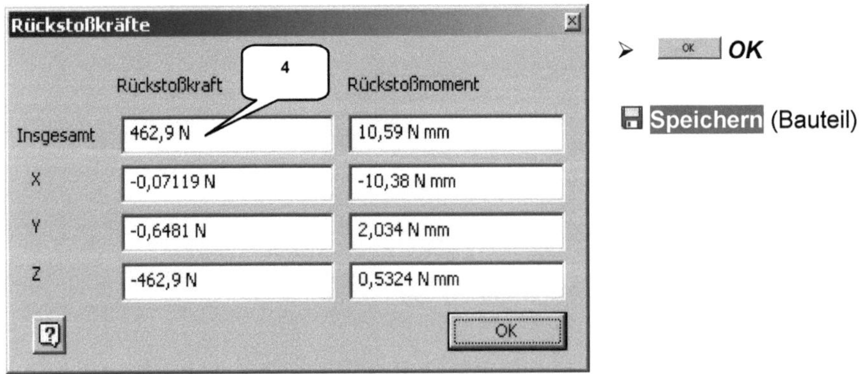

> OK

> Speichern (Bauteil)

8.6.5 Verformungen ermitteln

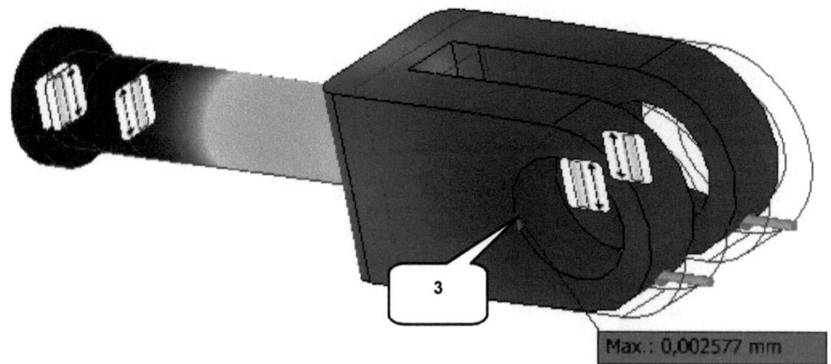

Typ: Z Verschiebung
Einheit: mm
27.11.2017, 10:56:02
   0,002577 Max.

Auch die **Verformung** des Kolbens (die maximale Verschiebung entlang der Z-Achse) soll noch einmal betrachtet werden.

Hierfür muss innerhalb des Ordners **Ergebnisse** der Ordner **Verschiebung** erweitert werden, um darin die **Z-Verschiebung** zu aktivieren.

➢ Ordner **Verschiebung** im Browser erweitern (1)
➢ **Doppelklick** im Browser auf **Z-Verschiebung** (2)

Die Komprimierung des Bauteils im Bereich der einwirkenden Lagerbelastung (3) ist sehr gering (ca. 0,0026 mm) und spielt bei der Berechnung der Simulationsergebnisse keine wichtige Rolle. Interessanter wäre hier der Umkehrschluss: Wie viel Kraft würde z. B. benötigt werden, um den Kolben einen bestimmten Wert (z. B. 0,01 mm) zu verformen. Auch diese Frage kann geklärt werden, wofür vorab allerdings erneut Vorarbeiten nötig sind.

8.7 Benötigte Kraft einer gewünschten Verformung berechnen
8.7.1 Studie kopieren

Die Studie muss jetzt erneut *kopiert* werden.

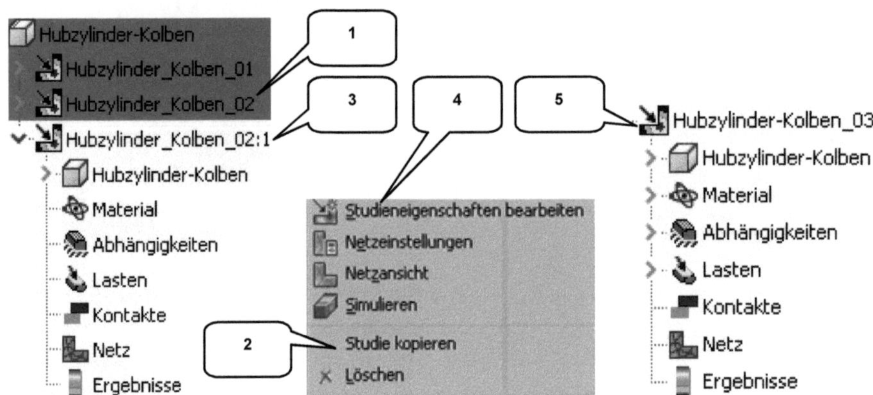

> *Rechte Maustaste* auf Studie *Hubzylinder- Kolben_02* (1)
> *Studie kopieren* (2)

> *Rechte Maustaste* auf die Kopie *Hubzylinder-Kolben_02:1* (3)
> *Studieneigenschaften bearbeiten* (4)
> Name: Hubzylinder-Kolben_03 (5)
> OK **OK**

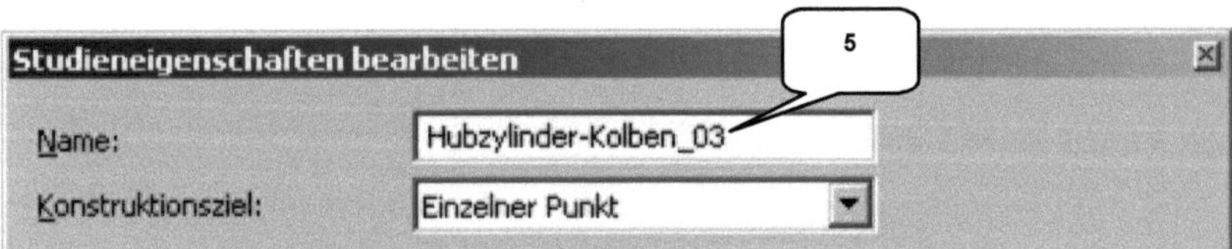

8.7.2 Lagerbelastung durch festgelegte Abhängigkeit ersetzen

Soll ermittelt werden, welche Kraft dazu benötigt wird, ein Bauteil um einen bestimmten Wert zu deformieren, so darf zum Zeitpunkt der Simulation keine externe Kraft auf den Körper wirken und das Bauteil muss außerdem fest eingespannt sein.

Dafür sollten zwei festgelegte Abhängigkeiten definiert werden: In der ersten Abhängigkeit wird der Wert der gewünschten Verformung eingetragen und in der zweiten Abhängigkeit kann nach der Simulation abgelesen werden, welche Kraft zur Verformung benötigt wurde.

Um diese Übung auf das aktuelle Bauteil übertragen zu können, muss die *Lagerbelastung* jetzt zuerst gelöscht und durch eine feste Abhängigkeit ersetzt werden.

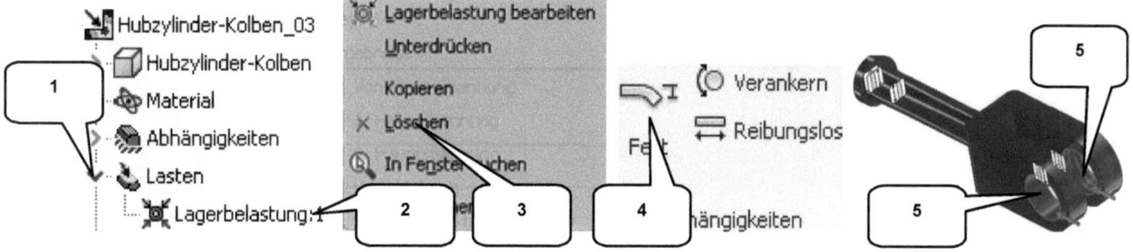

> Ordner *Lasten* erweitern (1)
> *Rechte Maustaste* auf die *Lagerbelastung* (2)
> *Löschen* (3)

Im vorherigen Kapitel wurde der Wert der Verschiebung in Richtung der Z-Achse ermittelt: er lag bei ca. 0,0026 mm. Jetzt soll herausgefunden werden, welche Kraft benötigt wird, den Kolben um beispielsweise 0,01 mm zu verformen (die Kraft sollte dann natürlich wesentlich größer sein). Die Lagerbelastung wurde bereits gelöscht und an ihrer Stelle muss jetzt eine weitere feste Abhängigkeit platziert werden. In den erweiterten Eigenschaften kann bereits beim Platzieren der Abhängigkeit die Anforderung definiert werden, dass das Bauteil in Richtung der Z-Achse um 0,01 mm verformt werden soll.

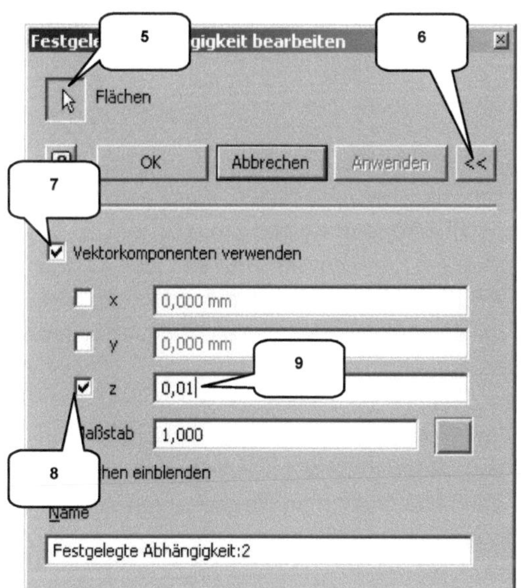

Festgelegte Abhängigkeit (4)
> Beide markierte Bohrungsflächen wählen (5)
> Befehlsfenster erweitern (6)
> Aktivieren: Vektorkomponenten verwenden (7)
> Aktivieren: Z (8)
> Wert: 0,01 mm (9)
> OK

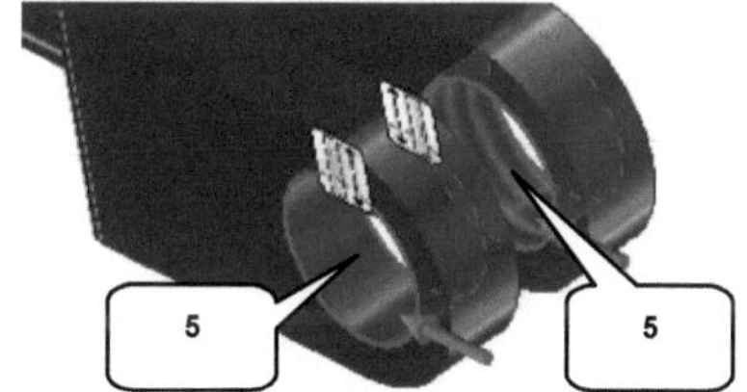

8.7.3 Simulation ausführen

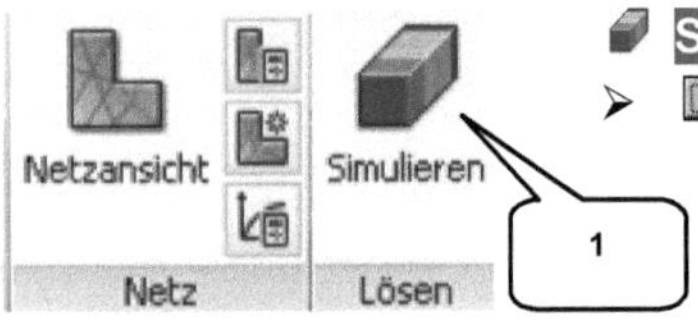

Simulieren (1)

> [Ausführen] **Ausführen**

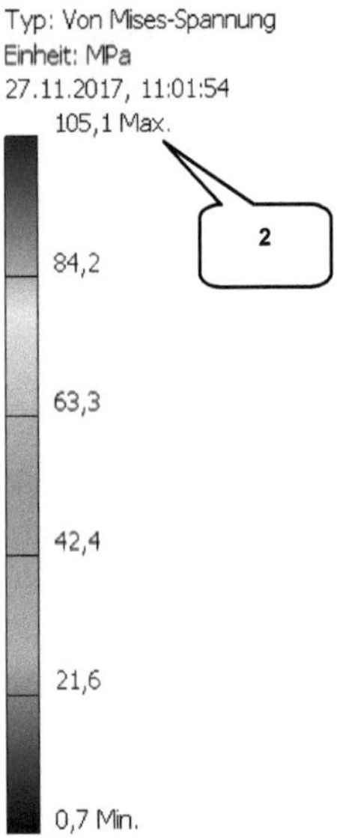

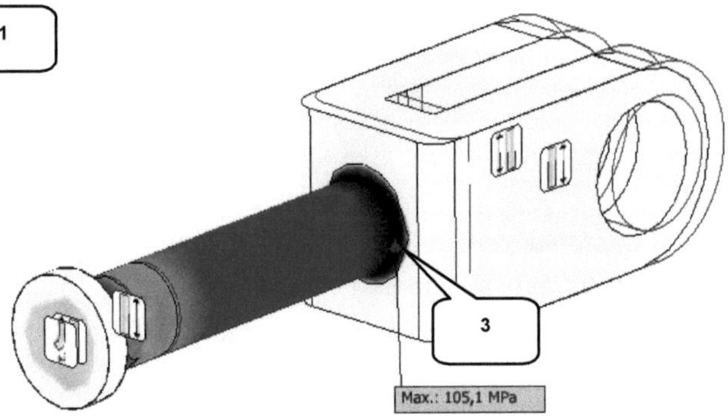

Typ: Von Mises-Spannung
Einheit: MPa
27.11.2017, 11:01:54
105,1 Max.

84,2

63,3

42,4

21,6

0,7 Min.

Der aktuelle Wert der maximalen Von Mises-Spannung beträgt jetzt ca. **105 MPa** (2) und dessen Position liegt im markierten Übergangsbereich (3) zwischen Zylinder und planarer Fläche.

Die benötigte Kraft kann leider nicht in den Berechnungsergebnissen abgelesen werden. Um sie in Erfahrung zu bringen, muss die Rückstoßkraft ausgelesen werden.

8.7.4 Benötigte Kraft ermitteln

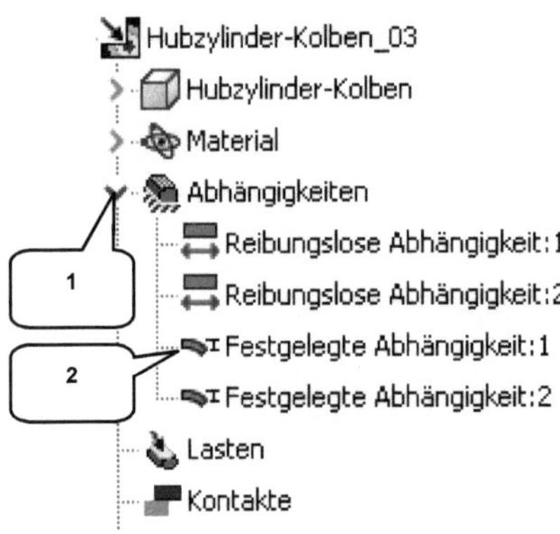

Um also herauszufinden, welche Kraft benötigt wird, den Kolben um 0,01 mm zu deformieren, muss im Browser der Ordner **Abhängigkeiten** erweitert werden, um darin mit der rechten Maustaste auf die erste **feste Abhängigkeit** zu klicken.

Im Kontextmenü kann anschließend die Option **Rückstoßkräfte** ausgewählt werden, denn hier findet man die gesuchten Werte.

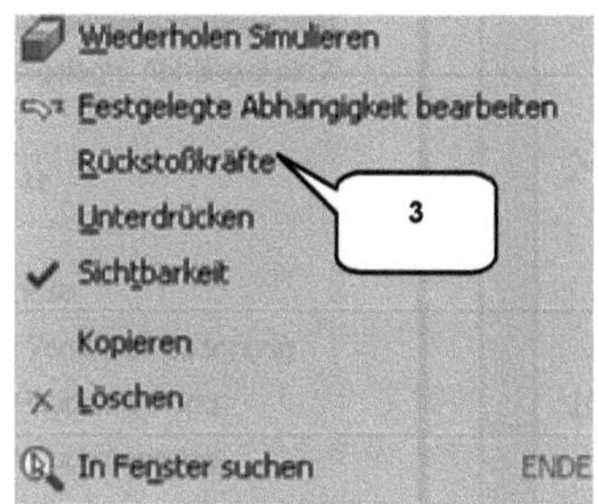

> Ordner **Abhängigkeiten** erweitern (1)
> **Rechte Maustaste** auf
> **Festgelegte Abhängigkeit:1** (2)
> **Rückstoßkräfte** (3)

Insgesamt **1839 N** (4) wären also erforderlich (was in etwa einem Gewicht von 187,5 kg entspricht), um den Kolben 0,01 mm in Z-Richtung zu verformen.

Das Fenster **Rückstoßkräfte** kann bereits wieder **geschlossen** und das Bauteil abschließend **gespeichert** werden.

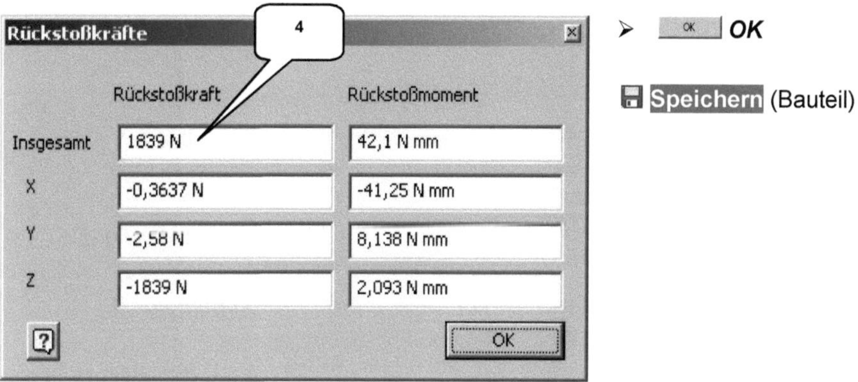

>  **OK**

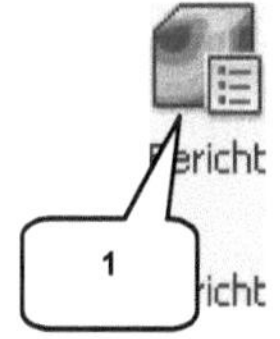 Speichern (Bauteil)

8.7.5 Grundlagen: Bericht

Bericht (1)

Um alle Ergebnisse aus dem Bereich der Belastungsanalyse nicht nur innerhalb des Programms betrachten zu können, sondern auch in anderen Programmen präsentieren zu können, bietet das Programm die Möglichkeit des Datenexports.

Mit dem Befehl **Bericht** wird das Programm angewiesen, alle Berechnungsergebnisse zu sammeln, zu sortieren und entweder in das **HTML-Format** zu konvertieren, oder die Daten im Format **Rich Text** zu speichern.

8.7.6   Bericht erstellen

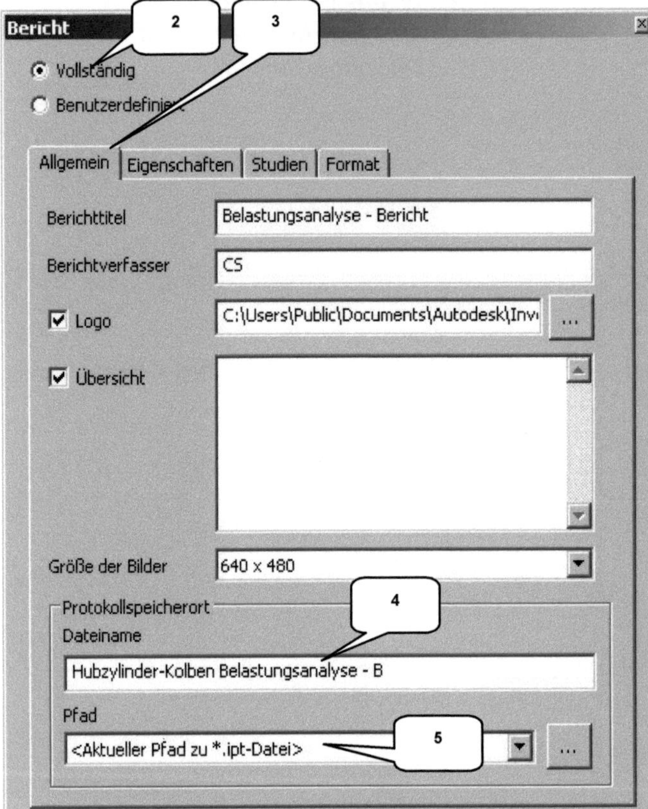

Die aktuellen Berechnungsergebnisse des Kolbens sollen jetzt als vollständiger **Bericht** gespeichert werden, wobei alle drei Studien mit einzubeziehen sind. Die dafür benötigten Einstellungen sind den folgenden **Abbildungen** zu entnehmen.

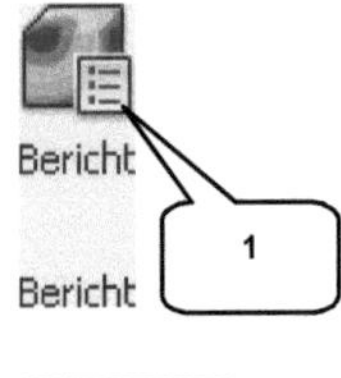

▣ **Bericht** (1)

➢ Vollständig (2)

Allgemein (3)

➢ Dateiname: Hubzylinder- Kolben-Belastungsanalyse (4)
➢ Pfad: Projektordner wählen (5)

Eigenschaften (6)

➢ Aktivieren: Alle Eigenschaften (7)

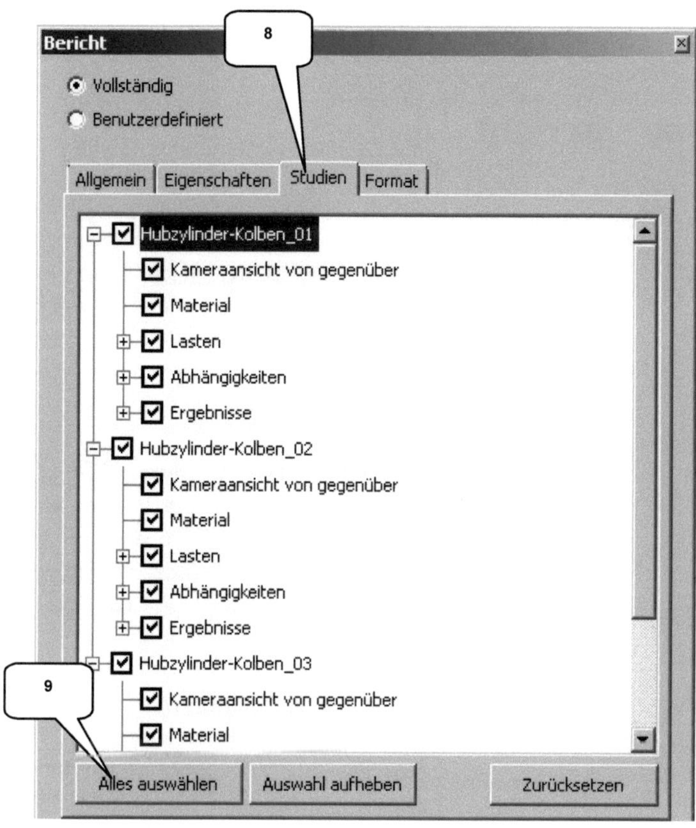

Studien (8)

> Alles auswählen (9)

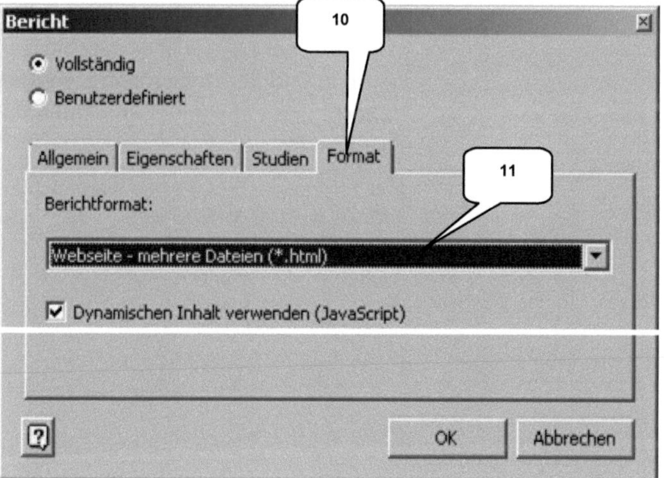

Format (10)

> Format: Website (11)
> _OK_

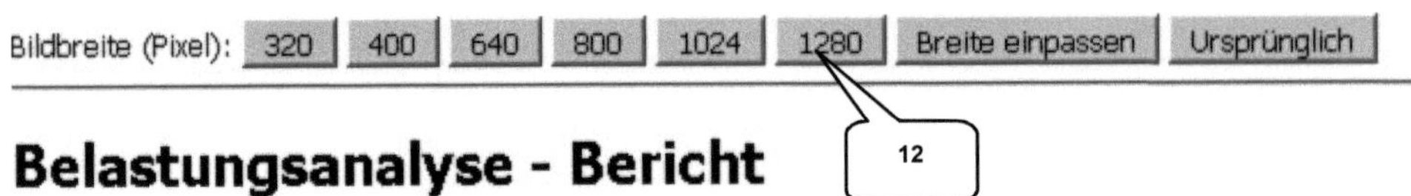

Belastungsanalyse - Bericht

12

Analysierte Datei:	Hubzylinder-Kolben.ipt
Autodesk Inventor-Version:	2018 (Build 220112000, 112)
Erstellungsdatum:	02.11.2017, 17:26
Studienautor:	CS
Übersicht:	

⊟ Projektinfo (iProperties)

⊟ Übersicht

Autor …

⊟ Projekt

Bauteilnummer	Hubzylinder-Kolben
Konstrukteur	…
Kosten	0,00 €
Erstellungsdatum	30.09.2015

⊟ Status

Konstruktionsstatus InBearbeitung

⊟ Physische Eigenschaften

13

Material	Generisch
Dichte	1 g/cm^3
Masse	0,0052544 kg
Fläche	3419,4 mm^2
Volumen	5254,4 mm^3
Schwerpunkt	x=-0,0000633333 mm y=-0,0000949867 mm z=-3,35354 mm

Die Erstellung des Berichtes wird vermutlich einige Zeit in Anspruch nehmen (das Sammeln der Daten ist besonders dann zeitintensiv, wenn mehrere Studien vorhanden sind, oder wenn parametrische Studien durchgeführt wurden).

Wurde der Bericht vollständig erzeugt, so müsste sich der Web-Browser automatisch öffnen. Die Größe der Grafiken kann innerhalb des Webbrowsers durch einen Klick auf die Pixelbreite (12) geändert werden.

Scrollt man im Web-Browser nach unten, stehen dort auch alle anderen Ergebnisse zur Verfügung, deren einzelne Bereiche unter Umständen erst erweitert werden müssen (13).

Der Browser kann wieder geschlossen werden und der Kolben sollte *gespeichert* und ebenfalls *geschlossen* werden.

Speichern (Bauteil)
Schließen (Bauteil)

9   Parametrische Studien

Parametrische Studien ermöglichen es, Bauteile oder Baugruppen im Bereich der Belastungsanalyse unter Verwendung verschiedener Parameter zu analysieren. So kann ein Bauteil z. B. daraufhin untersucht werden, wie es im Belastungsfall reagieren würde, wenn gewisse geometrische Eigenschaften verändert werden würden, ohne dass das Bauteil selbst bearbeitet werden muss. Dabei können verschiedene Variablen miteinander verglichen werden um das optimierte Ergebnis zurück in den Modellbereich zu übertragen. Parametrische Studien ermöglichen es somit Bauteilvariationen erstellen zu können, ohne jede einzelne Variante separat und aufwendig konstruieren zu müssen.

In der folgenden Übung soll das Bauteil *Rad-Bolzen-VR* parametrisch untersucht werden, um herauszufinden, welche geometrischen Eigenschaften optimale Berechnungsergebnisse erzielen. Hierfür sind allerdings im Bereich des Bauteils einige Vorarbeiten nötig.

9.1   Vorbereitungen im Modellbereich treffen
9.1.1   Bauteil RAD_BOLZEN_VR öffnen

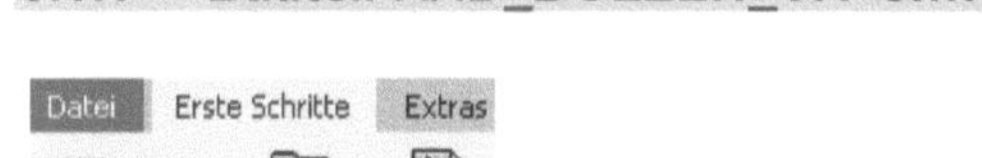

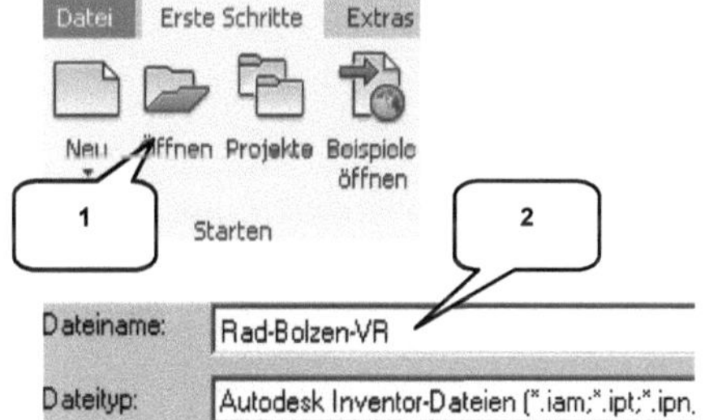

📂 **Öffnen** (1)

> Order: Projektordner wählen
> Dateiname: Rad-Bolzen-VR (2)
> Dateityp: *.ipt
>  **Öffnen**

9.1.2   Parameter im Skizzenbereich kennzeichnen

Während der Konstruktion eines Bauteils entstehen sehr viele Parameter, deren große Anzahl es oftmals schwer macht, einen bestimmten Wert im Bereich der Belastungsanalyse zu lokalisieren. Daher ist es ratsam, die später benötigten Parameter, bereits im Bauteilbereich zu kennzeichnen (auch wenn der Schritt in speziell diesem Bauteil aufgrund seiner einfachen Konstruktion eigentlich nicht nötig wäre...).

Im aktuellen Übungsbeispiel sind es die *Extrusion 4* sowie ihre zugehörige *Basisskizze* die später in der Belastungsanalyse benötigt werden und daher vorab bearbeitet werden sollten.

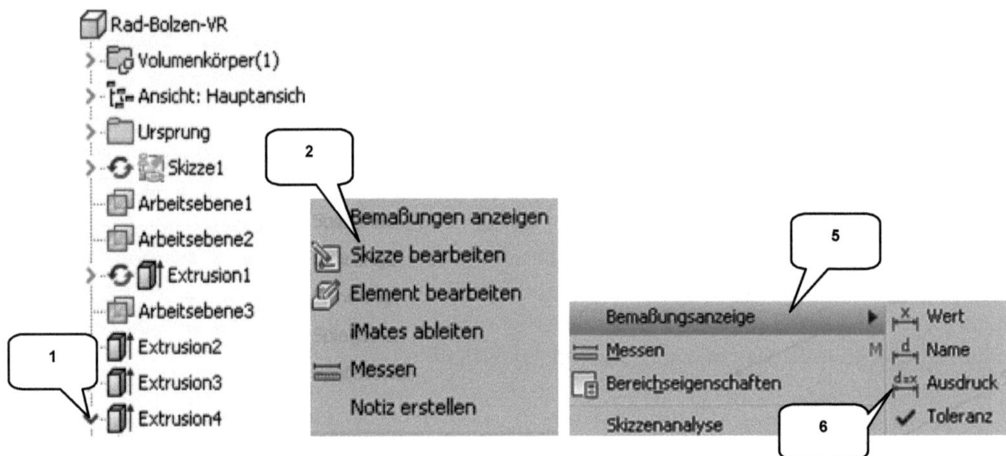

> **Rechte Maustaste** auf **Extrusion4** (1)
> **Skizze bearbeiten** (2)

> **Rechte Maustaste** auf beliebigen Punkt des Zeichenbereiches (4)
> Option **Bemaßungsanzeige** erweitern (5)
> Aktivieren: **Ausdruck** (6)
> **Taste**: F7
> **Doppelklick** auf die **Bemaßung d28** (7)
> Zeile eingeben: **Schenkeldurchmesser=20mm** (8)
> Taste: ENTER

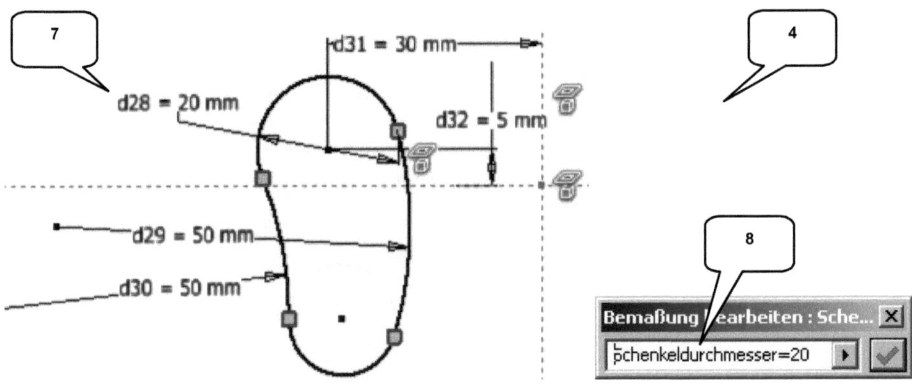

Wurden die Änderungen vorgenommen, so kann die **Skizze** wieder **geschlossen** werden.
Anschließend muss die **Extrusion** bearbeitet werden.

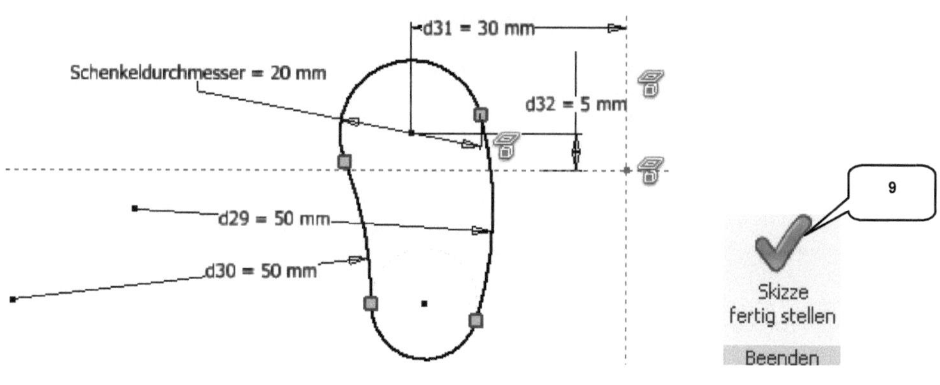

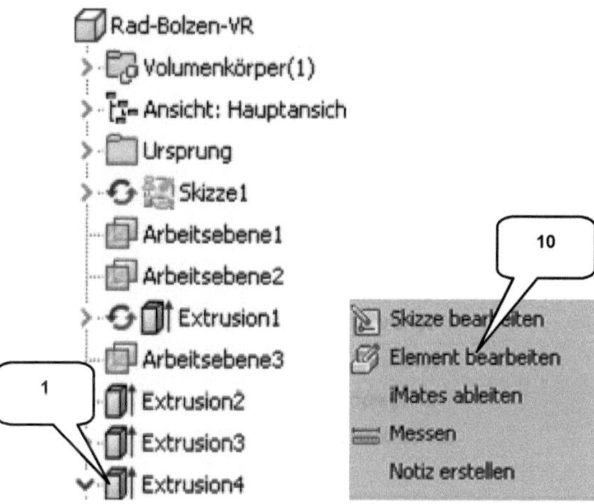

✔ **Fertigstellen** (9)

> *Rechte Maustaste* auf
> *Extrusion4* (1)
> *Element bearbeiten* (10)
> Zeile eingeben:
> *Schenkelbreite=10 mm* (11)
> Taste: *ENTER*

Im *Parameter-Manager* sind die beiden Werte zusätzlich als Exportparameter zu kennzeichnen, was später im Bereich der Belastungsanalyse ihre Lokalisation vereinfachen sollte.

Hierfür muss in das Register *Verwalten* gewechselt werden, um dort den Befehl *Parameter* zu starten.

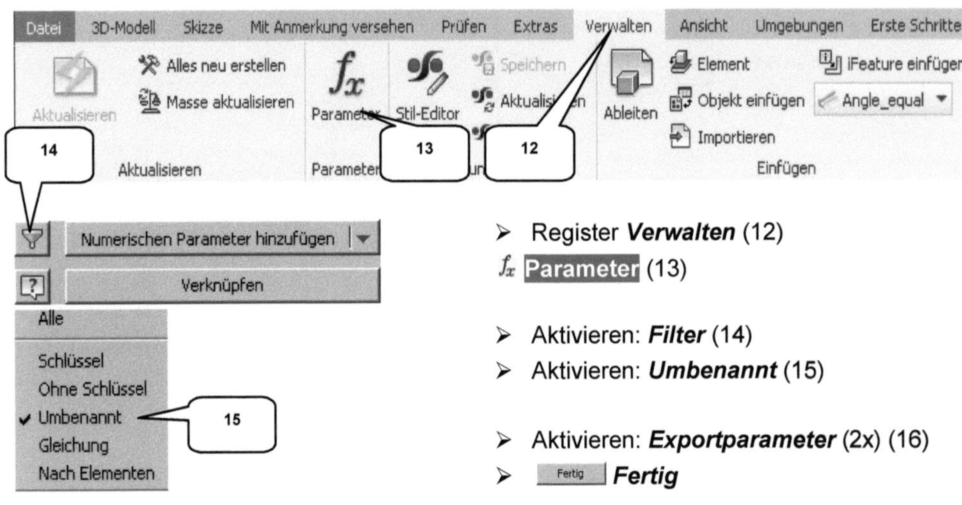

> Register **Verwalten** (12)
f_x **Parameter** (13)

> Aktivieren: **Filter** (14)
> Aktivieren: **Umbenannt** (15)

> Aktivieren: **Exportparameter** (2x) (16)
> Fertig **Fertig**

Parameter						
Parametername	Einbezogen von	Einheit/Typ	Gleichung	Nennwert		Exportparam
Modellparameter						
Schenkelbreite	Extrusion4	mm	10 mm	10,000000	✓	16
Schenkeldurchmesser	Skizze4	mm	20 mm	20,000000	✓	16
Benutzerparameter						

Das Bauteil sollte jetzt noch einmal *gespeichert* werden.

Speichern (Bauteil)

9.1.3 Kontaktflächen präzisieren

Auch bei diesem Bauteil müssen einige Oberflächen bearbeitet werden, um alle Lasten und Abhängigkeiten möglichst genau platzieren zu können. Hierfür sind insgesamt drei weitere **Arbeitsebenen** hinzuzufügen.

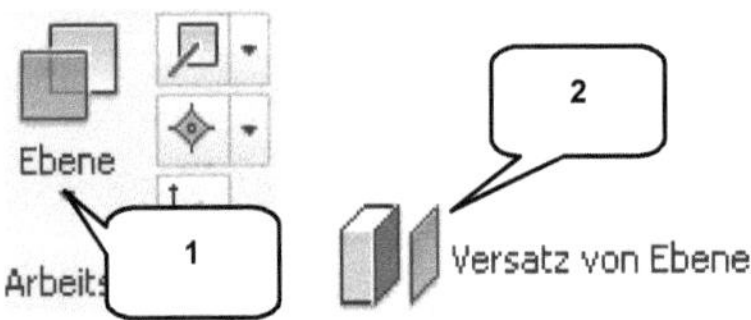

> Befehl *Ebene* erweitern (1)
> **Versatz von Ebene** (2)
> Markierte Fläche wählen (3)
> Versatzwert: -72 mm (4)

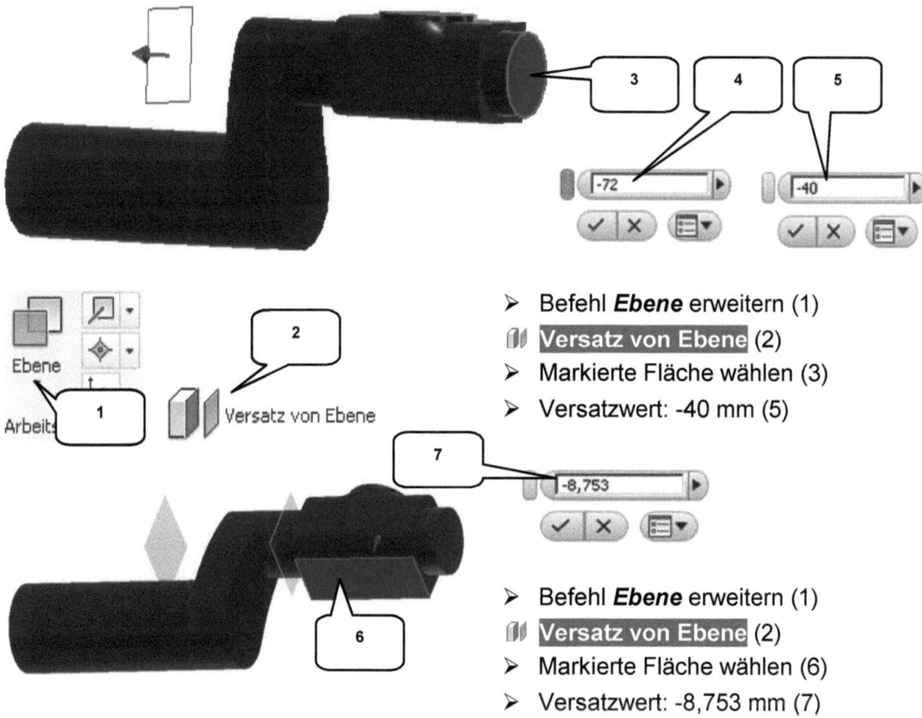

> Befehl *Ebene* erweitern (1)

Ⅲ Versatz von Ebene (2)

> Markierte Fläche wählen (3)

> Versatzwert: -40 mm (5)

> Befehl *Ebene* erweitern (1)

Ⅲ Versatz von Ebene (2)

> Markierte Fläche wählen (6)

> Versatzwert: -8,753 mm (7)

Die Oberflächen können jetzt mithilfe der Ebenen *getrennt* werden.

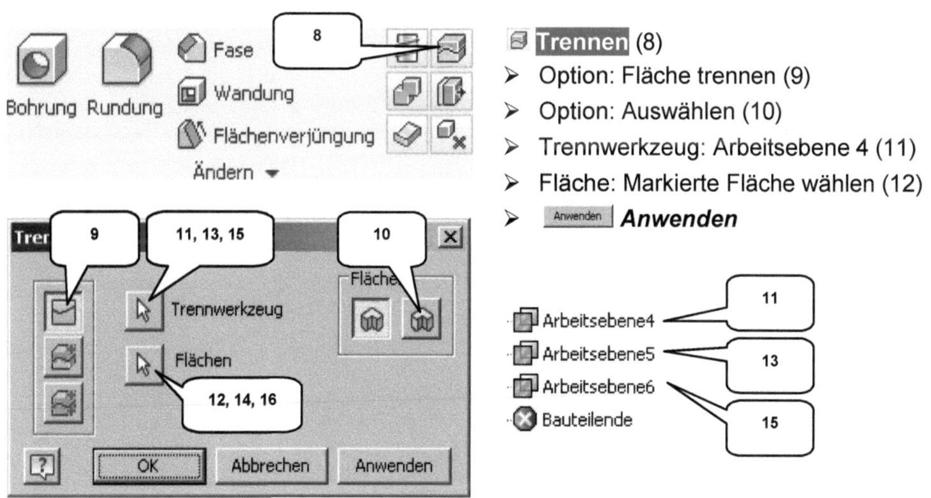

⬚ Trennen (8)

> Option: Fläche trennen (9)

> Option: Auswählen (10)

> Trennwerkzeug: Arbeitsebene 4 (11)

> Fläche: Markierte Fläche wählen (12)

> Anwenden *Anwenden*

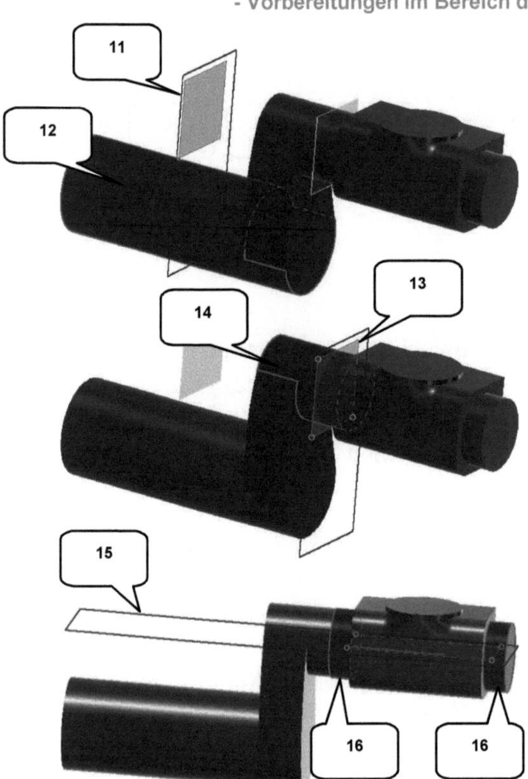

> Trennwerkzeug: Arbeitsebene 5 (13)
> Fläche: Markierte Fläche wählen (14)
> Anwenden *Anwenden*

> Trennwerkzeug: Arbeitsebene 6 (15)
> Fläche: Markierte Flächen wählen (16)
> OK *OK*

Die drei Arbeitsebenen können bereits wieder *ausgeblendet* werden.

> Arbeitsebenen 4, 5 und 6 markieren
> *Rechte Maustaste* darauf
> Deaktivieren: *Sichtbarkeit*

Die Bearbeitung des Bauteils ist damit abgeschlossen und das Bauteil kann *gespeichert* werden um anschließend den Bereich der *Belastungsanalyse* zu öffnen.

 Speichern (Bauteil)

9.2   Vorbereitungen im Bereich der Belastungsanalyse treffen
9.2.1   Umgebung der Belastungsanalyse aktivieren

Arbeitsbereich:
Belastungsanalyse 

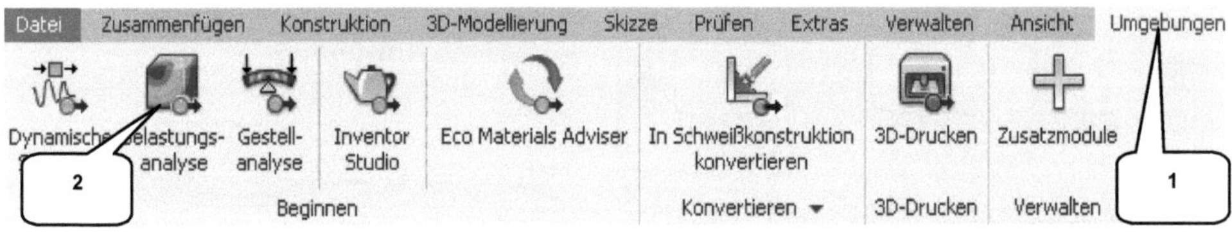

> Register *Umgebungen* (1)
> Belastungsanalyse (2)

9.2.2 Parametrische Studie erstellen

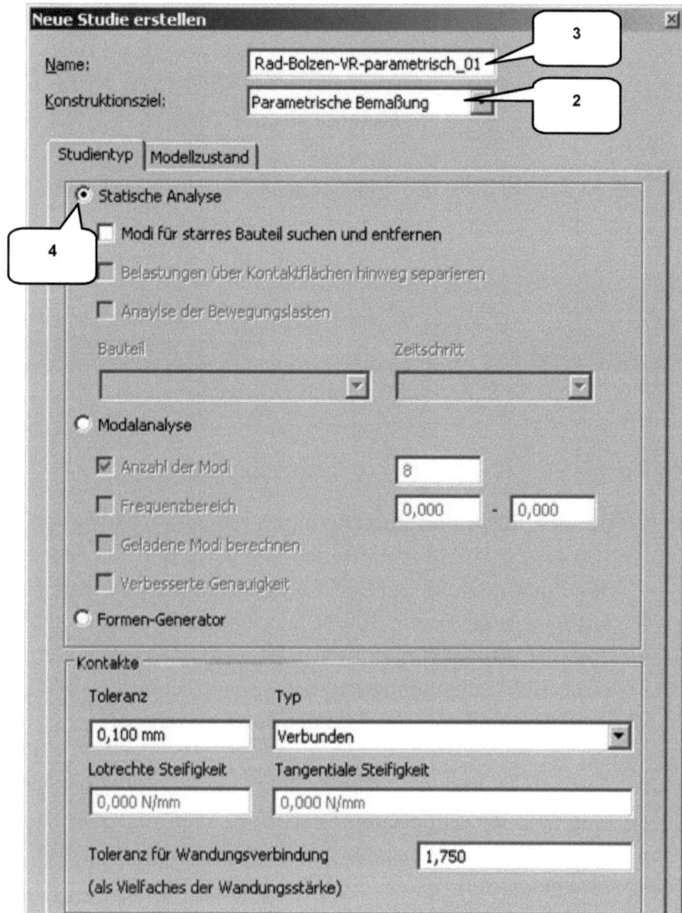

Um ein Bauteil oder eine Baugruppe parametrisch analysieren zu können, muss bereits beim Erstellen der **Studie** das Konstruktionsziel ***Parametrische Bemaßung*** aktiviert werden.

Erst dadurch ist das Programm später in der Lage, die zur Analyse notwendige parametrische Tabelle aktivieren zu können.

Alle anderen Einstellungen (Studientyp, Kontaktvorgaben etc.) entsprechen den Einstellungen einer gewöhnlichen Einzelpunktstudie.

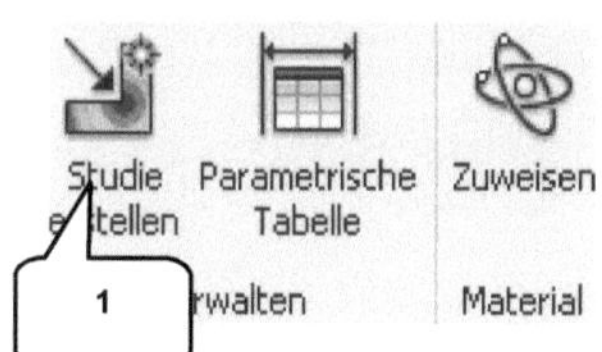

Neue Studie erstellen (1)
> Konstruktionsziel: Parametrische Bemaßung (2)
> Name: Rad-Bolzen-VR-parametrisch_01 (3)
> Studientyp: Statische Analyse (4)
> OK *OK*

9.2.3 Material zuweisen

Als **Material** soll Stahl verwendet werden.

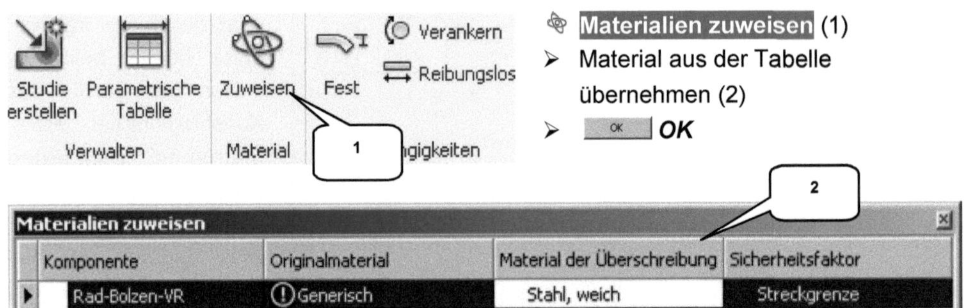

9.3 Lasten und Abhängigkeiten platzieren
9.3.1 Randbedingungen analysieren

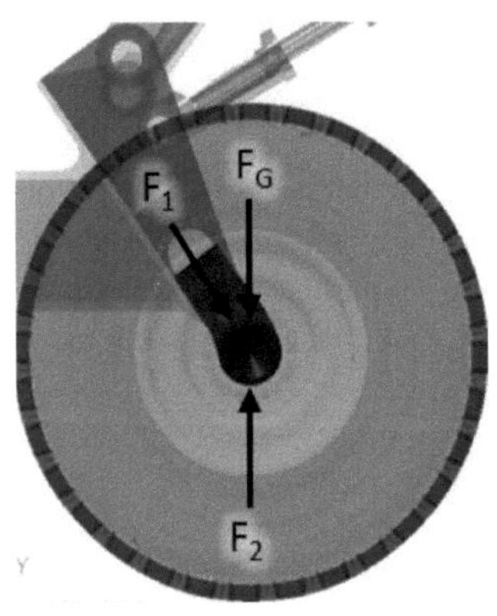

Bei den folgenden Berechnungen soll eine Last F_1 von 100 N (ca. 10,18 kg) angenommen werden, die über den Federdämpfer auf den Radbolzen drückt. Weiterhin soll eine Kraft F_2 mit 100 N angenommen werden, die über die Kontaktfläche zum Rad wirkt und der ersten Kraft direkt entgegengerichtet ist. Zusätzlich soll diesmal die Gewichtskraft (F_G) auf das Bauteil einwirken.

Bedingt durch die Einbausituationen des Bauteils innerhalb der Baugruppe (um 35° geneigt) müssen die Kräfte F_2 und F_G zuerst in ihre einzelnen Vektoren zerlegt werden.

Kraft F_1

Die Kraft F_1 wirkt in entgegengesetzter Richtung zur X-Achse.

$$F_1 = -F_x = -100\,\text{N}$$

Kraft F_2

Die Kraft F_2 setzt sich zusammen aus F_{x2} und F_{y2}:

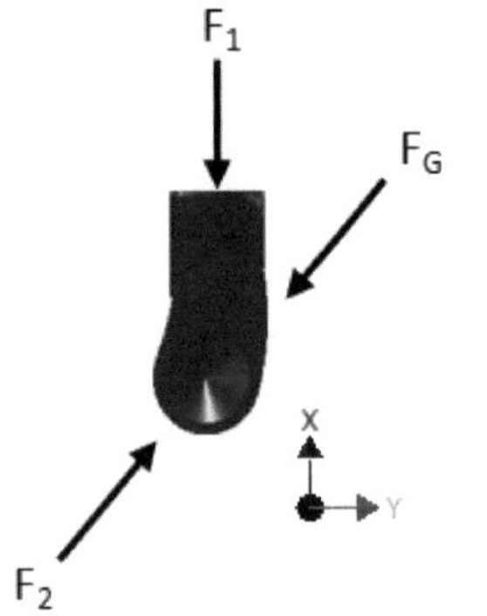

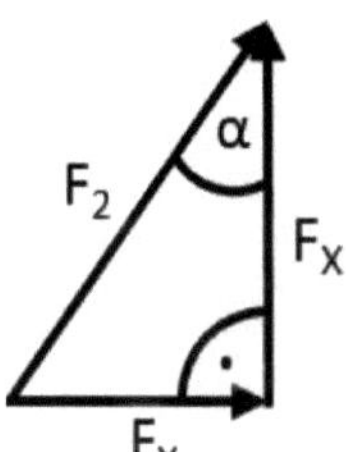

$$F_2 = F_{x2} + F_{y2} = 100\,\text{N}$$
$$F_{x2} = F_2 \cdot \cos\alpha = 100\,\text{N} \cdot \cos 35° = 85{,}264\,\text{N}$$
$$F_{y2} = F_2 \cdot \sin\alpha = 100\,\text{N} \cdot \sin 35° = 52{,}249\,\text{N}$$

Gewichtskraft F_G

Die Gewichtskraft F_G wirkt entgegengesetzt zur Kraft F_2 und ist das Produkt aus der Bauteilmasse[20] und der Normalfallbeschleunigung. Um sie definieren zu können müssen die Richtungsvektoren der Normalfallbeschleunigung g_x und g_y bestimmt werden.

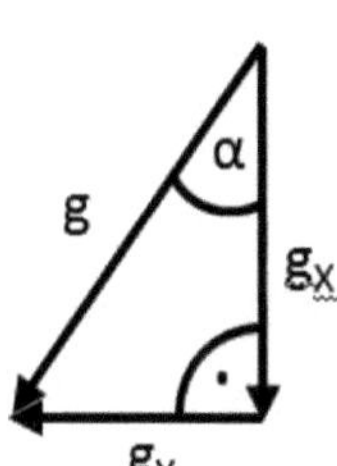

$$F_g = m \cdot g = m \cdot (g_x + g_y)$$

$$g = 9{,}80665\,\text{m/s}^2$$
$$g\_x = -g \cdot \cos\alpha = -9{,}80665\,\text{m/s}^2 \cdot \cos\,[35°] = -8{,}36154\,\text{m/s}^2$$
$$g\_y = -g \cdot \sin\alpha = -9{,}80665\,\text{m/s}^2 \cdot \sin\,[35°] = -5{,}12396\,\text{m/s}^2$$

9.3.2 Kraft F_1 platzieren

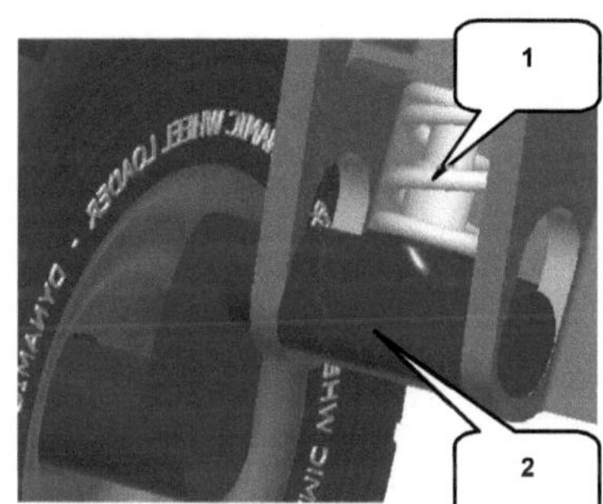

Die einzelnen Kräfte sollen jetzt platziert werden wobei mit der Kraft F_1 begonnen werden soll. Sie wirkt über den Stoßdämpfer (1) auf den Radbolzen (2).

⯮ Kraft (3)

> Fläche: Markierte Fläche (4)
> Befehlsfenster erweitern
> Aktivieren: Vektorkomponenten (5)
> Fx: -100 N (6)
> ▭ OK **OK**

Nach der Platzierung sollte die Wirkrichtung noch einmal kontrolliert werden: Die Pfeilspitze des Kraftvektors muss in Richtung der Angriffsfläche (4) zeigen und somit negativ zur X-Achse des Bauteils wirken. Sollte das nicht der Fall sein, muss durch **Umschalten** (7) korrigiert werden.

---

[20] Die Masse *m* wird durch das Programm bestimmt.

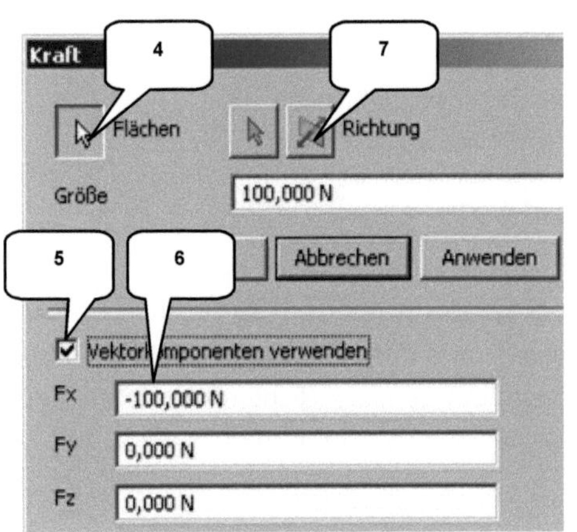

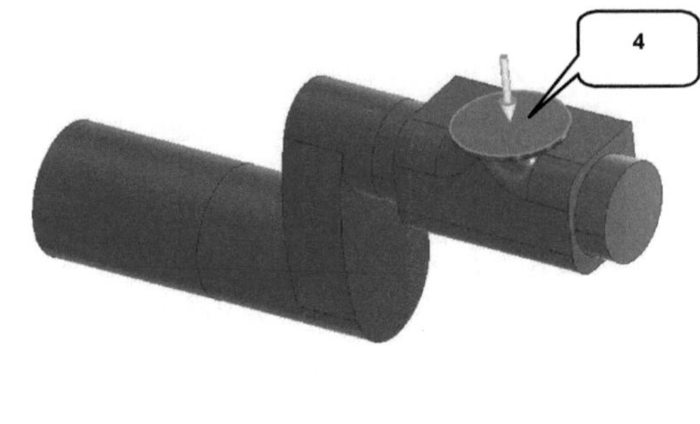

9.3.3 Kraft F₂ platzieren

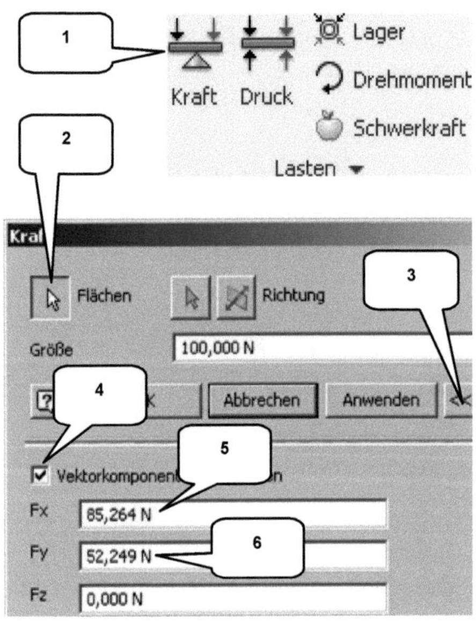

Die Kraft F_2 wird durch das Vorderrad des Radladers übertragen und muss auf der Kontaktfläche zwischen Vorderrad und Radbolzen platziert werden. Aufgrund der Neigung des Radbolzens im Gesamtsystem (35°) ergeben sich die einzelnen Kraftvektoren F_x und F_y.

Kraft (1)

➢ Flächen: Markierte Fläche wählen (2)
➢ Befehlsfenster erweitern (3)
➢ Aktivieren: Vektorkomponenten (4)
➢ F_x: 85,264 N (5)
➢ F_y: 52,249 N (6)
➢ OK *OK*

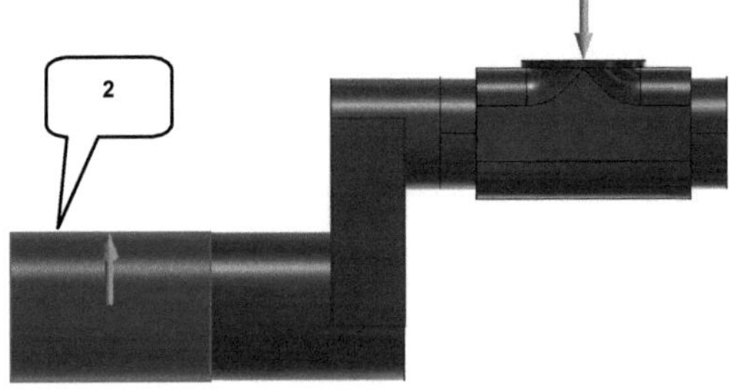

9.3.4 Schwerkraft platzieren

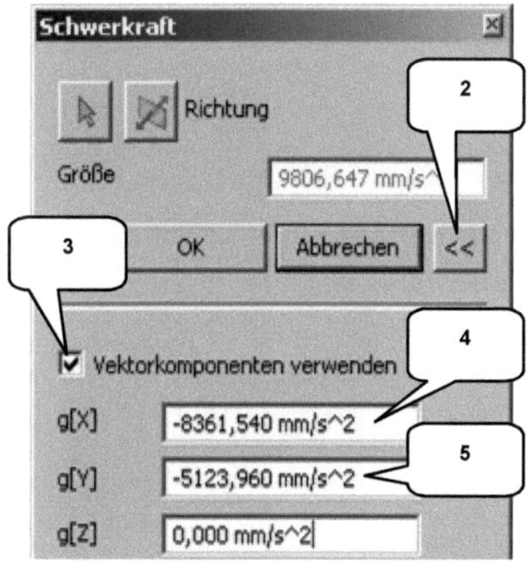

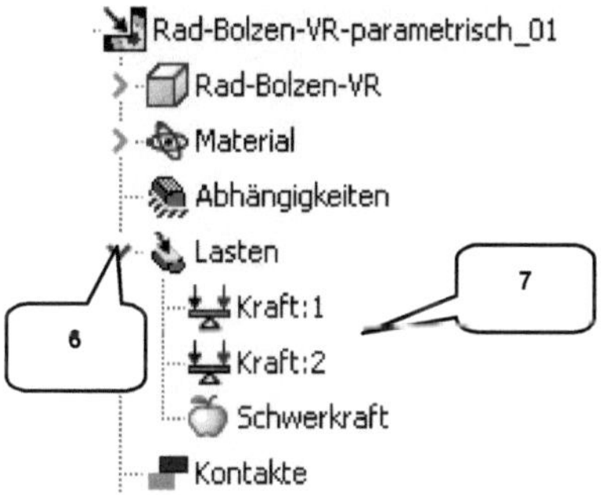

Das Programm kann die Schwerkraft in die Berechnungen mit einbeziehen, wenn Größe und Richtung der **Normalfallbeschleunigung** definiert wurden. Auch hier sind die Vektoren g_X und g_Y zu verwenden.

Schwerkraft (1)

➢ Befehlsfenster erweitern (2)
➢ Aktivieren: Vektorkomponenten (3)
➢ g_x: -8361,54 mm/s^2 (4)
➢ g_y: -5123,96 mm/s^2 (5)
➢ ⬜ OK **OK**

Wird im **Browser** der Ordner **Lasten** (6) erweitert, müssten die drei Kräfte (7) darin vorhanden sein. Sie können jederzeit über das Kontextmenü der rechten Maustaste bearbeitet werden.

9.3.5 Radbolzen verankern

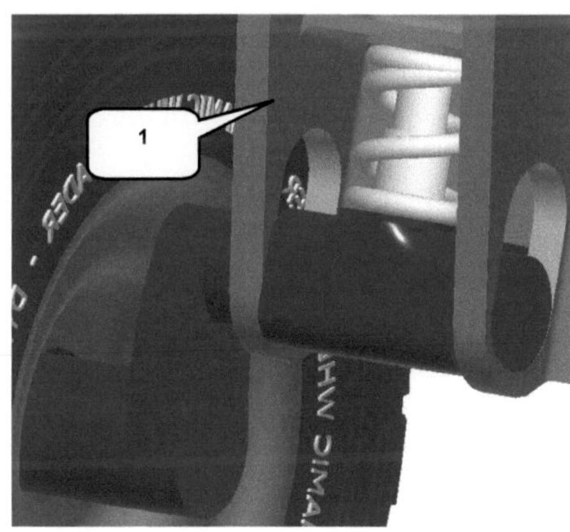

Zur Befestigung des Radbolzens müssen einige Bauteiloberflächen mit Abhängigkeiten versehen werden. Begonnen werden soll mit der Abhängigkeit an den Kontaktflächen zum Maschinenrahmen (1). Der Radbolzen ist hier zylindrisch im Maschinenrahmen gelagert, wobei nur die untere Hälfte des Zylinders Kontakt mit dem Maschinenrahmen hat. Bewegungen in radialer und tangentialer Richtung sind nicht möglich und müssen daher unterdrückt werden.

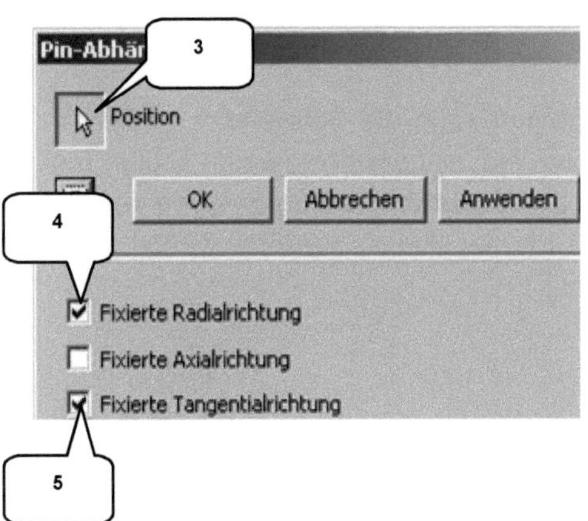

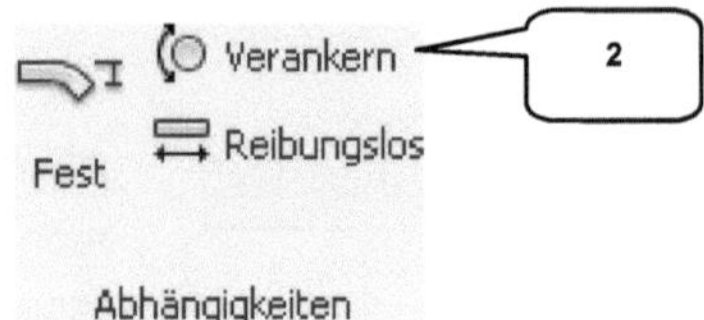

Verankern (2)

> Markierte Zylinderflächen wählen (3)
> Befehlsfenster erweitern
> Aktivieren: Fixierte Radialrichtung (4)
> Aktivieren: Fixierte Tangentialricht. (5)
> OK **OK**

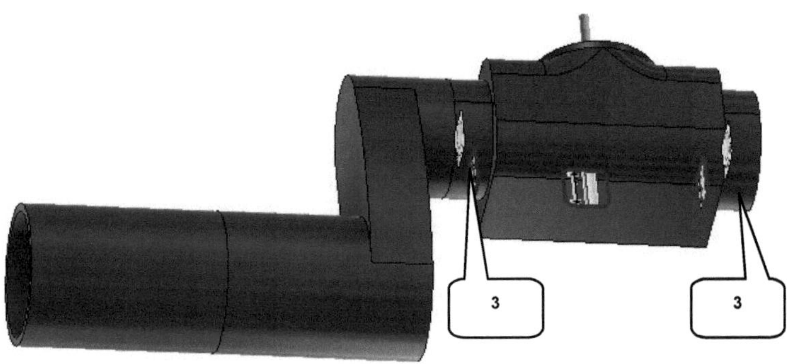

9.3.6 Reibungslose Abhängigkeiten platzieren

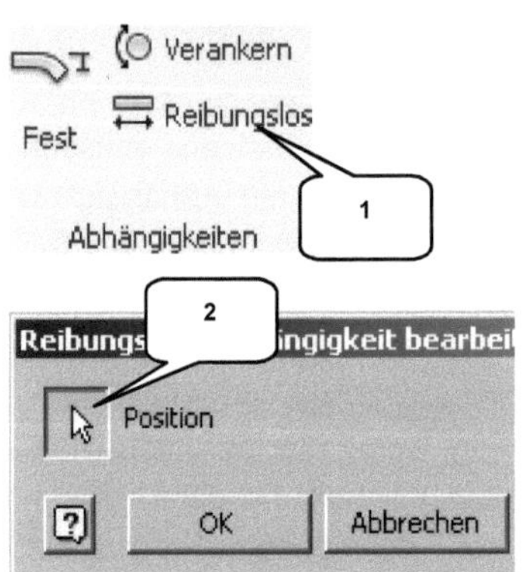

Drei *reibungslose Abhängigkeiten* sollen weiterhin die Kontaktflächen zum Maschinenrahmen simulieren und den Radbolzen gegen eine axiale Verschiebung und ein Verdrehen sichern.

Reibungslose Abhängigkeit (1)

> Die drei markierten Flächen wählen (2)
> OK **OK**

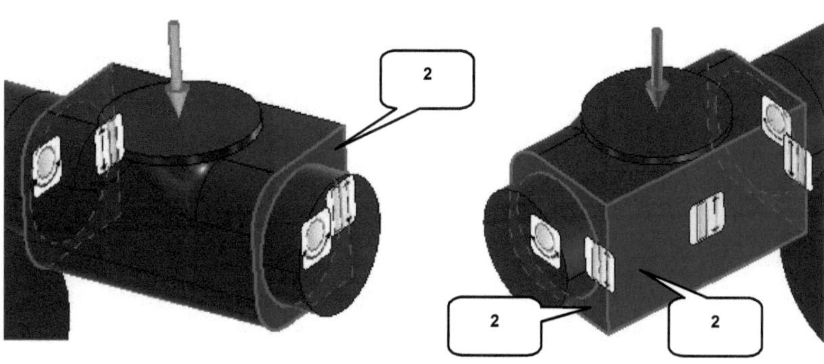

9.4   Die parametrische Tabelle
9.4.1   Grundlagen: Parametrische Tabelle

Parametrische Tabelle (1)

Die **Parametrische Tabelle** setzt sich aus zwei Bereichen zusammen: dem Bereich der **Konstruktionsabhängigkeiten** und dem Bereich der **Parameter**.

Im Bereich der **Konstruktionsabhängigkeiten** (2) kann definiert werden, nach welchen Kriterien eine Studie durchzuführen ist. Neben den bereits bekannten Berechnungsergebnissen (Von Mises-Spannung, Hauptspannungen, Verschiebung, Sicherheitsfaktor und Dehnung) können weitere Eigenschaften wie Kontaktdruck, Masse oder Volumen ausgewählt werden. Im Bereich der **Parameter** (3) sind die zur Analyse zu verwendenden Bauteileigenschaften zu bestimmen. Wurde eine optimale Geometrie des Bauteils ermittelt, so können dessen geometrische Eigenschaften in den Bauteilbereich verlagert werden, um dort das Originalbauteil zu überschreiben.

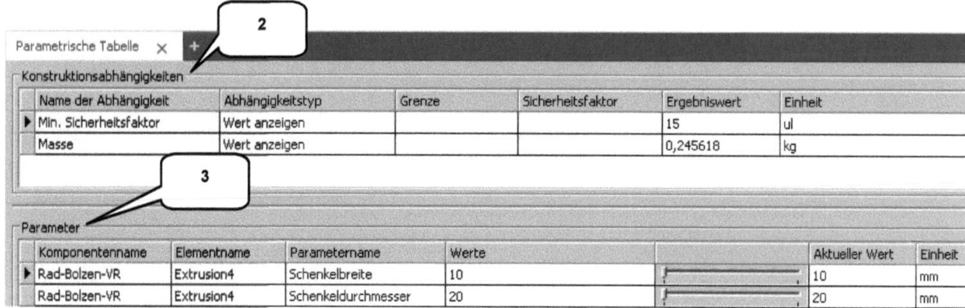

Parametrische Tabelle

Konstruktionsabhängigkeiten (2)

Name der Abhängigkeit	Abhängigkeitstyp	Grenze	Sicherheitsfaktor	Ergebniswert	Einheit
Min. Sicherheitsfaktor	Wert anzeigen			15	ul
Masse	Wert anzeigen			0,245618	kg

Parameter (3)

Komponentenname	Elementname	Parametername	Werte		Aktueller Wert	Einheit
Rad-Bolzen-VR	Extrusion4	Schenkelbreite	10		10	mm
Rad-Bolzen-VR	Extrusion4	Schenkeldurchmesser	20		20	mm

9.4.2 Konstruktionsabhängigkeiten auswählen

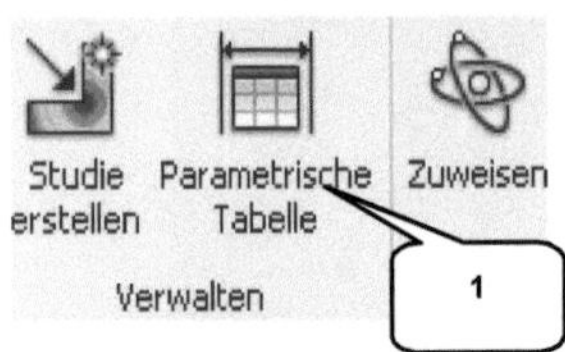

Die **parametrische Tabelle** ist jetzt zu öffnen, um zuerst die Konstruktionsabhängigkeiten zu definieren.

Parametrische Tabelle (1)

Konstruktionsabhängigkeiten können hinzugefügt werden, indem mit der rechten Maustaste auf das leere Eingabefeld **Name der Abhängigkeit** geklickt wird. Im neu geöffneten Befehlsfenster können anschließend die gewünschten Abhängigkeiten ausgewählt werden.

Abhängigkeiten können jeweils nur einzeln bestimmt werden, weshalb dieser Vorgang wiederholt werden muss.

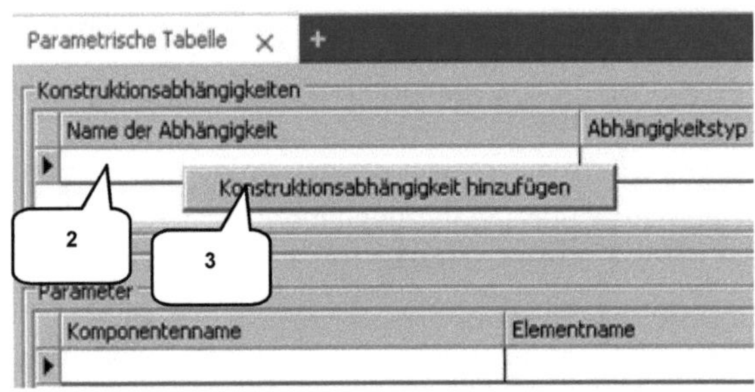

> **Rechte Maustaste** auf markiertes Feld (2)
> Konstruktionsabhängigkeit hinzufügen (3)
> Auswahl: Sicherheitsfaktor (4)
> ◻ OK **OK**

> **Rechte Maustaste** auf markiertes Feld (2)
> Konstruktionsabhängigkeit hinzufügen (3)
> Aktivieren: Masse (5)
> ◻ OK **OK**

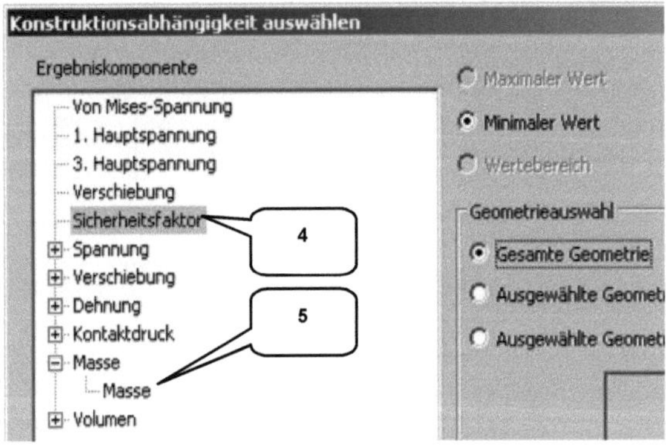

Sicherheitsfaktor und **Masse** sollten jetzt in der parametrischen Tabelle dargestellt werden (6).

In der Spalte **Abhängigkeitstyp** (7) müsste die Option **Wert anzeigen** voreingestellt worden sein.

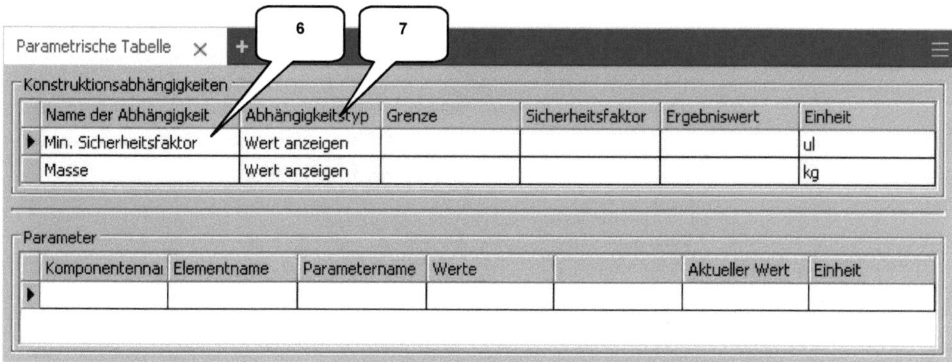

9.4.3 Studien-Parameter auswählen

Die Auswahl der Bauteileigenschaften, die zur Analyse verwendet werden sollen, erfolgt innerhalb des Programmbrowsers. Hierfür muss im Browser mit der rechten Maustaste auf das Bauteil **Rad-Bolzen-VR** geklickt werden, um anschließend im Kontextmenü die Option **Parameter anzeigen** zu aktivieren.

Im aktuellen Übungsbeispiel sollen für die Berechnungen die bereits dafür vorbereiteten Parameter **Schenkelbreite** und **Schenkeldurchmesser** verwendet werden.

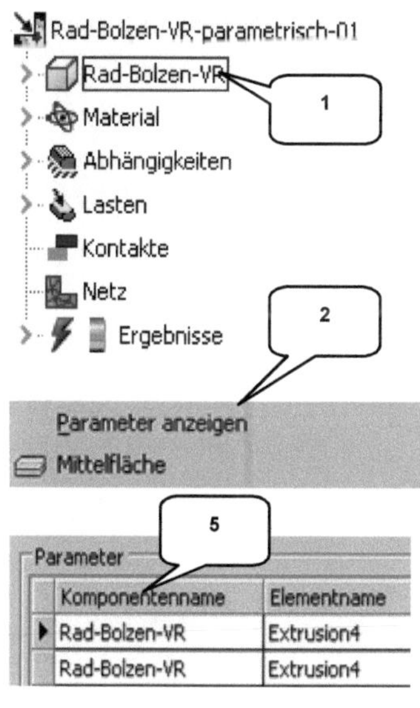

> **Rechte Maustaste** auf **Rad-Bolzen-VR** (1)
> Parameter anzeigen (2)
> Aktivieren: Schenkelbreite (3)
> Aktivieren: Schenkeldurchmesser (4)
>   OK   **OK**

Wurden die beiden Parameter korrekt ausgewählt, so werden sie jetzt in der **parametrischen Tabelle** aufgelistet (5).

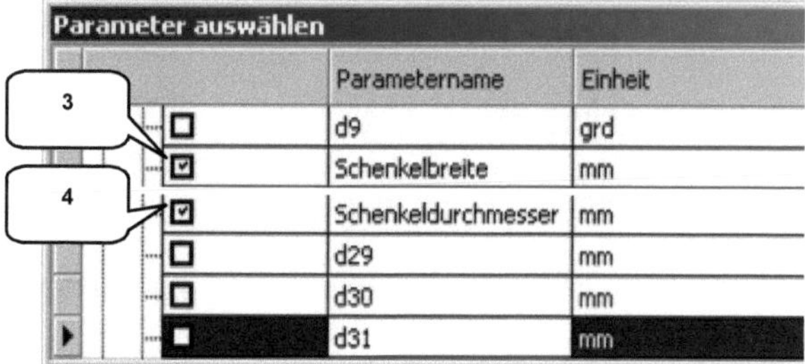

9.4.4 Simulation ausführen und aufzeichnen

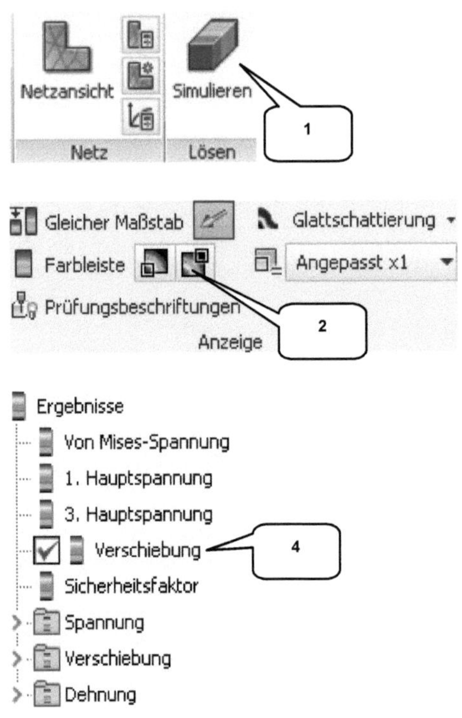

Sobald die beiden letzten Einstellungen vorgenommen wurden, kann mit einer ersten **Simulation** begonnen werden.

Simulieren (1)

> **Ausführen** *Ausführen*

Maximalwert (2)

Die maximale Spannung tritt mit ca. **26 MPa** zwischen dem oberen Zylindersegment des Radbolzens und dem Übergangsbereich zum unteren Zylindersegment auf (3).

> **Doppelklick** auf **Verschiebung** (4)

Aktiviert man im Browser des Programms die **Verschiebung**, so ist zu erkennen, dass der Maximalwert mit ca. **0,02 mm** am Ende des unteren Zylindersegments (5) auftritt, weil das Bauteil hier nicht eingespannt ist.

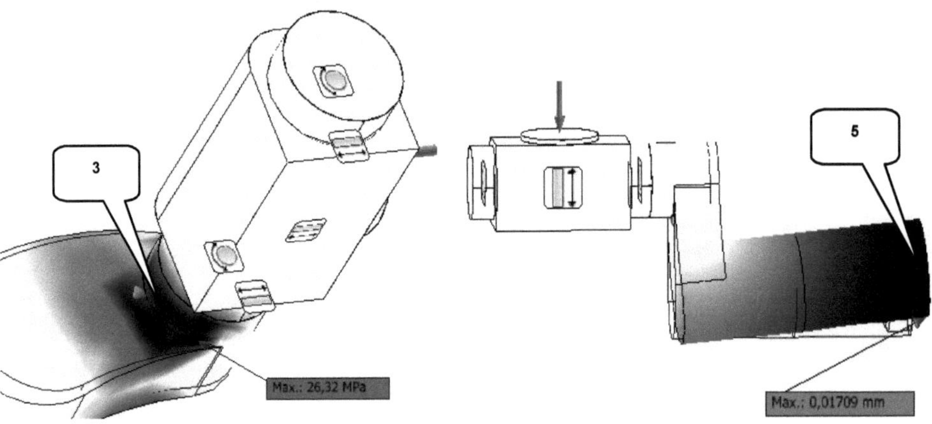

Auch im Bereich der **parametrischen Tabelle** können jetzt Ergebnisse entnommen werden. Der **minimale Sicherheitsfaktor** liegt derzeit bei ca. **7,86** (6) und die **Masse** des Bauteils beträgt bei den derzeitigen geometrischen Eigenschaften ca. **0,25 kg** (7).

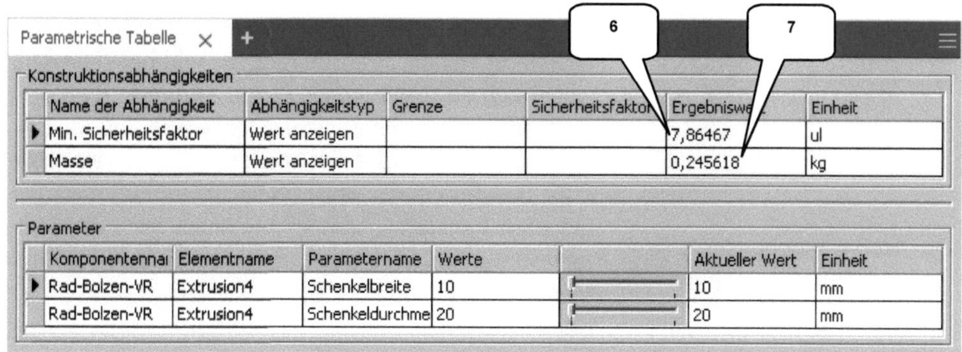

9.4.5 Parametrische Tabelle bearbeiten

Parametrisch ist die aktuelle Studie zum derzeitigen Zeitpunkt natürlich noch nicht wirklich, denn derzeit sind noch keine Wertebereiche definiert worden. Sie entspricht jetzt noch eher einer einfachen statischen Einzelpunktanalyse. Parametrisch wird die Studie erst dann, wenn verschiedene Wertebereiche berechnet und miteinander verglichen werden können, wofür allerdings zuerst der Wertebereich der Tabelle bearbeitet werden muss.

Die aktuelle Höhe der Schenkel-Extrusion (**Schenkelbreite**) beträgt exakt 10 mm. Dieser konstante Wert soll jetzt durch einen variablen **Wertebereich** von **8** bis **12 mm** ersetzt werden. Weiterhin muss dem Programm vorgegeben werden, welche Schrltteinteilung dabei zu verwenden ist (insgesamt sollen **5** Rechenschritte durchgeführt werden). Das Programm wird also die Breite des Schenkels mit den Werten: 8, 9, 10, 11 und 12 mm berechnen. Die genaue Eingabe für das Programm hierfür lautet: **8-12:5**.

Weiterhin soll der Durchmesser des Schenkels (**Schenkeldurchmesser**) variiert werden. Der aktuelle Wert 20 mm soll durch den **Wertebereich** von **18** bis **22 mm** ersetzt werden, wobei daraus ebenfalls **5** Rechenschritte entstehen sollen. Das Programm wird also die Schenkeldurchmesser: 18, 19, 20, 21 und 22 mm in die Berechnung mit einbeziehen, was mit der Eingabe **18-22:5** zu hinterlegen ist.

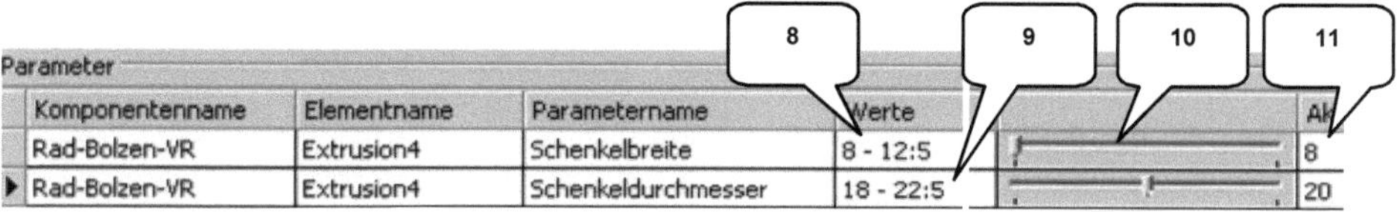

> Werteeingabe (Schenkelbreite): **8-12:5** (8)

> Werteeingabe (Schenkeldurchmesser): **18-22:5** (9)

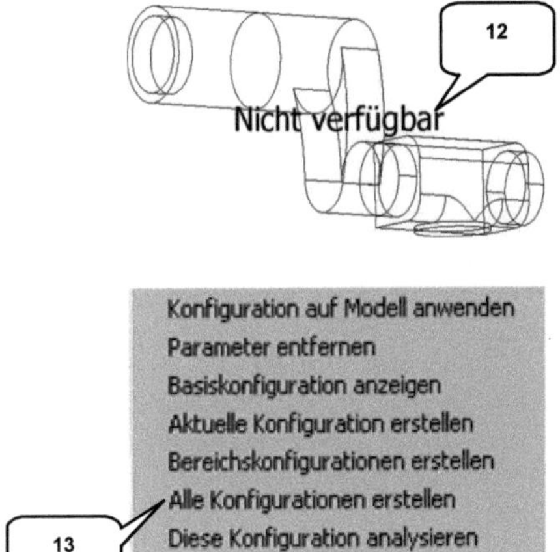

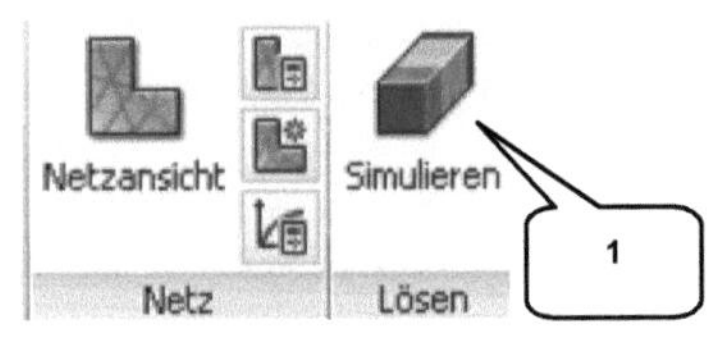

Nach erfolgter Werteeingabe kann man die Schieberegler (10) in beiden Zeilen bereits hin und her bewegen, wobei sich die Werte in der Spalte *Aktueller Wert* (11) verändern sollten. Im Konstruktionsbereich erscheint allerdings lediglich die Hinweismeldung: *Nicht verfügbar* (12). Das Programm weist damit darauf hin, dass die aktuellen Konstellationen der Varianten noch nicht berechnet wurden. Um sie zu berechnen, muss mit rechter Maustaste auf einen der Schieberegler geklickt und im Kontextmenü die Option *Alle Konfigurationen erstellen* ausgewählt werden.

> *Rechte Maustaste* auf einen *Schieberegler* (10)
> *Alle Konfigurationen erstellen* (13)

Das Programm wird jetzt alle Bauteilvarianten berechnen und sobald das Fenster *Konfigurationen erstellen* vom Programm wieder geschlossen wurde, können die einzelnen Konstellationen durch das Bewegen der Schieberegler aktiviert werden. Das Programm zeigt dann jeweils die aktuelle Konstellation, wobei die ursprüngliche (eigentlich noch aktuell vorhandene) Bauteilgeometrie, zusätzlich als Drahtgittermodell dargestellt wird.

9.5 Ergebnisinterpretation
9.5.1 Simulation ausführen

Um die verschiedenen Bauteilkonstellationen in den Ergebnissen verfügbar zu machen, ist eine erneute *Simulation* erforderlich. Erst jetzt werden alle Varianten mit in die Berechnung einbezogen. Hierbei ist es wichtig, nach Befehlsstart im gleichnamigen Befehlsfenster, vor der Bestätigung des Befehls (*Ausführen*), im Auswahlmenü die Option *Kompletter Konfigurationssatz* zu aktivieren, da sonst nicht alle 25 Varianten erstellt werden würden.

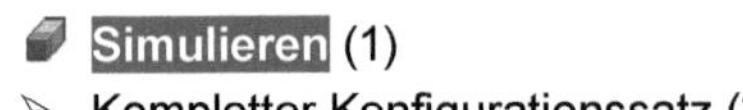

> Simulieren (1)
> Kompletter Konfigurationssatz (2)
> Ausführen *Ausführen*

Bewegt man einen der Schieberegler erneut, so wird der jeweils aktuelle Spannungswert angezeigt. Interessanter ist hier allerdings der Bereich der *Konstruktionsabhängigkeiten*. Jede Bauteilvariante bringt jetzt auch ein eigenes Ergebnis in den Bereichen *Sicherheitsfaktor* und *Bauteilmasse* mit sich und die verschiedenen Varianten sind somit vergleichbar.

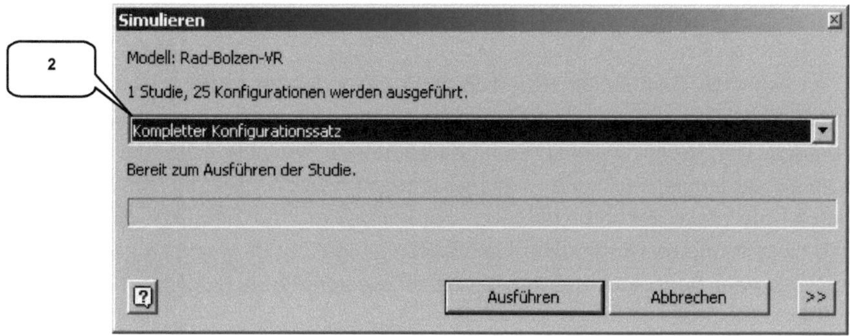

Schiebt man z. B. beide **Schieberegler** ganz nach **links** (3), so hat man einen Sicherheitsfaktor von ca. 6,5 (4) und eine Masse von ca. 0,21 kg (5), bei einer maximalen Von Mises-Spannung von ca. 31,5 MPa. Schiebt man beide **Schieberegler** ganz nach **rechts** (6), so hat man einen Sicherheitsfaktor von ca. 8,5 (7) und eine Masse von ca. 0,28 kg (8), bei einer maximalen Von Mises-Spannung von ca. 24,4 MPa.

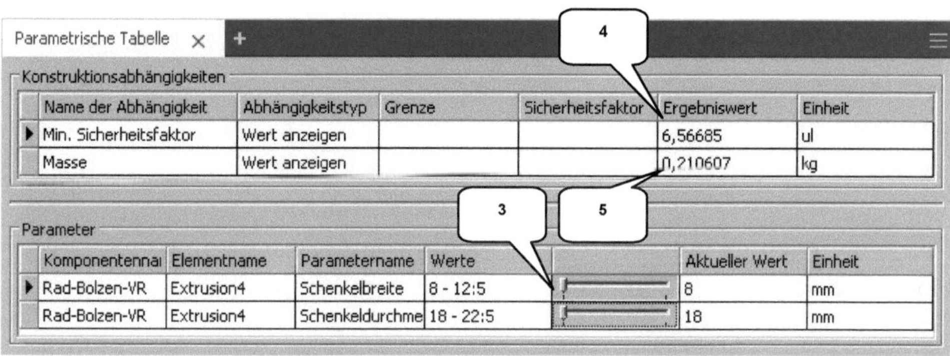

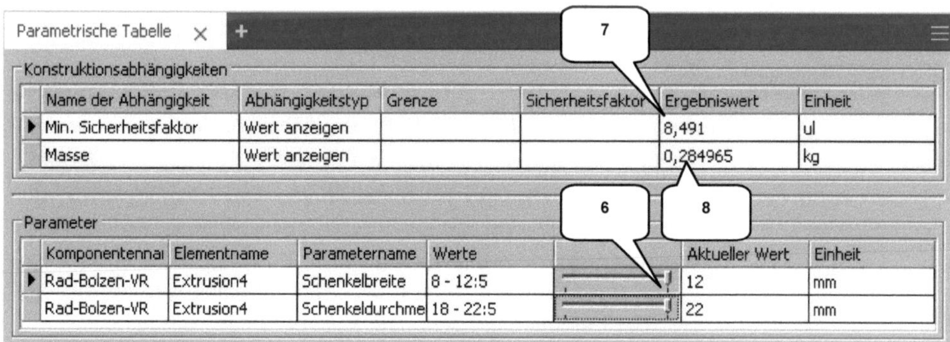

9.5.2   Maximalen Sicherheitsfaktor ermitteln

Die Studie des aktuellen Bauteils ist sicherlich nicht besonders komplex, weil das Bauteil zum einen recht einfach aufgebaut ist und zum anderen nur 2 Parameter zur Berechnung verwendet wurden. Den größtmöglichen Sicherheitsfaktor zu ermitteln wäre hier relativ einfach, da beide Schieberegler nur nach rechts geschoben werden müssten (größte Bauteilabmessungen = maximaler Sicherheitsfaktor). Bei komplizierteren Bauteilen ist das allerdings nicht so einfach und es würde unter Umständen einige Zeit in Anspruch nehmen, den **maximalen Sicherheitsfaktor** manuell mit den Schiebereglern herauszufinden.

Deshalb bietet das Programm für solche Fälle eine wesentlich komfortablere Option: Erweitert man das Auswahlmenü im Bereich **Abhängigkeitstyp** des Sicherheitsfaktors, so erscheint ein Auswahlfeld, worin die Option **Maximieren** zu aktivieren ist.

> ➢ Feld **Abhängigkeitstyp** in der Zeile **Sicherheitsfaktor** erweitern (1)
> ➢ **Maximieren** (2)

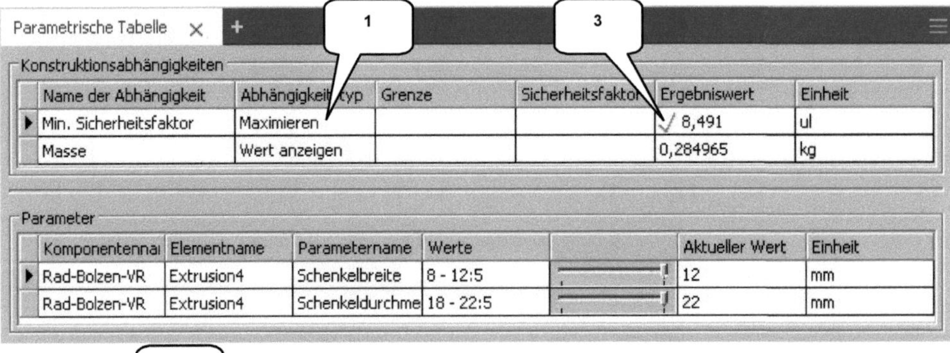

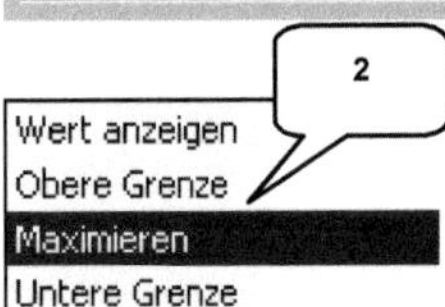

Das Programm signalisiert die Umsetzung der geforderten Auswahl mit einem **grünen Haken** (3).

Natürlich gibt es auch noch weitere Möglichkeiten, z. B. die Darstellung des aktuellen Wertes, die Definition von oberen oder unteren Grenzwerten, die Festlegung eines Bereiches, die Umgehung eines Bereiches und natürlich auch (nicht weniger wichtig als die Ermittlung des Maximalwertes): die Ermittlung eines Minimalwertes. In der folgenden Übung soll bspw. ermittelt werden, bei welcher der Varianten die geringste Masse zu erwarten ist.

9.5.3   Minimale Masse ermitteln

Neben dem Sicherheitsfaktor ist das Konstruktionsprinzip der minimalen Masse ein ebenfalls sehr wichtiges Kriterium. Da sich beide Konstruktionsprinzipien leider grundlegend wi-
dersprechen, muss oftmals ein Kompromiss gefunden werden.

Bevor das Programm mit der Darstellung der Bauteilkonstellation mit der geringsten Bauteilmasse beauftragt werden kann, sollte die Darstellung des minimalen Sicherheitsfaktors
auf eine neutrale Option (Wert anzeigen) zurückgesetzt werden. Anschließend ist der *Abhängigkeitstyp* der *Masse* auf die Option *Minimieren* zu ändern.

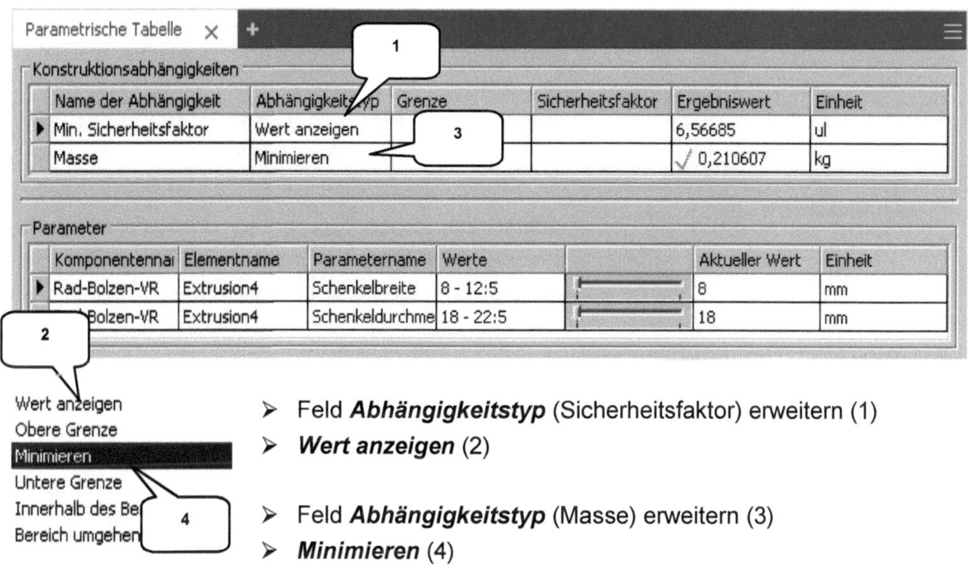

> Feld *Abhängigkeitstyp* (Sicherheitsfaktor) erweitern (1)
> *Wert anzeigen* (2)

> Feld *Abhängigkeitstyp* (Masse) erweitern (3)
> *Minimieren* (4)

Wie zu erwarten wird die geringste Masse bei diesem vereinfachten Übungsbeispiel mit ca.
0,2 kg erreicht, wenn Schenkelbreite und Schenkeldurchmesser am kleinsten sind.

9.6 Exportieren der Ergebnisse
9.6.1 Berechnungsergebnisse in den Parameter-Manager übernehmen

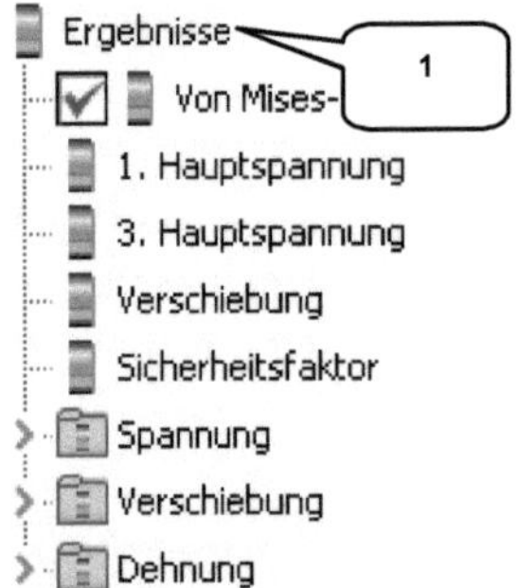

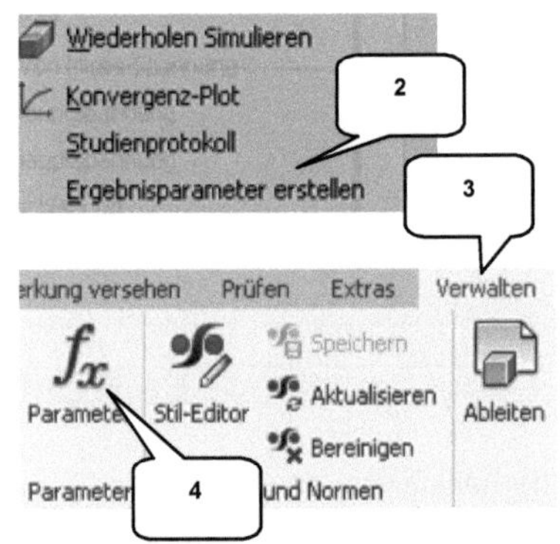

Eine weitere interessante Möglichkeit im Bereich der Belastungsanalyse ist das *Exportieren der Berechnungsergebnisse* in den Parameter-Manager. Die Ergebnisse sind dann auch im Modellbereich vorhanden und können dort weiterverarbeitet werden. Um die Daten zu exportieren zu können, muss nach erfolgreicher Simulation lediglich mit der rechten Maustaste auf den im Browser befindlichen Ordner *Ergebnisse* geklickt und im Kontextmenu die Option *Ergebnisparameter erstellen* ausgewählt werden.

> *Rechte Maustaste* auf Ordner *Ergebnisse* (1)
> *Ergebnisparameter erstellen* (2)

Öffnet man in der Registerkarte *Verwalten* den *Parameter-Manager*, so sollten die Berechnungsergebnisse (*Referenzparameter*) aus dem Bereich der Belastungsanalyse darin verfügbar sein (5).

> Register *Verwalten* (3)
> f_x Parameter-Manager (4)

Parameter

Parametername	Ein	Einheit/Typ	Gleichung	Nennwert	Tc Δ	Modellwert	Sch	E	Kommentar
+ Modellparameter									
− Referenzparameter									
sa_eq_min		MPa	0,058 MPa	0,057974	○	0,057974	☐	☐	Minimalwert
sa_eq_max		MPa	28,677 MPa	28,676801	○	28,676801	☐	☐	Maximalwert
sa_d_min		mm	0,000 mm	0,000001	○	0,000001	☐	☐	Minimalwert
sa_d_max		mm	0,021 mm	0,020565	○	0,020565	☐	☐	Maximalwert
sa_sf_min		oE	7,218 oE	7,218378	○	7,218378	☐	☐	Minimalwert
sa_sf_max		oE	15,000 oE	15,000000	○	15,000000	☐	☐	Maximalwert
sa_ps1_min		MPa	-6,081 MPa	-6,080710	○	-6,080710	☐	☐	Minimalwert
sa_ps1_max		MPa	35,454 MPa	35,453754	○	35,453754	☐	☐	Maximalwert
sa_ps3_min		MPa	-22,601 MPa	-22,600938	○	-22,600938	☐	☐	Minimalwert
sa_ps3_max		MPa	9,770 MPa	9,769930	○	9,769930	☐	☐	Maximalwert
sa_eqst_min		oE	0,000 oE	0,000000	○	0,000000	☐	☐	Minimalwert
sa_eqst_max		oE	0,000 oE	0,000120	○	0,000120	☐	☐	Maximalwert
sa_st1_min		oE	-0,000 oE	-0,000001	○	-0,000001	☐	☐	Minimalwert
sa_st1_max		oE	0,000 oE	0,000143	○	0,000143	☐	☐	Maximalwert

9.6.2 Optimierte Bauteilgeometrie anwenden

Wurden die parametrischen Studien beendet und wurde daraus eine optimale Bauteilgeometrie ermittelt, so kann diese in den Bauteilbereich übertragen werden[21].

Im vorliegenden Übungsbeispiel sollen z. B. die geometrischen Eigenschaften der Variante mit der geringsten Masse in den Bauteilbereich übertragen werden, d.h. dass die ursprünglichen geometrischen Eigenschaften des Bauteils überschrieben werden sollen. Hierfür muss mit der rechten Maustaste auf einen der *Schieberegler* geklickt werden, um im Kontextmenü die Option *Konfiguration auf Modell anwenden* auszuwählen. Das Programm wird daraufhin ein Hinweisfenster eröffnen welches bestätigt werden muss.

Bei der aktuellen Übungsdatei spielt das allerdings keine Rolle, weshalb das Originalbauteil auch ohne Bedenken überschrieben werden kann.

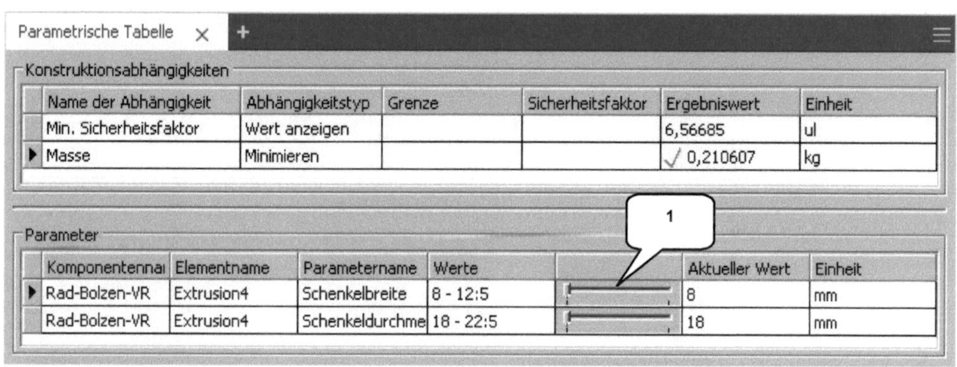

> *Rechte Maustaste* auf *Schieberegler* (1)
> *Konfiguration auf Modell anwenden* (2)
> Ja *Ja* (3)

✔ **Fertigstellen** (Belastungsanalyse verlassen)

---

[21] Werden Konstellationen aus dem Bereich der Belastungsanalyse in den Modellbereich übertragen, so wird die ursprüngliche Bauteilgeometrie dabei vollständig überschrieben. Daher sollte nicht versäumt werden, vorab eine Kopie der Datei zu erstellen.

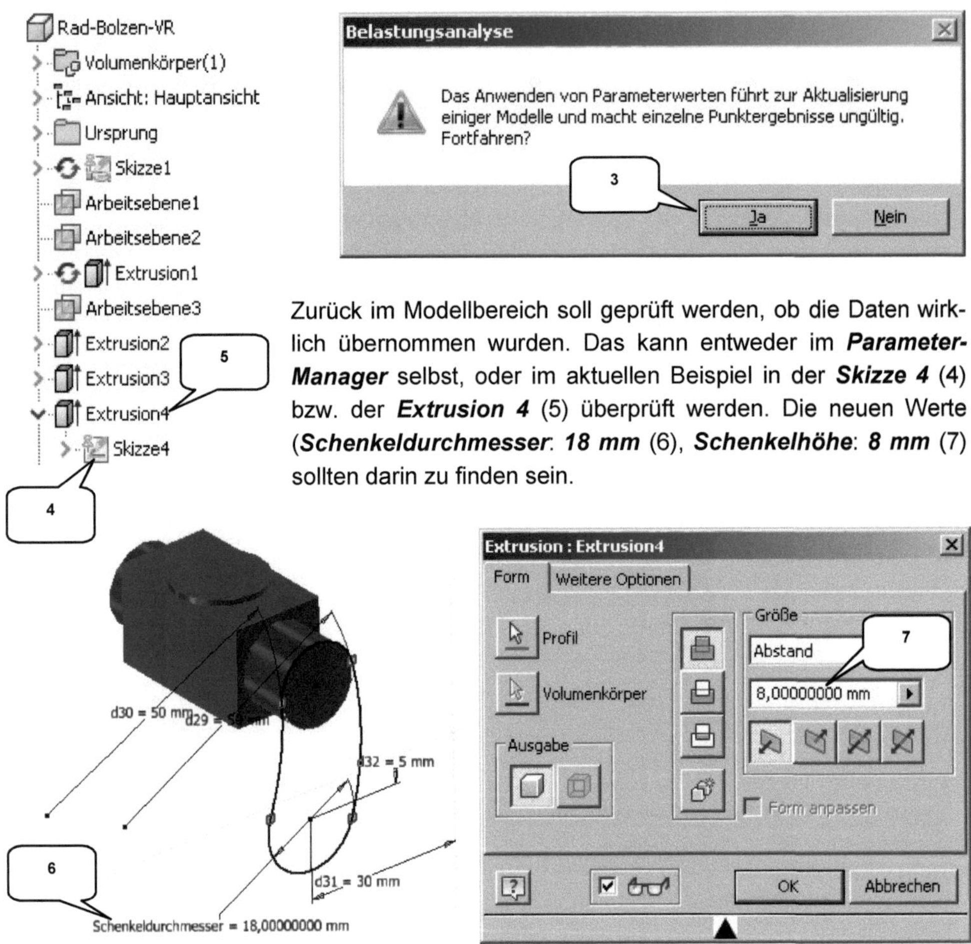

Zurück im Modellbereich soll geprüft werden, ob die Daten wirklich übernommen wurden. Das kann entweder im *Parameter-Manager* selbst, oder im aktuellen Beispiel in der *Skizze 4* (4) bzw. der *Extrusion 4* (5) überprüft werden. Die neuen Werte (*Schenkeldurchmesser*: *18 mm* (6), *Schenkelhöhe*: *8 mm* (7) sollten darin zu finden sein.

Das Bauteil kann abschließend *gespeichert* und *geschlossen* werden.

 Speichern (Bauteil)
 Schließen (Bauteil)

10 Studien dünnwandiger Bauteile

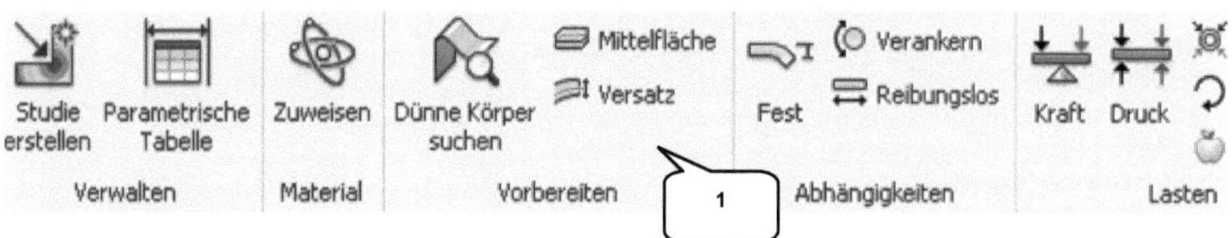

Bauteile bzw. Blechteile mit sehr dünnen Wand- bzw. Blechstärken, stellen im Bereich der Belastungsanalyse ein Problem dar: je dünner das Material ist, desto engmaschiger wird das Netz. Besonders in den Bereichen von Kanten und Ecken, sowie an den schmalen Seitenflächen berechnet das Programm automatisch ein extrem engmaschiges Netz. Diese Prozedur verlangt dem Computer aufgrund der hohen Anzahl an Knoten und Elementen während der Simulation eine sehr hohe Rechenleistung ab und erhöht somit die Berechnungszeit. Dünnwandige Bauteile und Bleche mit geringer Materialstärke sollten daher nicht direkt und ohne entsprechende Vorbereitung analysiert werden.

Zur Behebung dieses Problems hält das Programm die Befehlsgruppe *Vorbereiten* (1) bereit, womit entsprechende Elemente erkannt und vor einer Simulation vereinfacht werden können.

10.1 Konstruktion eines dünnwandigen Blechbauteils
10.1.1 Neues Blechbauteil erstellen

Um die Übungen durchführen zu können, soll ein neues *Blechbauteil* erstellt werden.

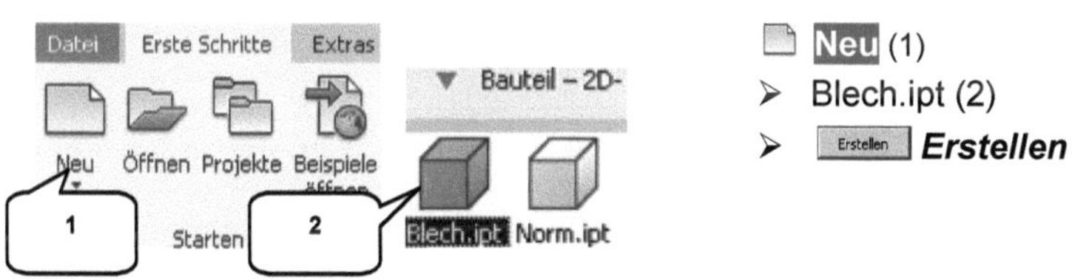

> Neu (1)
> Blech.ipt (2)
> Erstellen *Erstellen*

10.1.2 Blechstärke festlegen

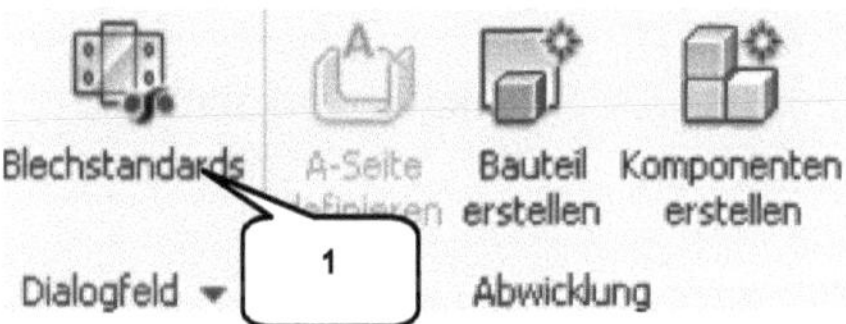

Vor der Konstruktion der Basisskizze sollte in den *Blechstandards* die Blechstärke definiert werden, denn das Blechbauteil soll lediglich eine Materialstärke von 0,1 mm erhalten.

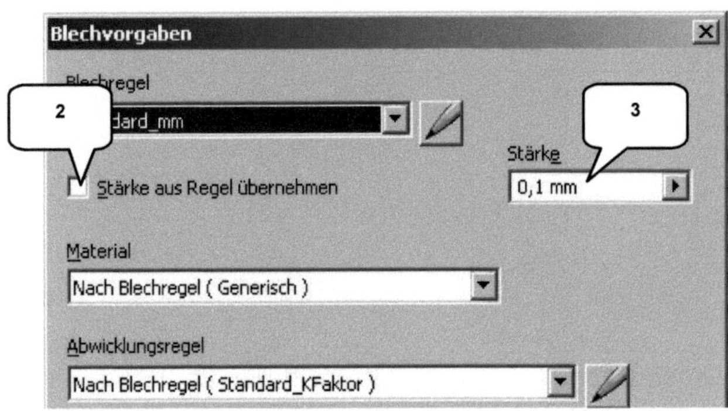

Blechstandards (1)

➤ Deaktivieren: Stärke aus Regel übernehmen (2)

➤ Stärke: 0,1 mm (3)

➤ OK   **OK**

10.1.3   Basiskontur zeichnen

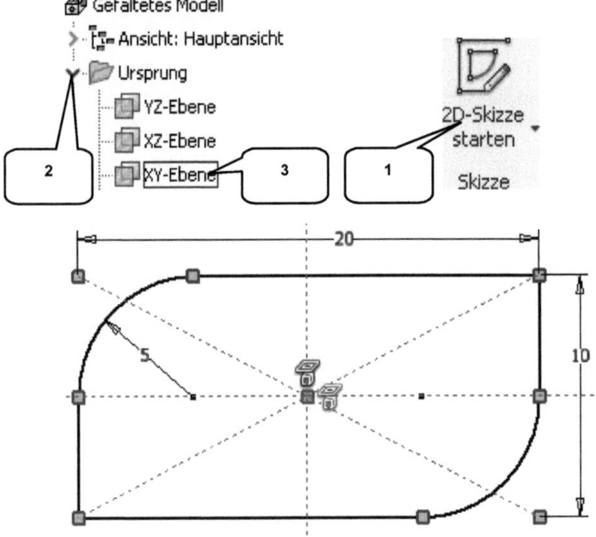

Als Basiskontur soll ein einfaches **Rechteck** gezeichnet werden, was anschließend um zwei Rundungen zu ergänzen ist.

2D-Skizze starten (1)

➤ Ordner **Ursprung** erw. (2)

➤ **XY-Ebene** wählen (3)

➤ Rechteck (20x10mm) mit zwei Rundungen (5mm) zeichnen wie nebenstehend dargestellt

Fertigstellen

10.1.4   Fläche erstellen

Die gezeichnete Basiskontur ist mit dem Befehl **Fläche** zu extrudieren.

Fläche (1)

➤ (Fläche wird automatisch erkannt)

➤ OK   **OK**

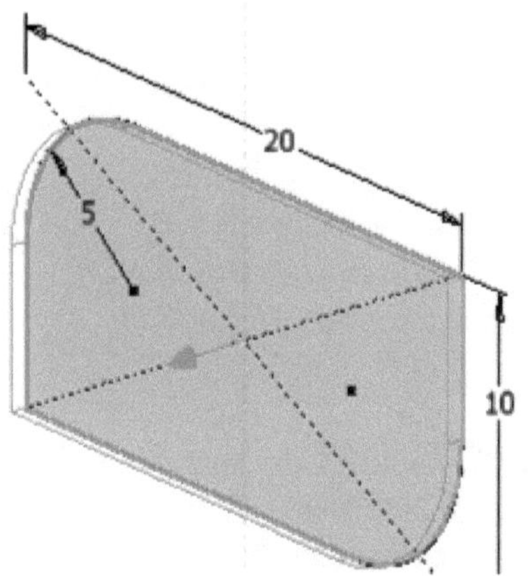

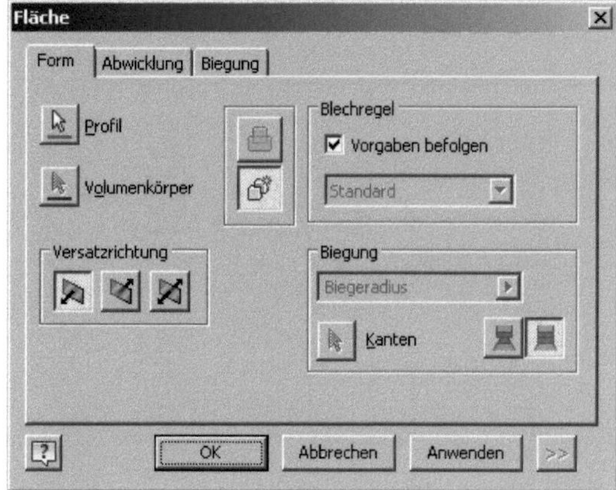

10.1.5 Laschen hinzufügen

Dem Blech sind weiterhin **Laschen** hinzu-zufügen.

 **Lasche** (1)

> Kante: Markierte Kanten wählen (2)

> Höhengrenzen: Abstand (3)

> Abstand: 5 mm (4)

> Laschenwinkel: 90 Grad (5)

> Biegeradius: Biegeradius (6)

> Höhenbezugspunkt: Option A (7)

> Biegungsposition: Option A (8)

> Anwenden | **Anwenden**

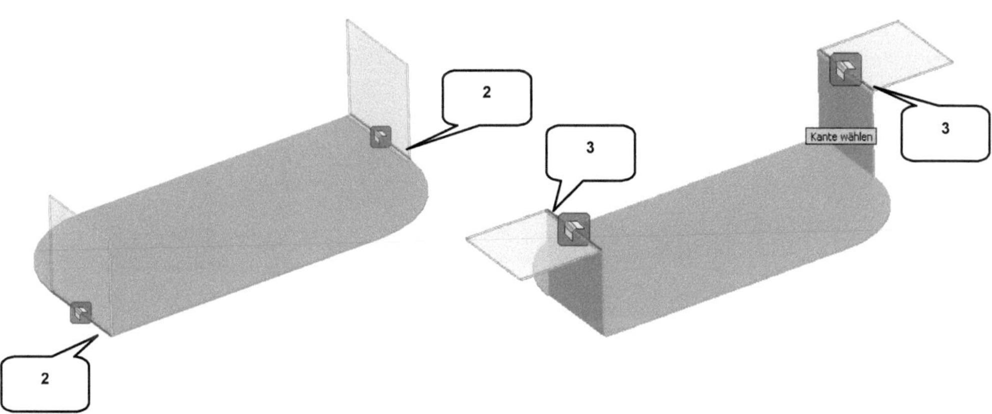

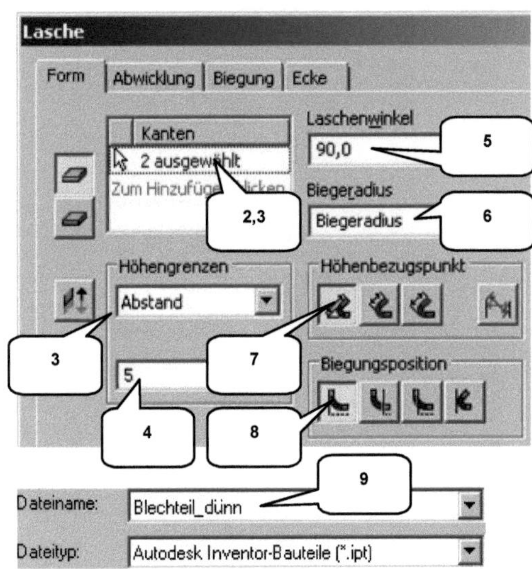

> Kante: Markierte Kanten wählen (3)

> Höhengrenzen: Abstand (3)

> Abstand: 5 mm (4)

> Laschenwinkel: 90 Grad (5)

> Biegeradius: Biegeradius (6)

> Höhenbezugspunkt: Option A (7)

> Biegungsposition: Option A (8)

>  **OK**

Das Blechbauteil kann jetzt **gespeichert** werden um anschließend in den Bereich der **Belastungsanalyse** zu wechseln.

Speichern (Bauteil)

> Name: Blechbauteil _dünn (9)

Speichern **Speichern**

10.2   Vorbereitungen im Bereich der Belastungsanalyse treffen
10.2.1   Umgebung der Belastungsanalyse aktivieren

Arbeitsbereich:
Belastungsanalyse

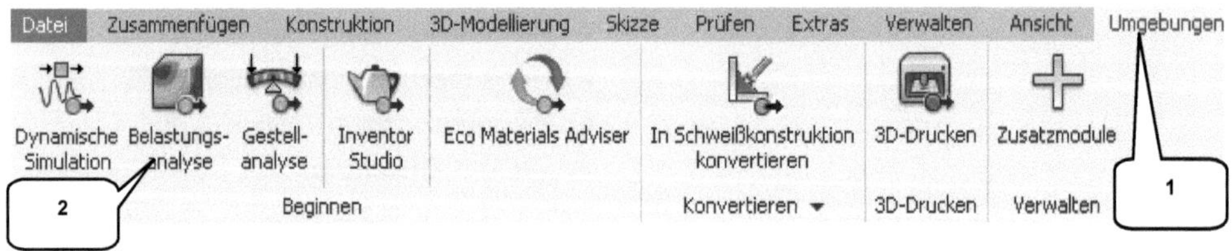

> Register **Umgebungen** (1)

Belastungsanalyse (2)

10.2.2 Einzelpunkt-Studie erstellen

Im Bereich der Belastungsanalyse muss zuerst eine neue *Studie* erstellt werden. Zur Analyse des Blechbauteils ist wieder eine *Statische Einzelpunktstudie* zu verwenden.

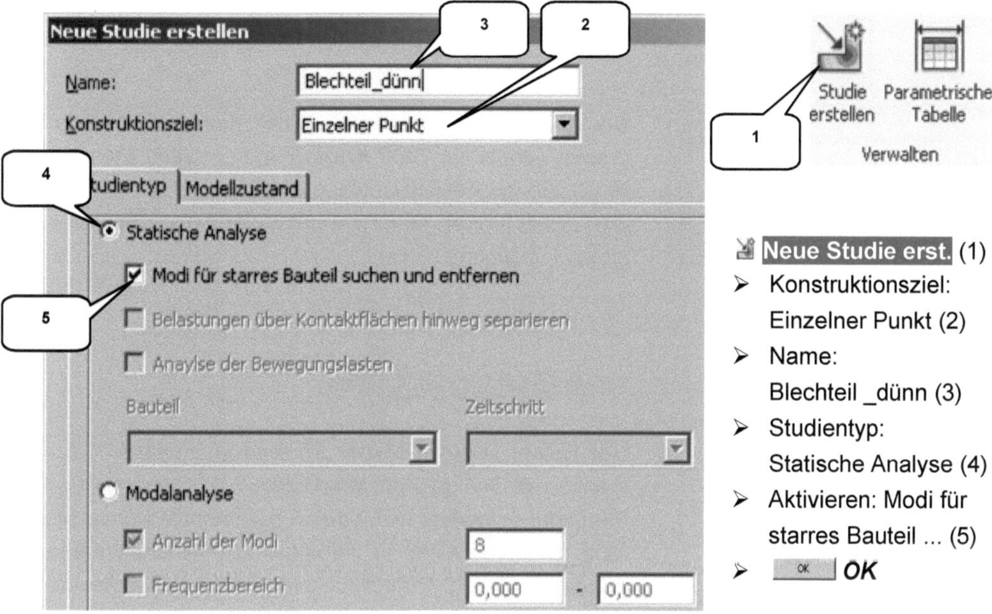

Neue Studie erst. (1)
> Konstruktionsziel:
  Einzelner Punkt (2)
> Name:
  Blechteil _dünn (3)
> Studientyp:
  Statische Analyse (4)
> Aktivieren: Modi für
  starres Bauteil ... (5)
> OK **OK**

10.2.3 Material zuweisen

Als *Material* kann dem Blech ein Stahl (unlegiert) zugewiesen werden.

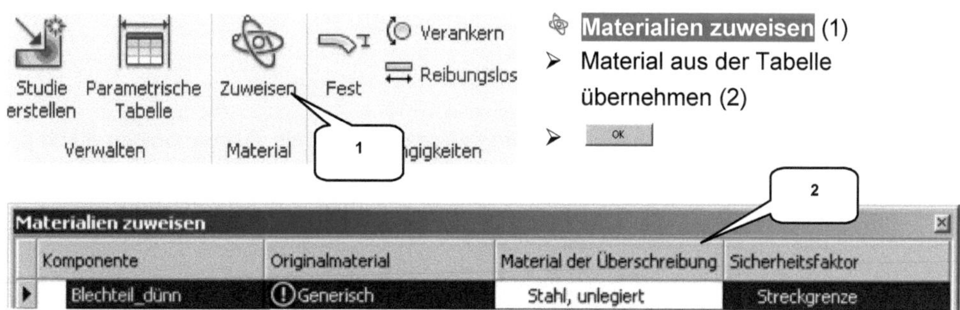

Komponente	Originalmaterial	Material der Überschreibung	Sicherheitsfaktor
Blechteil_dünn	ⓘ Generisch	Stahl, unlegiert	Streckgrenze

10.2.4 Netzansicht generieren

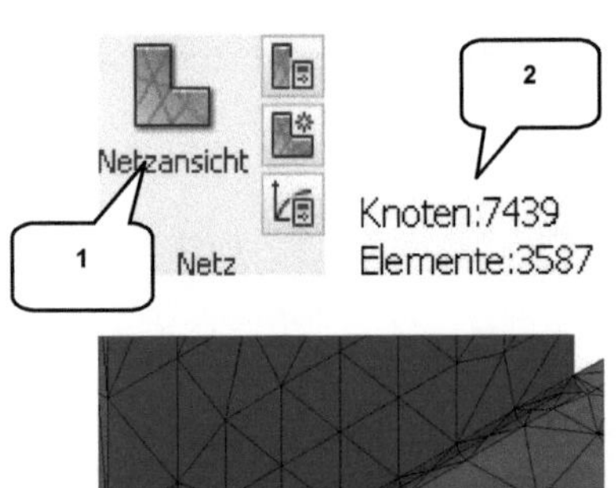

Eine **Netzansicht** soll die aktuelle Anzahl an Knoten und Elementen sichtbar machen, die zum aktuellen Zeitpunkt erstellt werden würden.

Netzansicht (1)

Bei diesem sehr einfachen Bauteil generiert das Programm bereits ca. **7400 Knoten** und ca. **3600 Elemente** (2). Bei größeren Bauteilen wären diese Werte noch wesentlich größer die Berechnung damit noch viel komplexer und zeitintensiver.

10.2.5 Grundlagen: Dünne Körper suchen

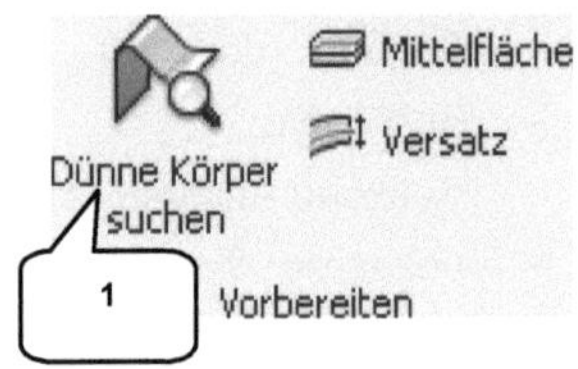

Dünne Körper suchen (1)

Der Befehl **Dünne Körper suchen** sucht nach Volumenkörpern mit geringer Wandstärke. Wurden derartige Elemente gefunden, bietet das Programm die Konvertierung dieser Bereiche in vereinfachte Flächenelemente an und der Befehl **Mittelfläche** wird zeitgleich gestartet.

10.2.6 Grundlagen: Mittelfläche und Versatz

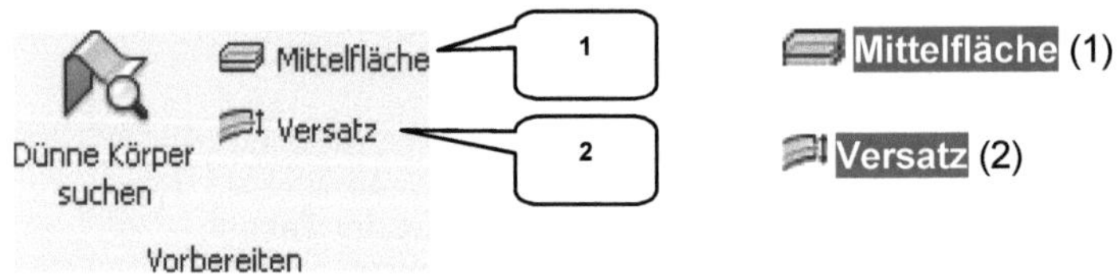

Mittelfläche (1)

Versatz (2)

Mit dem Befehl **Mittelfläche** erstellt das Programm eine neutrale Fläche, welche durch die Mitte des Bleches (neutrale Faser oder auch Nulllinie) geht. Hierfür berechnet es eine vereinfachte Netzstruktur, wobei der Rechenaufwand aufgrund einer dezimierten Anzahl an Knoten und Elementen erheblich minimiert wird.

Der Befehl **Versatz** ähnelt grundsätzlich dem Befehl **Mittelfläche**. Allerdings wird hier keine Ersatzfläche des Blechbauteils entlang der neutralen Faser erstellt, sondern in einem definierten Abstand zu dieser.

Die Option **Angrenzende Flächen** (3) legt fest, ob die Flächenauswahl bei tangential angrenzenden Flächen auf die nächste Fläche übergehen soll oder nicht. Bei deaktivierter Option können auch einzelne Flächen ausgewählt werden. Die **Dicke** (4) stellt die neue (theoretische) Materialstärke dar. Der **Abstand** (5) kann nicht eingestellt werden. Er entspricht dem halbierten Wert der Dicke und somit der neutralen Faser des neu definierten Bauteils.

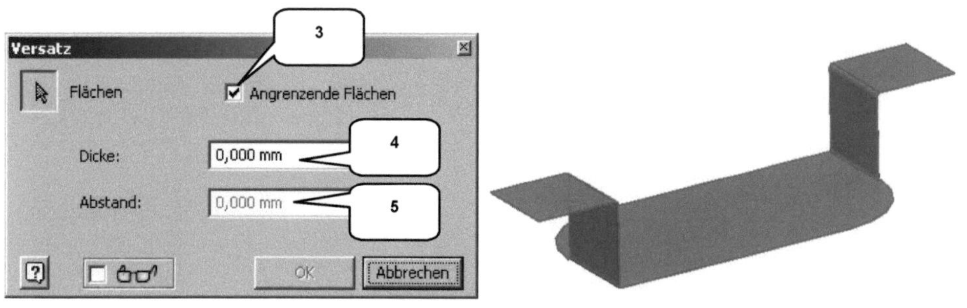

10.2.7 Mittelfläche generieren

Im nächsten Arbeitsschritt soll eine Ersatzfläche entlang der neutralen Faser des Bauteils erstellt werden, wofür der Befehl **Dünne Körper suchen** zu starten ist. Die Suche sollte sich als einfach erweisen, weil das Blechbauteil vollständig den Kriterien entspricht.

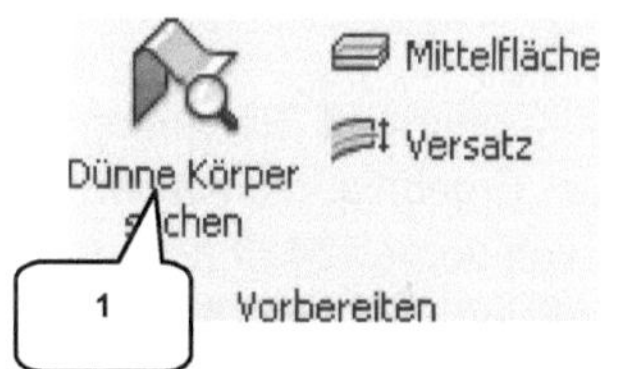

Dünne Körper suchen (1)

>   **OK**   **OK** (Belastungsanalyse: Mindestens ein dünner Körper gefunden...)
>   **OK**   **OK** (Mittelfläche)

Sobald die beiden Hinweisfenster (**Belastungsanalyse** und **Mittelfläche**) bestätigt wurden, beginnt das Programm automatisch damit, eine Ersatzfläche entlang der neutralen Faser des Blechbauteils zu generieren. Das Bauteil selbst wird danach ausgeblendet, lediglich die (hellgelbe) Ersatzfläche ist noch leicht zu erkennen (2).

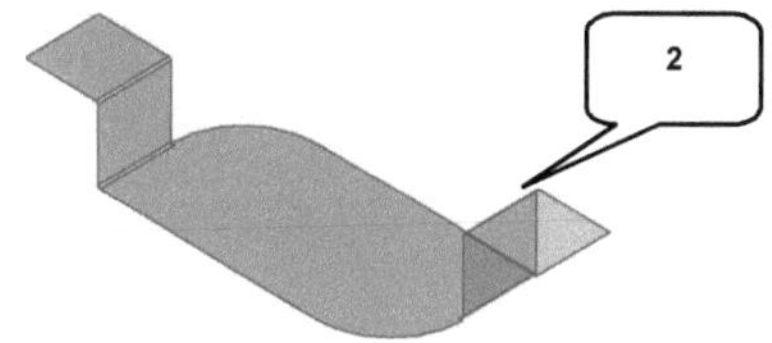

Erweitert man im Browser den Ordner **Wandungen** (3) und dort auch die Ordner **Mittelflächen** (4) und **Blechbauteil _dünn** (5), so findet man darin die neue Fläche (6).

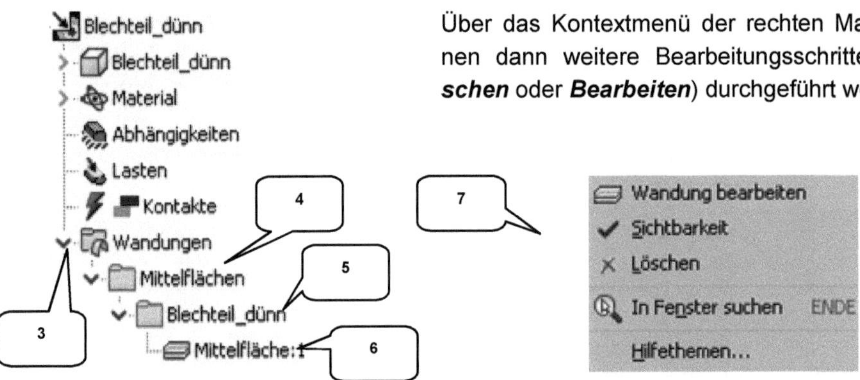

Über das Kontextmenü der rechten Maustaste können dann weitere Bearbeitungsschritte (z. B. *Löschen* oder *Bearbeiten*) durchgeführt werden (7).

10.2.8 Netzansicht generieren

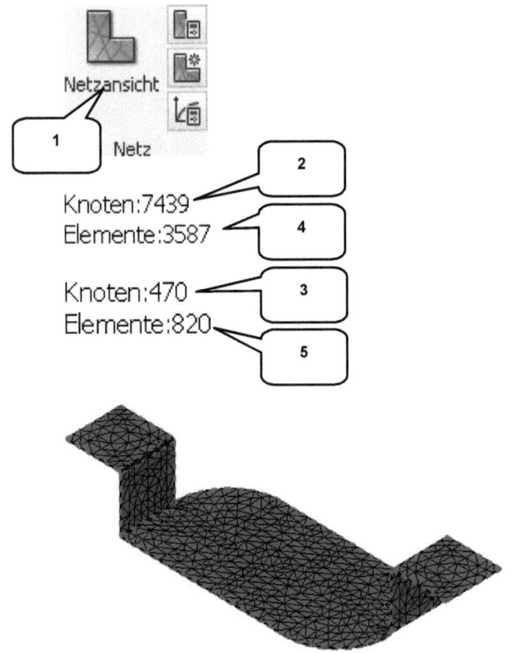

Um zu überprüfen ob die Vereinfachung des Blechbauteils auch eine Dezimierung der Knoten und Elemente mit sich gebracht hat, muss der Befehl *Netzansicht* erneut gestartet werden.

Netzansicht (1)

Die Darstellung der Knoten und Elementen bringt ein eindeutiges Ergebnis: die *Anzahl der Knoten* wurde von vorher *7439* (2) auf aktuell *470* (3) minimiert und die *Anzahl der Elemente* wurde von *3587* (4) auf *820* Elemente (5) verringert. Man sollte dabei beachten, dass es sich hier um ein sehr einfaches Bauteil handelt. Bei komplexen Bauteilen wäre der Erfolg noch wesentlich größer.

Das Blechbauteil kann bereits wieder *gespeichert* und *geschlossen* werden.

Speichern (Bauteil)
Schließen (Bauteil)

11 Modalanalysen

Bei einer **Modalanalyse** können Objekte auf ihre Eigenschwingungen untersucht werden, was konstruktive Schwachstellen bereits frühzeitig erkennen lässt. Im Ergebnis einer Modalanalyse sind ausschließlich Frequenzen und Richtungstendenzen von Verschiebungen zu erwarten, Kräfte oder Spannungen können nicht ermittelt werden.

11.1 Modalanalysen unbefestigter Bauteile
11.1.1 Bauteil HUBRAHMEN öffnen

Als Übungsobjekt ist das Bauteil **Hubrahmen** zu verwenden, was jetzt zu öffnen ist.

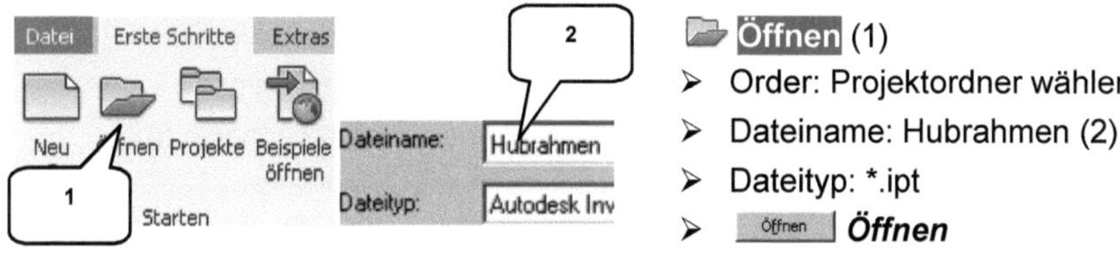

- **Öffnen** (1)
- ➢ Order: Projektordner wählen
- ➢ Dateiname: Hubrahmen (2)
- ➢ Dateityp: *.ipt
- ➢ Öffnen **Öffnen**

11.1.2 Umgebung der Belastungsanalyse aktivieren

Arbeitsbereich:
Belastungsanalyse

- ➢ Register **Umgebungen** (1)
- **Belastungsanalyse** (2)

11.1.3 Einzelpunkt-Studie erstellen

Die neue Studie soll als **Einzelpunktstudie** definiert werden[22], diesmal allerdings nicht als statische Analyse, sondern als **Modalanalyse**.

---

[22] Auch wenn das Bauteil Hubrahmen bereits am Anfang des Buches analysiert wurde, so findet man im Bereich der Belastungsanalyse keine vorhandenen Studien mehr: Sie wurden in der Baugruppe selbst erzeugt und sind daher auch nur da verfügbar.

Zusätzlich ist die Option **Anzahl der Modi** zu aktivieren und der Wert **10** zu hinterlegen. Das Programm soll also die nächsten 10 Frequenzwerte berechnen[23].

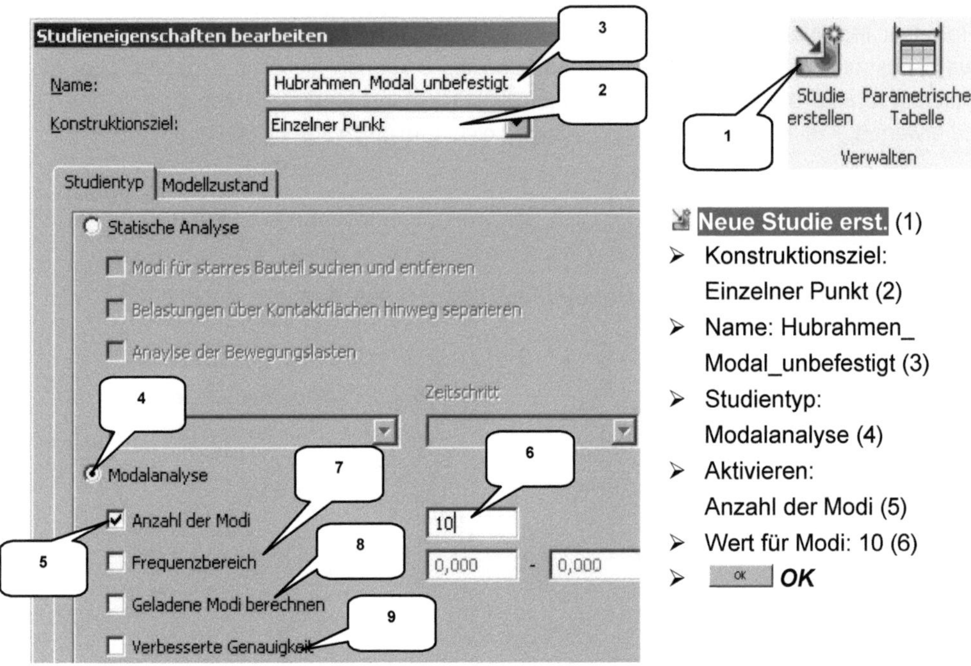

Soll die Berechnung auf einen bestimmten **Frequenzbereich** (7) begrenzt werden, so muss die gleichnamige Option aktiviert und der gewünschte Bereich eingetragen werden[24].

Die Option **Geladene Modi berechnen** (8) ermöglicht es, zuerst eine strukturell-statische Simulation auszuführen, um daraus die Spannungswerte zu ermitteln. Sie werden dann in die folgende Modalanalyse mit einbezogen und das Bauteil kann somit mit einer Vorspannung berechnet werden.

Die Option **Verbesserte Genauigkeit** (9) präzisiert die Ergebnisse der berechneten Frequenzen, was allerdings den Aufwand der Berechnungen deutlich erhöhen kann.

---

[23] Berechnungen extrem hoher Frequenzen sind wenig sinnvoll, weil diese relativ schnell wieder gedämpft werden und für die Bauteile somit selten ein Problem darstellen. Bei niedrigen Frequenzen ist das anders: sie findet man häufig bei technischen Geräten. Treffen niedrige Frequenzen externer technischer Geräte auf gleichgroße Eigenschwingungen eines Bauteils, können dadurch sogenannte Resonanzschwingungen entstehen, welche ein Bauteil stark belasten und sogar zerstören können.

[24] Die Aktivierung dieses Filters ist erst dann sinnvoll, wenn bekannt ist, in welchem Frequenzbereich die gesuchten Werte zu finden sind.

11.1.4 Material zuweisen

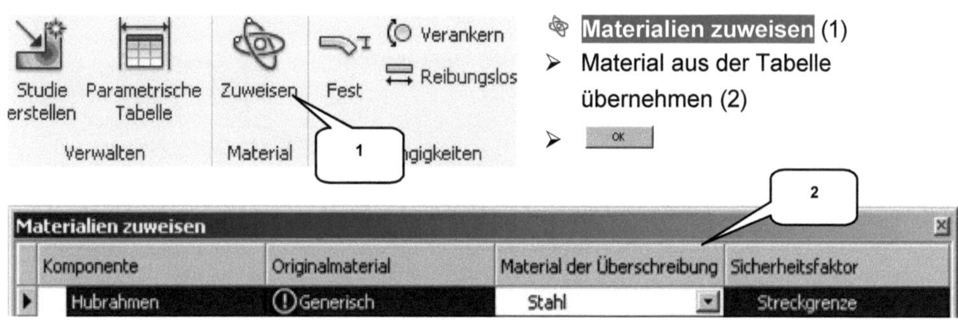

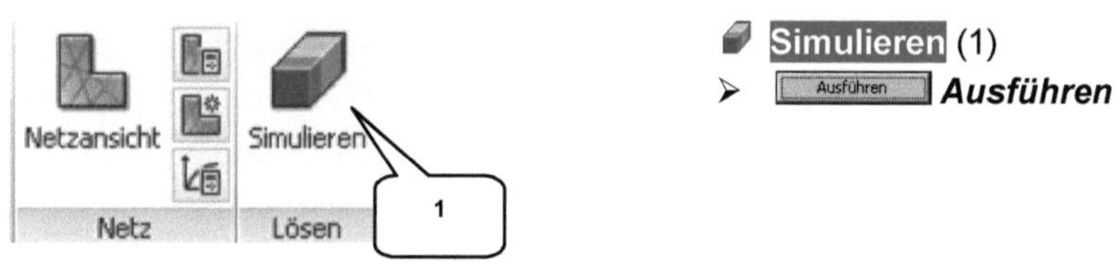

11.1.5 Simulation ausführen

Ohne weitere Voreinstellungen soll das Bauteil bereits *simuliert* werden.

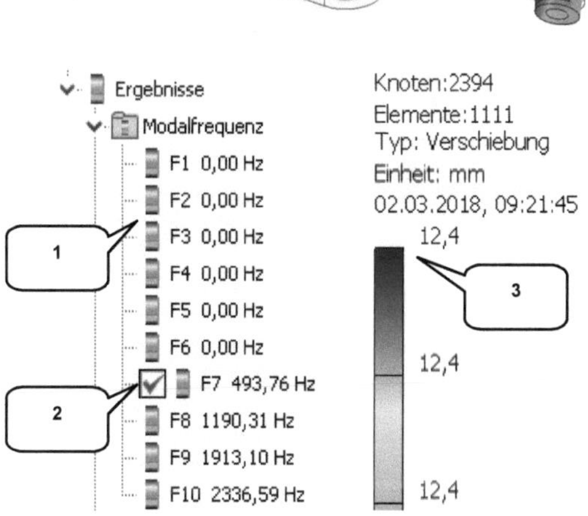

11.1.6 Ergebnisinterpretation

Wird ein Bauteil einer Modalanalyse unterzogen welches noch nicht befestigt wurde, so werden die **ersten 6 Modi** (F1...F6) keine Ergebnisse liefern (1). Sie entsprechen den Bewegungen des Bauteils entlang der Hauptachsen (Starrkörperbewegungen). Erst ab dem **Modi F7** beginnt das Bauteil mit eigenen Frequenzen zu schwingen (hier bei ca. **493 Hz** (2)).

Auch die Verschiebungen können im Browser aktiviert werden (3), allerdings stellen Sie ausschließlich eine Tendenz der Richtungen dar, die welche das Bauteil bewegt werden würde.

11.2 Modalanalyse befestigter Bauteile
11.2.1 Studie kopieren

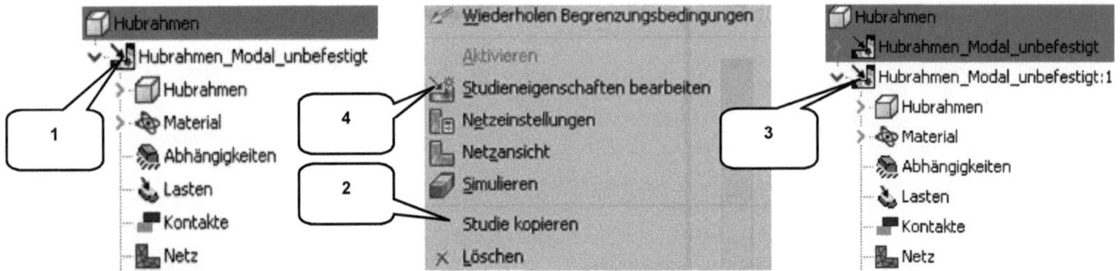

Die aktuelle *Studie* soll jetzt *kopiert* werden.

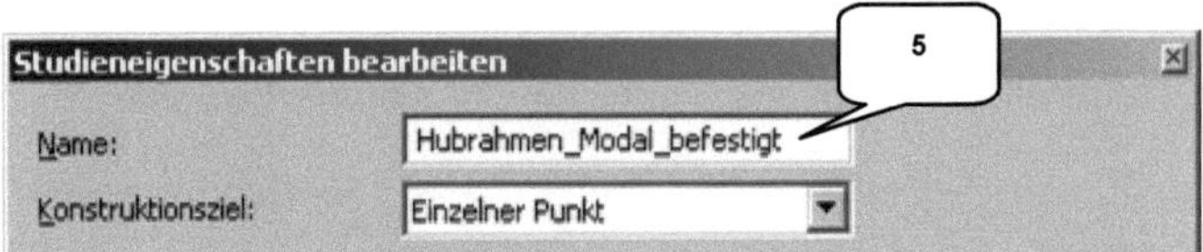

> *Rechte Maustaste* auf *Hubrahmen_Modal_unbefestigt* (1) > *Studie kopieren* (2)
> *Rechte Maustaste* auf *Kopie* (3) > *Studieneigenschaften bearbeiten* (4)
> Neuer Name: *Hubrahmen_Modal_befestigt* (5)
>   `OK` *OK*

11.2.2 Feste Abhängigkeiten platzieren

Um herauszufinden wie der Hubrahmen bei einer Modalanalyse reagiert, wenn er nicht mehr frei beweglich ist, sollen alle Bohrungen mit *festgelegten Abhängigkeiten* versehen werden. Zu verwenden sind dabei die inneren Zylinderflächen der Bohrungen.

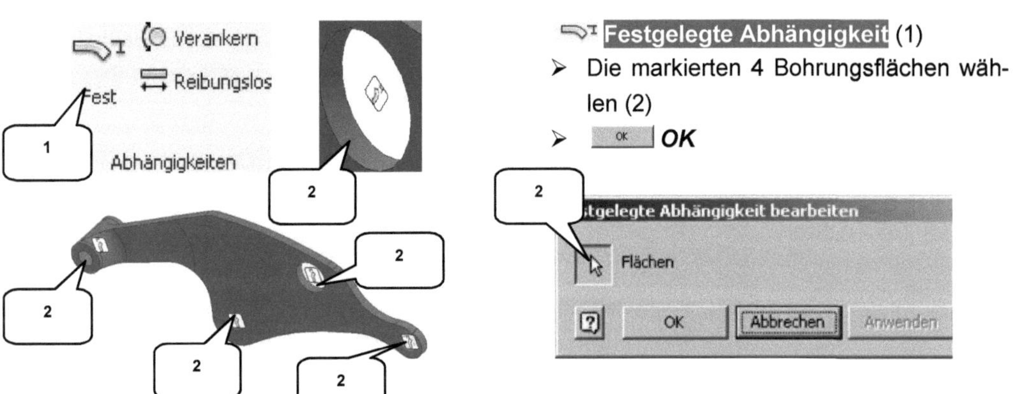

11.2.3 Simulation ausführen

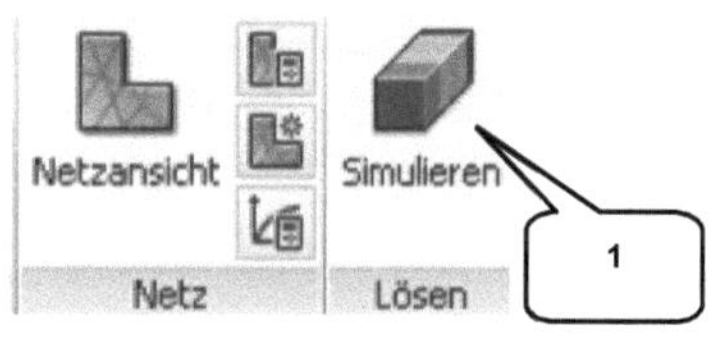

Die neue Einbausituation muss *simuliert* werden.

Simulieren (1)

>  *Ausführen*

11.2.4 Ergebnisinterpretation

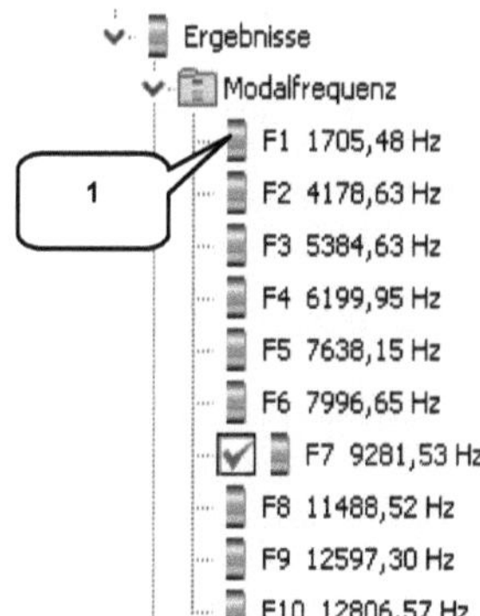

Sobald der Hubrahmen befestigt wurde, liefern auch die ersten 6 Modi Ergebnisse: Das Bauteil kann sich nicht mehr frei entlang der 3 Hauptachsen bewegen und erzeugt auch bereits hier erste Frequenzen. Auch die Höhe der Frequenzen hat sich geändert: sie sind wesentlich größer geworden und starten jetzt bereits bei ca. *1700 Hz* (1).

Um in Erfahrung zu bringen in welche *Richtung* das Bauteil bei einer bestimmten Frequenz schwingt, muss der entsprechende Modi per Doppelklick aktiviert werden.

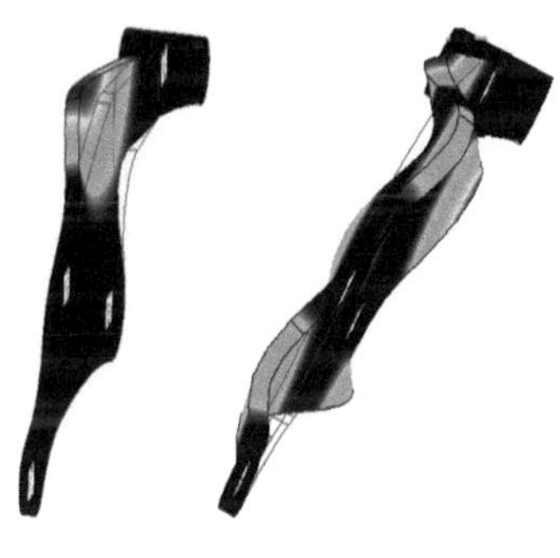

Die *Berechnungsergebnisse* aus der Modalanalyse geben einen Einblick in das Verhalten des Bauteils unter Last. Diese sogenannten Eigenfrequenzen können dann mit den Frequenzen verglichen werden, die z. B. durch mechanische Elemente (z. B. vibrierende Maschinen) von außen auf das Bauteil einwirken könnten. Würden die inneren Eigenfrequenzen des Bauteils und die äußeren Frequenzen in etwa gleich groß sein, könnten sich diese Frequenzen überlagern (Resonanz) und theoretisch stetig steigende Amplituden erzeugen, was bis zur Zerstörung des Bauteils führen könnte.

Solche Erkenntnisse können wichtige Hinweise auf nötige konstruktive Maßnahmen geben, um das Bauteil so zu ändern, dass Bereiche kritischer Schwingungen z. B. verlagert werden.

11.2.5 Simulation aufzeichnen

Die zuletzt erzeugte Simulation soll jetzt animiert und als *Video* gespeichert werden. Hierfür sollte das Bauteil noch einmal gedreht, in eine günstige Position gebracht und eine möglichst aussagekräftige Frequenz aktiviert werden.

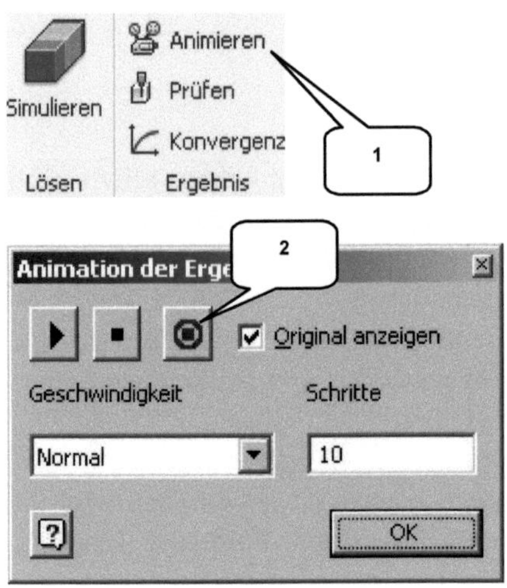

  Animieren (1)

➢ **Aufnahme** (2)

➢ Dateiname:

   Belastungsanalyse-08 (3)

➢ Dateityp: *.avi

➢ Speichern **Speichern**

➢ Komprimierung: Microsoft Video 1

➢ Qualität: 100 %

➢ OK **OK**

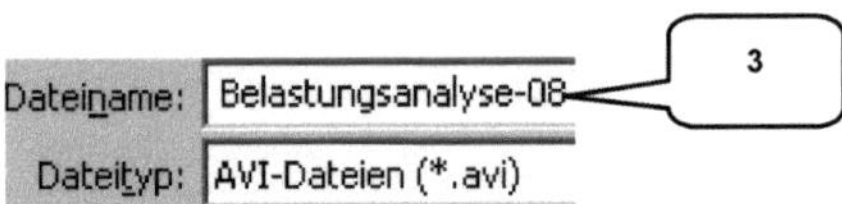

12 Studien an Schweißbaugruppen

Auch **Schweißbaugruppen** können im Bereich der Belastungsanalyse simuliert werden. Anders als bei normalen Baugruppen mit beweglichen Bauteilen ist es bei Schweißbaugruppen allerdings nicht sinnvoll, sie im Bereich der Dynamischen Simulation für die Belastungsanalyse vorzubereiten. Schweißbaugruppen können in der Belastungsanalyse grundlegend wie gewöhnliche Bauteile behandelt werden, weil ihre enthaltenen Bauteile keine Freiheitsgrade untereinander besitzen. Die korrekte Definition der einzelnen Bauteilflächen, die zueinander Kontakt haben, ist hingegen sehr wichtig.

12.1 Schweißbaugruppe analysieren
12.1.1 Baugruppe SBG-KIPPZYLINDER_FIXIERUNG öffnen

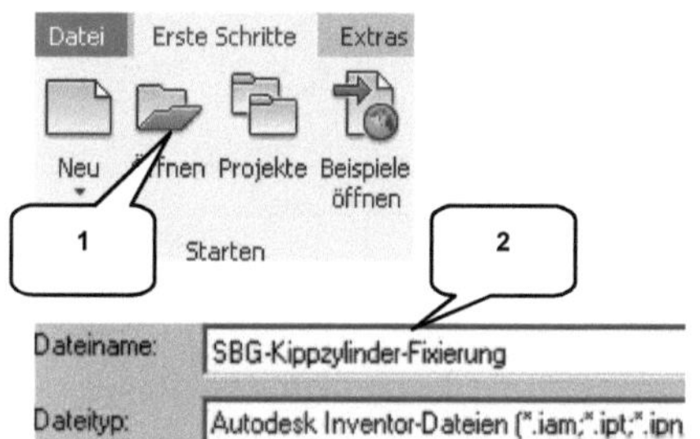

Als Übungsbeispiel soll die Schweißbaugruppe **SBG-Kippzylinder-Fixierung** geöffnet werden.

📂 **Öffnen** (1)

➢ Order: Projektordner wählen

➢ Dateiname: SBG-Kippzylinder-Fixierung (2)

➢ Dateityp: *.iam

➢ Öffnen **Öffnen**

12.1.2 Aufbau der Schweißbaugruppe

Die Schweißbaugruppe besteht aus der **Basisplatte** (1), den beiden **Befestigungsplatten** (2) und den einzelnen **Schweißnähten** (3). Die beiden Befestigungsplatten liegen auf der Basisplatte auf und werden lediglich durch die Schweißnähte mit ihr verbunden. Das Ziel der folgenden Übung ist es, Kontaktflächen zwischen Bauteilen zu erzeugen, zu überprüfen und gegebenenfalls zu korrigieren.

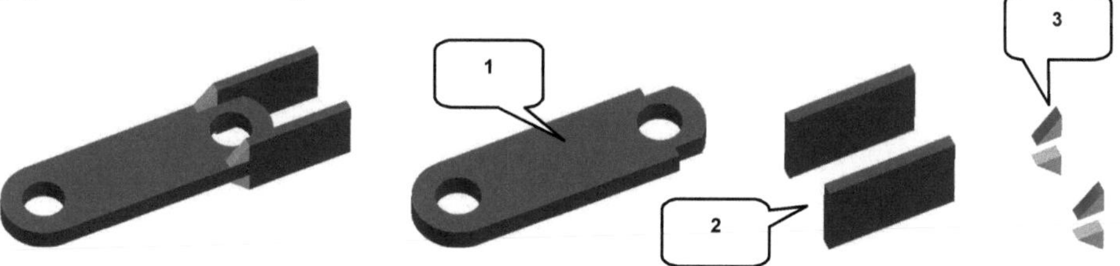

12.2 Randbedingungen definieren
12.2.1 Einzelpunkt-Studie erstellen

Arbeitsbereich:
Belastungsanalyse

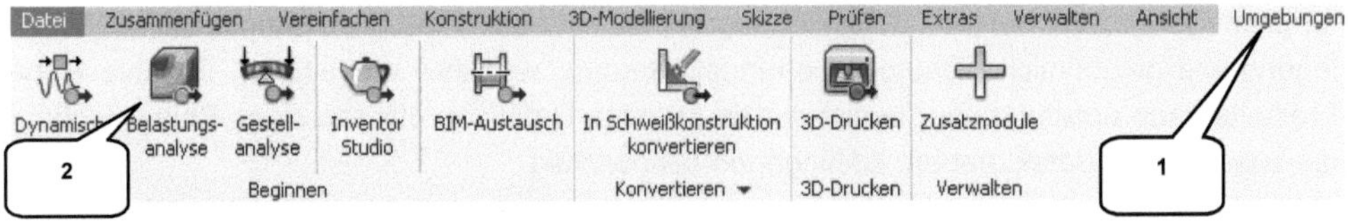

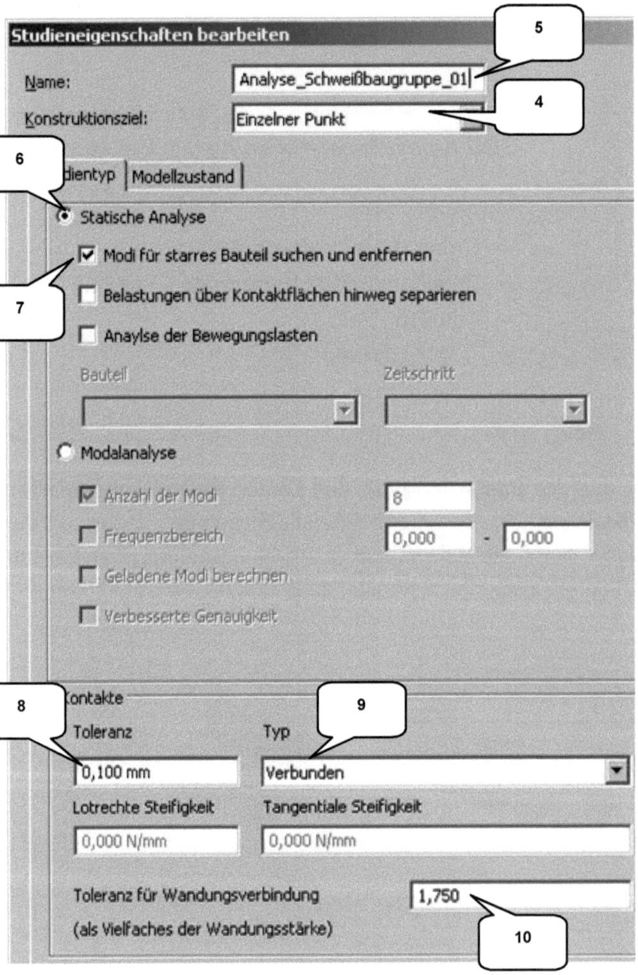

Datei | Zusammenfügen | Vereinfachen | Konstruktion | 3D-Modellierung | Skizze | Prüfen | Extras | Verwalten | Ansicht | Umgebungen

Dynamisch | Belastungs-analyse | Gestell-analyse | Inventor Studio | BIM-Austausch | In Schweißkonstruktion konvertieren | 3D-Drucken | Zusatzmodule

Beginnen | Konvertieren ▾ | 3D-Drucken | Verwalten

Studieneigenschaften bearbeiten

Name: Analyse_Schweißbaugruppe_01

Konstruktionsziel: Einzelner Punkt

| dientyp | Modellzustand |

◉ Statische Analyse

☑ Modi für starres Bauteil suchen und entfernen

☐ Belastungen über Kontaktflächen hinweg separieren

☐ Anaylse der Bewegungslasten

Bauteil | Zeitschritt

○ Modalanalyse

☑ Anzahl der Modi — 8

☐ Frequenzbereich — 0,000 - 0,000

☐ Geladene Modi berechnen

☐ Verbesserte Genauigkeit

Kontakte

Toleranz | Typ

0,100 mm | Verbunden

Lotrechte Steifigkeit | Tangentiale Steifigkeit

0,000 N/mm | 0,000 N/mm

Toleranz für Wandungsverbindung — 1,750

(als Vielfaches der Wandungsstärke)

> Reg. **Umgebungen** (1)

 **Belastungsanalyse** (2)

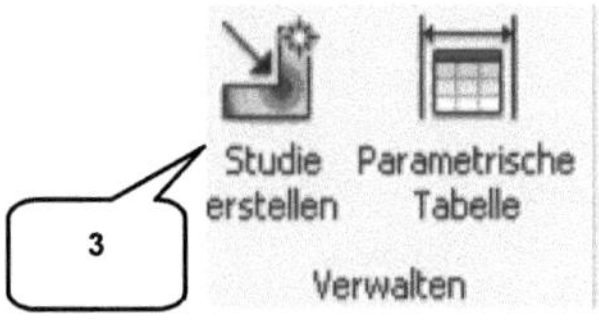

Studie erstellen | Parametrische Tabelle

Verwalten

Neue Studie erst. (3)

> Konstruktionsziel: Einzelner Punkt (4)
> Name: Analyse_Schweiß-baugruppe_01 (5)
> Studientyp: Statische Analyse (6)
> Aktivieren: Modi für starres Bauteil ... (7)
> Toleranz: 0,1 mm (8)
> Typ: Verbunden (9)
> Toleranz für Wandungs-verbindung: 1,75 (10)
> ⬜ OK **OK**

An dieser Stelle sollte der Bereich **Kontakte** in den Eigenschaften der Studie noch einmal betrachtet werden. Bereits hier wird dem Programm vorgegeben, wie es zu verfahren hat, wenn sich die Oberflächen zweier Bauteile berühren, oder zumindest dicht beieinanderliegen. Im Eingabefeld **Toleranz** wurde der Wert **0,1 mm** (8) eingetragen und als **Typ** wurde die Option **Verbunden** (9) definiert. Damit wurde bereits vorgegeben, dass alle Bauteile deren Abstand weniger als 0,1 mm zueinander beträgt, als fest miteinander verbunden zu betrachten sind. Das ist ein wichtiger Punkt, weil Bauteiloberflächen sehr häufig aneinander liegen und trotzdem noch aneinander gleiten können, also noch mindestens 3 Freiheitsgrade besitzen (zwei translatorische und einen rotatorischen). Würde man bei einer Simulation nicht darauf achten, könnte das durchaus Berechnungsfehler zur Folge haben.

12.2.2 Materialien zuweisen

Die folgenden **Materialien** sind zu übernehmen:

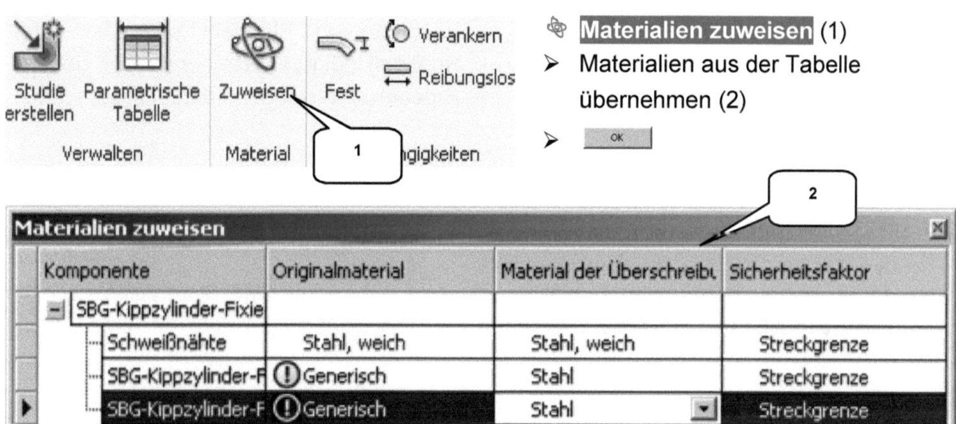

Komponente	Originalmaterial	Material der Überschreibu	Sicherheitsfaktor
SBG-Kippzylinder-Fixie			
Schweißnähte	Stahl, weich	Stahl, weich	Streckgrenze
SBG-Kippzylinder-F ⓘGenerisch		Stahl	Streckgrenze
SBG-Kippzylinder-F ⓘGenerisch		Stahl	Streckgrenze

12.2.3 Randbedingungen analysieren

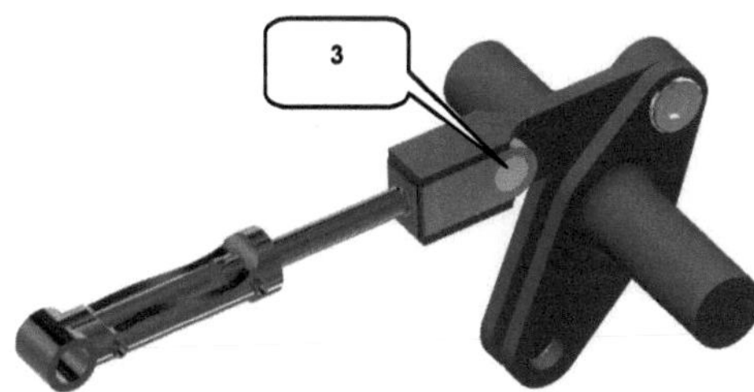

Die **Einbausituation** der Schweißbaugruppe ist die folgende: Durch die beiden Bohrungen ist sie axial auf der einen Seite mit dem Kolben des Kippzylinders verbunden (1) und auf der anderen Seite axial mit dem Kipphebel (2). Auf beiden Seiten gibt es weitere reibungslose Abhängigkeiten zu den jeweils angrenzenden Komponenten.

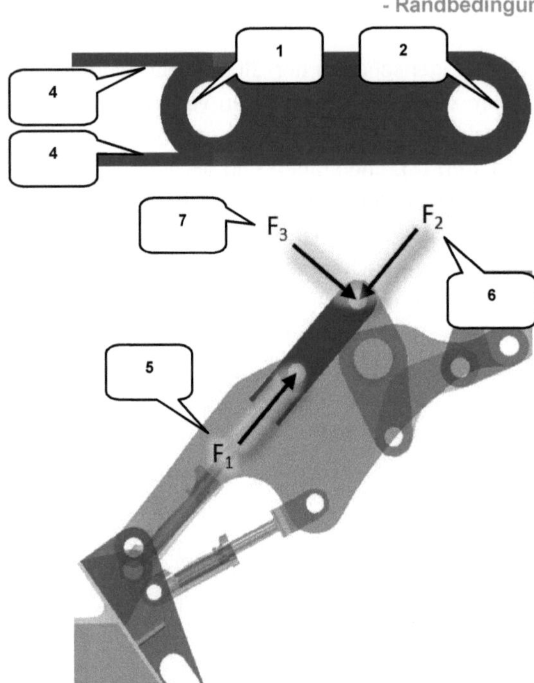

Die beiden Laschen (4) verhindern eine Rotation der Schweißbaugruppe um das Verbindungsgelenk zum Kolben (3).

Die *Belastungssituation* ist ebenfalls relativ einfach: Der Kolben des Kippzylinders drückt in axialer Richtung mit der Kraft $F_1 = 100\ N$ (5) in die angegebene Richtung, der Kipphebel drückt mit der Kraft $F_2 = 100\ N$ (6) in die entgegengesetzte Richtung.

Weiterhin soll angenommen werden, dass eine zusätzliche Kraft $F_3 = 100\ N$ (7) als radiale Lagerkraft in dargestellter Richtung auf die Verbindungsstelle zwischen Schweißbaugruppe und Kipphebel wirkt. Diese dritte Kraft soll lediglich dazu dienen, die späteren Ergebnisse aussagekräftiger zu gestalten.

12.2.4 Reibungslose Abhängigkeiten platzieren

Analog der Einbausituation der Schweißbaugruppe, sind insgesamt 6 Kontaktflächen mit *reibungslosen Abhängigkeiten* zu versehen (die Oberflächen wurden bereits präzisiert).

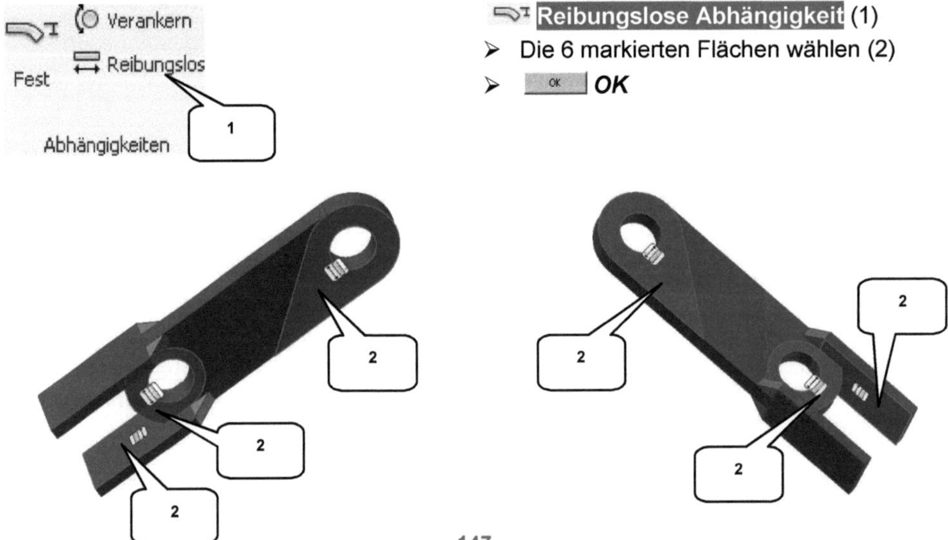

12.2.5 Kräfte platzieren

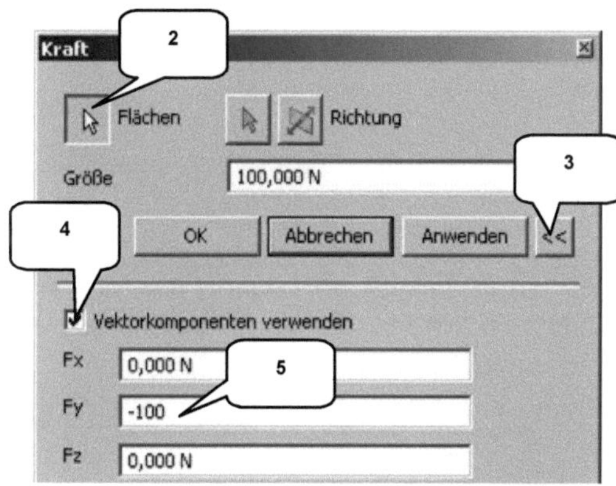

Die **Kraft F_1** wirkt an der Verbindungsstelle zum Kolben des Kippzylinders. Sie wird mit **100 N** angenommen und wirkt entgegengesetzt zur Y-Achse des Koordinatensystems.

Die **Kraft F_2** wirkt an der Verbindungsstelle zum Kipphebel. Sie wird ebenfalls mit **100 N** angenommen und wirkt in Richtung der Y-Achse, also entgegengesetzt zu **F_1**.

Kraft (1)

> Flächen: Markierte zylindrische Bohrungsfläche wählen (2)
> Befehlsfenster erweitern (3)
> Aktivieren: Vektorkomponenten verwenden (4)
> F_y: -100 N (5)
> Anwenden **Anwenden**

> Flächen: Markierte zylindrische Bohrungsfläche wählen (6)
> F_y: 100 N (7)
> OK **OK**

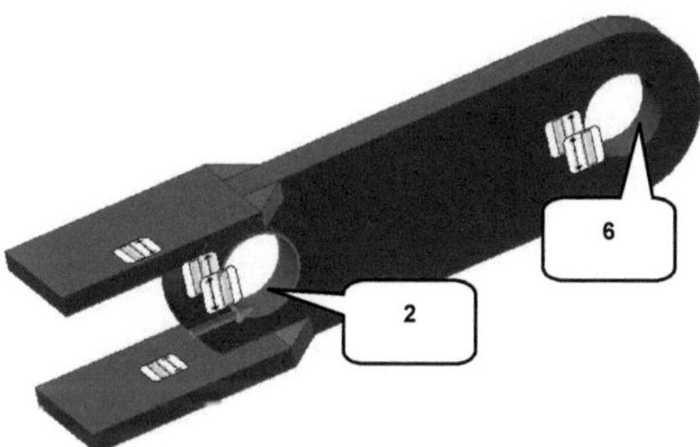

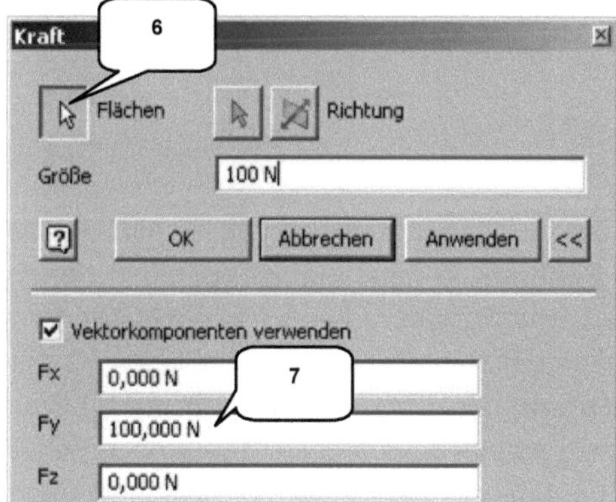

12.2.6 Lagerbelastung platzieren

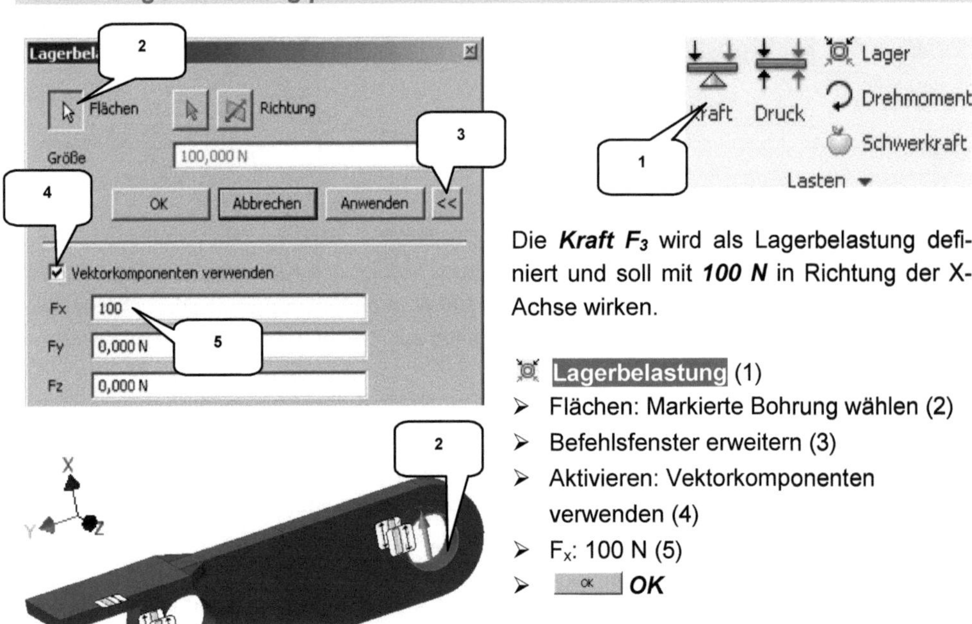

Die **Kraft F_3** wird als Lagerbelastung definiert und soll mit **100 N** in Richtung der X-Achse wirken.

- Lagerbelastung (1)
- ➢ Flächen: Markierte Bohrung wählen (2)
- ➢ Befehlsfenster erweitern (3)
- ➢ Aktivieren: Vektorkomponenten verwenden (4)
- ➢ F_x: 100 N (5)
- ➢ OK

12.2.7 Grundlagen: Automatische Kontakte und manuelle Kontakte

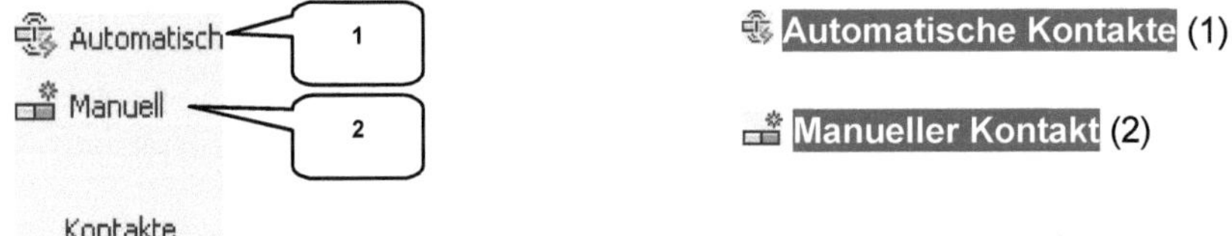

Automatische Kontakte (1)

Manueller Kontakt (2)

Der Befehl **Automatische Kontakte** analysiert Baugruppen und die Kontaktflächen der darin enthaltenen und aneinander angrenzenden Bauteile. Je nach Grundeinstellung (einzustellen entweder im Befehl **Belastungsanalyse-Einstellungen** oder in den **Studieneigenschaften**), werden Kontaktflächen (in Abhängigkeit der Bauteilabstände) entweder als miteinander **verbunden**, voneinander **getrennt**, **gleitend**, als **Schrumpfverbindung** oder als **Federelement** deklariert. Die Einstellungen können natürlich auch nachträglich noch verändert werden. Wird der Befehl **Automatische Kontakte** nicht vor einer Simulation aktiviert, so führt das Programm während der Simulation den Befehl selbstständig durch.

Der Befehl **Manueller Kontakt** bearbeitet bereits vorhandene Kontakte und weist ihnen neue Eigenschaften zu. Der Befehl **Automatische Kontakte** muss dafür allerdings vorher durchgeführt worden sein!

12.2.8 Kontaktbedingungen berechnen und auswerten

Die **Kontaktbedingungen** sollen jetzt automatisch ermittelt werden.

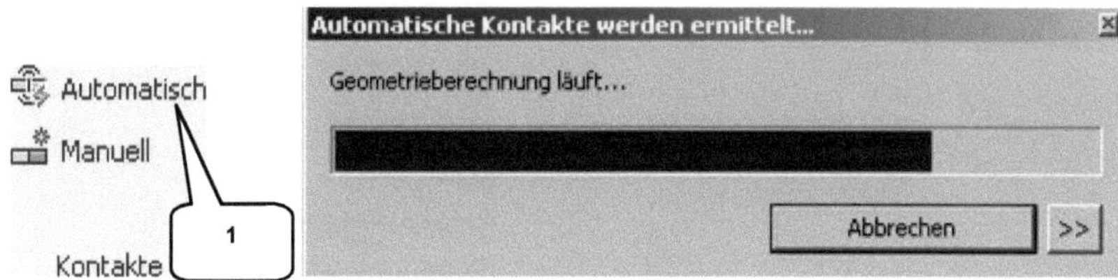

Automatische Kontakte (1)

Nach der Kontaktermittlung können im Browser die Ordner **Kontakte** (2) und **Verbunden** (3) geöffnet werden, worin man die neu erstellten Kontaktverbindungen findet. Jede Kontaktfläche mit einem Abstand von weniger als **0,1 mm** zueinander wurde als **miteinander fest verbunden** definiert[25].

12.3 Simulation der fehlerhaften Kontaktsituation
12.3.1 Simulation ausführen und aufzeichnen

In einer ersten **Simulation** soll geprüft werden, wie die Auswirkungen der aktuellen Kontaktsituation auf die Berechnungen der Belastungsanalyse sind.

---

[25] Bei einer Simulation würden diese Bauteile dann als ein einziges, zusammenhängendes Bauteil berechnet werden.

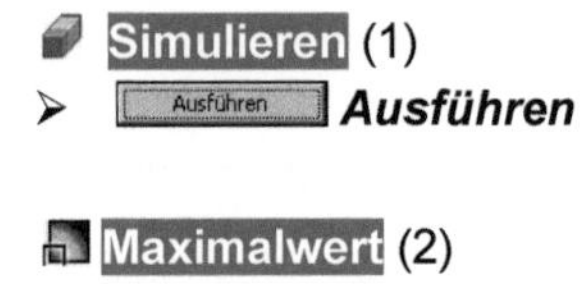

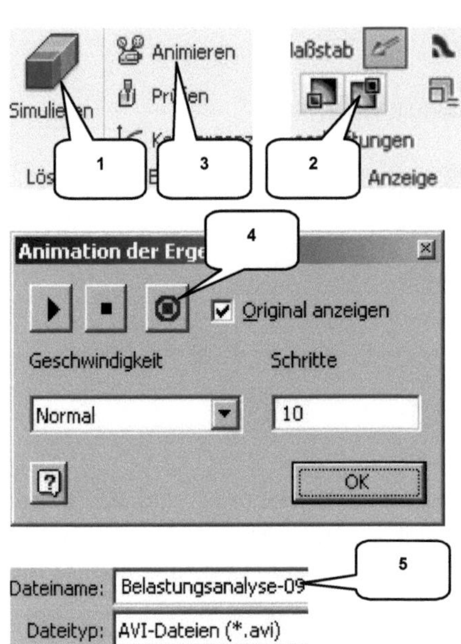

> **Simulieren** (1)
>
> > Ausführen **Ausführen**

Maximalwert (2)

Animieren (3)
> > ⊚ **Aufnahme** (4)
> > Dateiname:
> > Belastungsanalyse-09 (5)
> > Dateityp: *.avi
> > Speichern **Speichern**
> > Komprimierung: Microsoft Video 1
> > Qualität: 100 %
> > OK **OK**

12.3.2 Ergebnisinterpretation

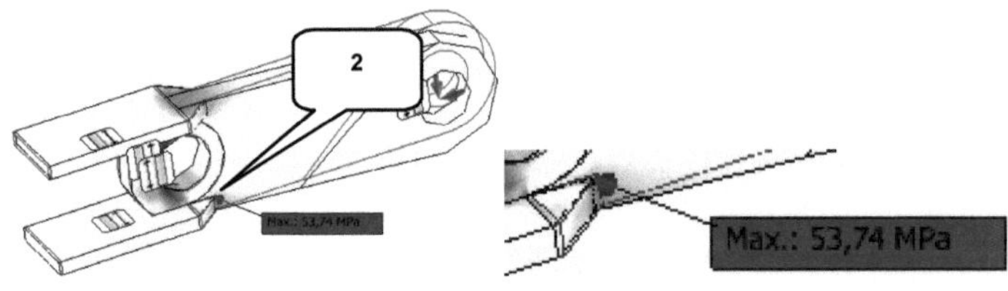

Die maximale Spannung tritt mit ca. **54 MPa** (1) im Bereich der unteren **Schweißnahtverbindung** auf (2). Das Ergebnis würde im aktuellen Fall also keine besonderen Probleme des Materials vermuten lassen. Allerdings sollte noch einmal überprüft werden, wie sich die Berechnungsergebnisse verhalten, wenn die Kontaktflächeneinstellungen korrigiert wurden.

Denn zum aktuellen Zeitpunkt betrachtet das Programm die einzelnen Bauteile ja als eine Gesamtkonstruktion, da die aneinander angrenzenden Kontaktflächen <u>alle</u> als „miteinander verbunden" deklariert wurden.

12.4 Kontaktbedingungen korrigieren
12.4.1 Kontaktflächen bearbeiten

Im nächsten Schritt soll die Kontaktsituation korrigiert werden, d.h. dass die einzelnen Flächenverbunde zu kontrollieren sind. Bei einer Schweißbaugruppe sollten lediglich die Schweißnähte einen festen Kontakt zu den angrenzenden Bauteiloberflächen haben. Die Oberflächen der Bauteile selbst liegen nur (gleitend) aufeinander, sind aber nicht fest miteinander verbunden. Betrachtet man die als verbunden definierten Flächen im Browser etwas genauer, so kann man feststellen, dass die ersten vier Verbindungen (1) keine Schweißnähte enthalten[26] und daher falsch zugeordnet wurden. Diese vier Kontakte müssen also markiert und bearbeitet werden.

> Kontakte **Verbunden 1..4** im Browser markieren (1)
> **Rechte Maustaste** darauf
> **Kontakt bearbeiten** (2)

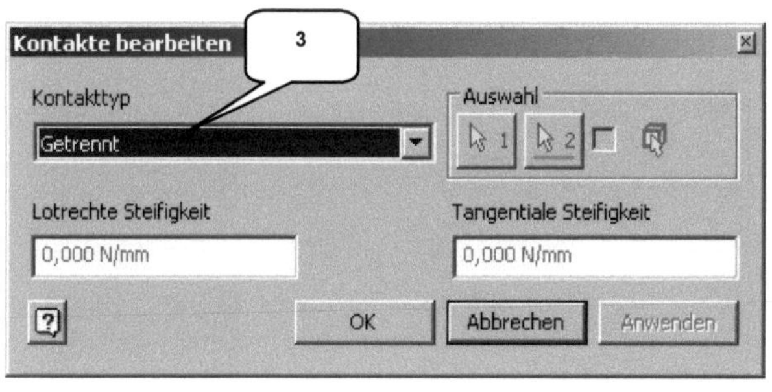

Im Bearbeitungsbereich dieser Kontakte muss der Kontakttyp von **Verbunden** auf **Getrennt** geändert werden.

> Kontakttyp: Getrennt (3)
> OK

---

[26] Die zur Verbindung verwendeten Komponenten können in der Klammer im Browser abgelesen werden.

Sobald das Fenster *Kontakte bearbeiten* wieder geschlossen wurde, sollte der neue Ordner *Getrennt* (4) erstellt worden sein. Öffnet man ihn, so findet man darin die vier geänderten Kontaktverbindungen.

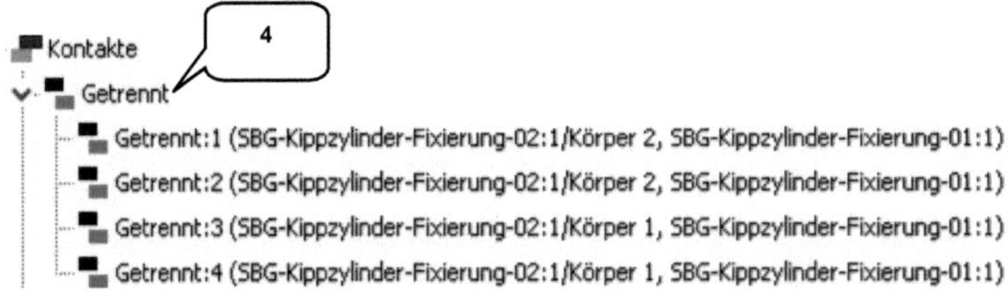

12.4.2 Simulation ausführen und aufzeichnen

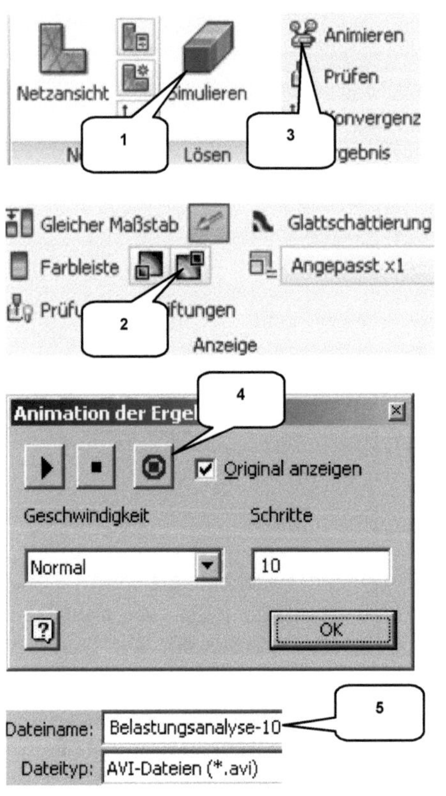

Simulieren (1)
- ▷ [Ausführen] *Ausführen*

Maximalwert (2)

Animieren (3)
- ▷ ◉ *Aufnahme* (4)
- ▷ Dateiname:
  Belastungsanalyse-10 (5)
- ▷ Dateityp: *.avi
- ▷ [Speichern] *Speichern*
- ▷ Komprimierung: Microsoft Video 1
- ▷ Qualität: 100 %
- ▷ [OK] *OK*

12.4.3 Ergebnisinterpretation

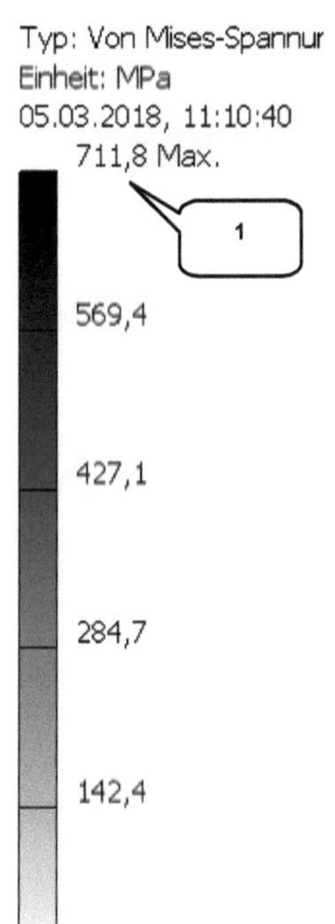

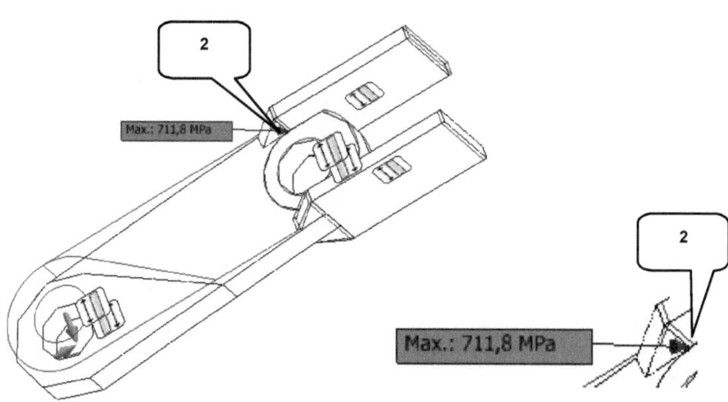

Sobald die Simulation durchgeführt wurde sollte die maximale Von Mises-Spannung erneut betrachtet werden: Ihr Wert hat sich deutlich erhöht (von ca. **54 MPa** auf ca. **712 MPa** (1)) und liegt bereits in einem Bereich, indem das Material diesen Belastungen gegebenenfalls nicht mehr standhalten könnte. Auch die lokale Position der maximalen Spannung hat sich etwas verschoben (2).

Die Übung soll zeigen, dass Baugruppen und auch Schweißbaugruppe generell auf ihre Kontaktsituation hin überprüft werden sollten um aussagefähige Ergebnisse in einer Simulation zu erhalten, denn falsch definierte Kontaktflächen könnten schwerwiegende Berechnungsfehler zur Folge haben.

Die Schweißbaugruppe kann **gespeichert** und **geschlossen** werden.

🖫 Speichern (Bauteil)
❌ Schließen (Bauteil)

13 Topologieoptimierung mit dem Formengenerator

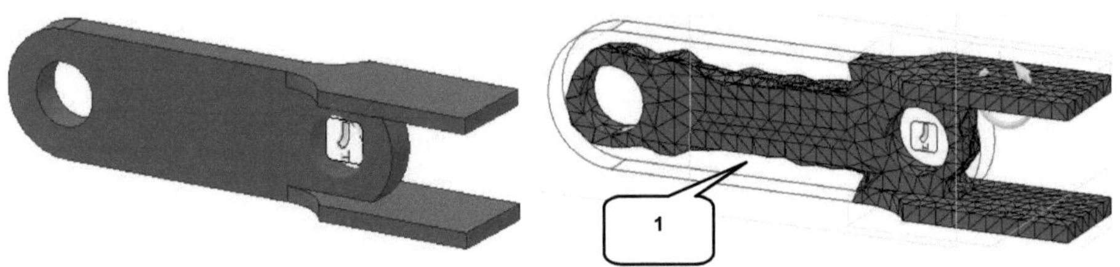

Bei einer *Topologieoptimierung* berechnet das Computerprogramm anhand aller vorliegenden Lasten und Auflager eine vereinfachte Bauteilgeometrie (1). Dabei wird versucht Material am Bauteil zu entfernen um das Volumen zu minimieren, ohne die Stabilität des Bauteils zu gefährden und seine Funktion dadurch einzuschränken. Es entsteht ein Bauteil geringerer Masse und mit einer optimierter Materialverteilung.

13.1 Formen-Generator-Studie erstellen
13.1.1 Bauteil KIPPZYLINDER_FIXIERUNG öffnen

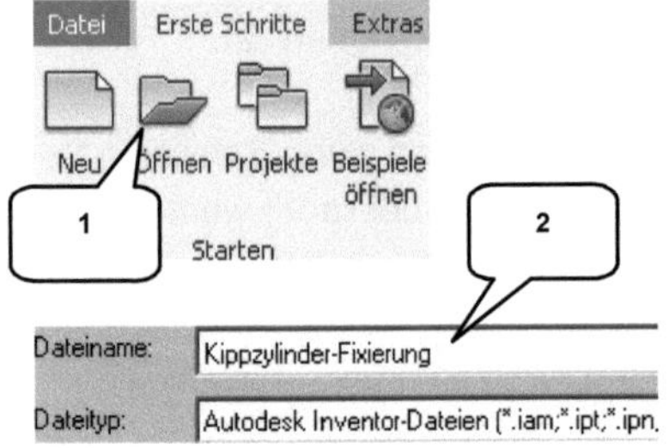

Als Übungsobjekt soll das <u>Bauteil</u> *Kippzylinder-Fixierung* geöffnet werden.

Öffnen (1)
> Order: Projektordner wählen
> Dateiname: Kippzylinder_Fixierung (2)
> Dateityp: *.ipt
>  *Öffnen*

13.1.2 Formen-Generator-Studie erstellen

Arbeitsbereich:
Belastungsanalyse

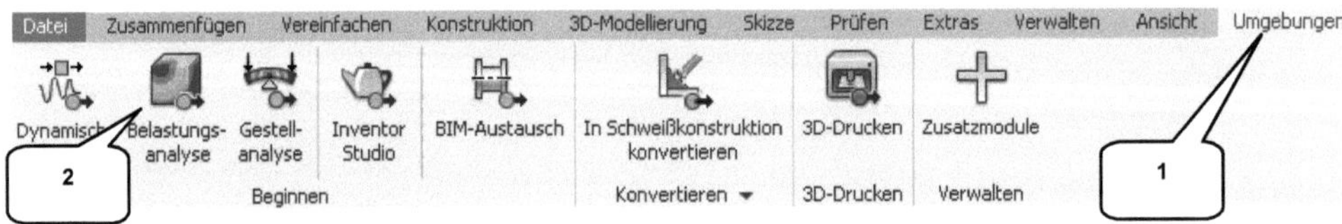

> Register *Umgebungen* (1)

Belastungsanalyse (2)

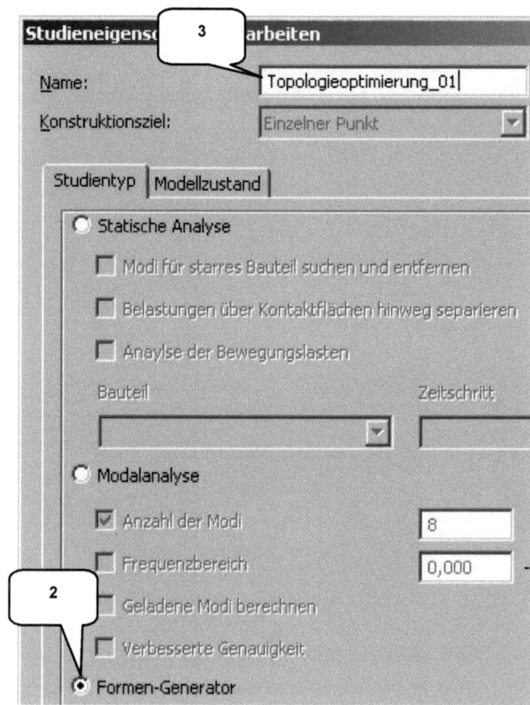

Im Bereich der Belastungsanalyse ist eine neue **Studie** mit dem Studientyp **Formen-Generator** zu erstellen[27].

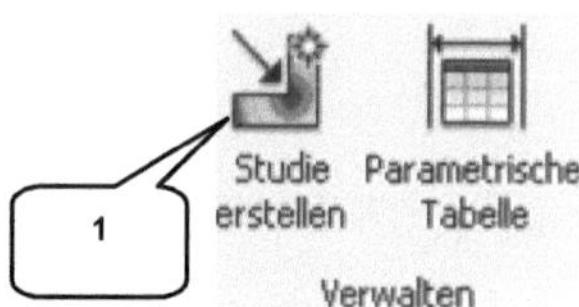

Neue Studie erstellen (1)

> Typ: Formen-Generator (2)
> Name: Topologieoptimierung_01 (3)
> ⬚ OK ⬚ **OK**
> ⬚ OK ⬚ **OK** (Befehlsfenster **Formen-Generator** für Konzept-studien)

13.2 Randbedingungen definieren
13.2.1 Material zuweisen

Als **Material** soll dem Bauteil **Stahl** zugewiesen werden.

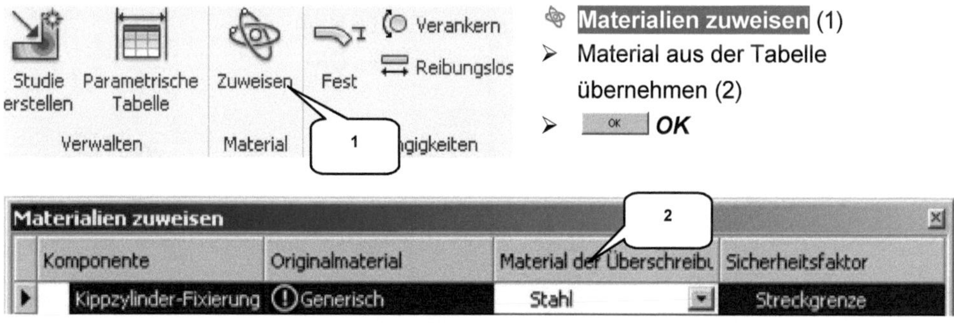

Materialien zuweisen (1)

> Material aus der Tabelle übernehmen (2)
> ⬚ OK ⬚ **OK**

Materialien zuweisen			
Komponente	Originalmaterial	Material der Überschreib	Sicherheitsfaktor
Kippzylinder-Fixierung ⓘ Generisch		Stahl	Streckgrenze

---

[27] Wurde bereits eine Studie (z. B. eine statische Analyse) an einem Bauteil vorgenommen, so können die Randbedingungen durch das Kopieren dieser Studie in den Formen-Generator übertragen werden, um sich die Arbeit etwas zu erleichtern. Im aktuellen Übungsbeispiel sind leider noch keine Studien vorhanden.

13.2.2 Festgelegte Abhängigkeit platzieren

Zur Befestigung des Bauteils soll diesmal eine einfache *feste Abhängigkeit* platziert werden.

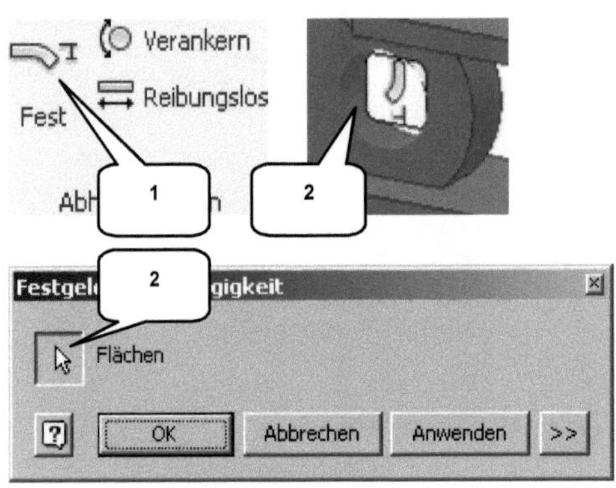

> Markierte Bohrung wählen (2)
> OK **OK**

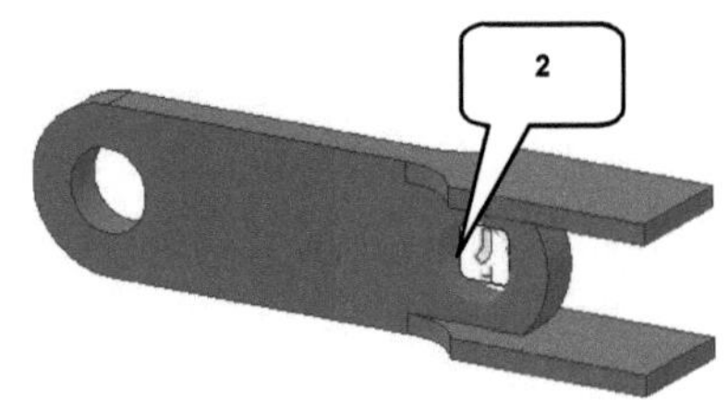

13.2.3 Kraft platzieren

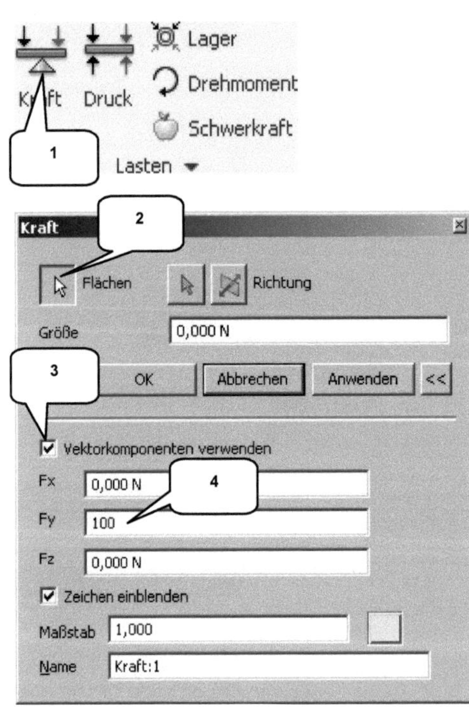

Die zweite Bohrung wird mit einer *Kraft* von *100 N* beaufschlagt werden, die in Richtung der ersten Bohrung wirkt.

> Fläche: Markierte Zylinderfläche (2)
> Befehlsfenster erweitern
> Aktivieren: Vektorkomponenten (3)
> F_y: 100 N (4)
> OK **OK**

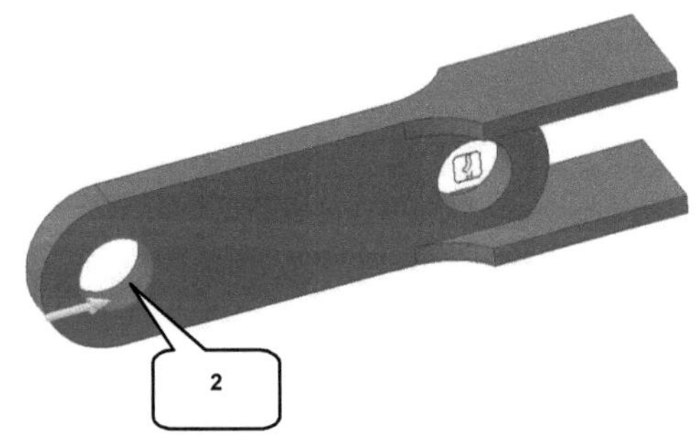

13.3 Optimierungskriterien auswählen

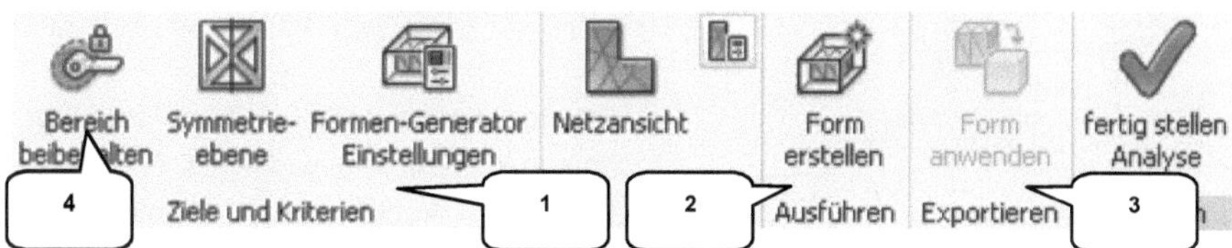

Werden Studien mit dem Formen-Generator durchgeführt, so stehen die neuen Befehlsgruppen *Ziele und Kriterien* (1), *Ausführen* (2) und *Exportieren* (3) zur Verfügung. Die folgenden Befehle findet man darin:

13.3.1 Grundlagen: Bereich beibehalten

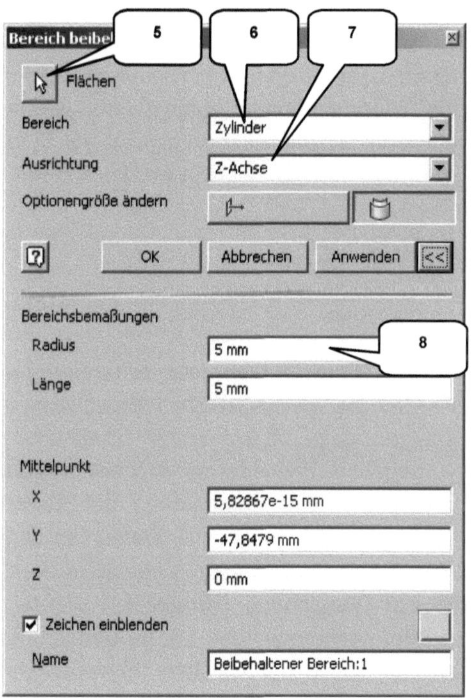

Bereich beibehalten (4)

Topologische Optimierungen haben das Ziel, Bereiche eines Bauteils zu minimieren ohne die Stabilität des Bauteils unter Beachtung der äußeren Randbedingungen (wie Kräfte, Drehmomente und Auflager) wesentlich zu beeinträchtigen. Das Programm soll also nach Möglichkeiten suchen, die Masse eines Bauteils zu minimieren.

Bereiche am Bauteil an denen Änderungen nicht zulässig sind (z. B. weil das Bauteil dort befestigt wird) müssen definiert werden. Hierfür stellt das Programm den Befehl *Bereich beibehalten* zur Verfügung. Nach der Auswahl der beizubehaltenden *Oberflächen* (5) müssen u. a. die *Form* (6) (zylindrisches Objekt oder Quaderobjekt), die *Ausrichtung* (7) und die *Größe* (8) festgelegt werden.

13.3.2 Grundlagen: Symmetrieebene

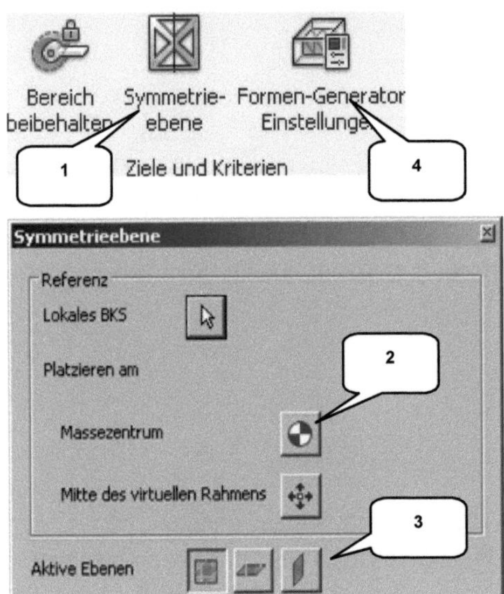

⧆ Symmetrieebene (1)

Symmetrie an Bauteilen ist aus fertigungs-technischer Sicht ein wichtiges Konstrukti-onsprinzip. Auch bei topologischen Optimierungen sollte daher darauf geachtet werden, die Resultate aus dem Formenge-nerator möglichst symmetrisch zu erzeugen. Derartige Vorgaben sind durch den Befehl **Symmetrieebene** möglich. Das Programm platziert standardmäßig ein Koordinatensys-tem am **Massezentrum** (2) des Bauteils, dessen Ausrichtung sich am globalen Koor-dinatensystem orientiert. Hierdurch werden die 3 Hauptebenen aufgespannt, welche entweder einzeln oder kombiniert als **Sym-metrieebenen** (3) definiert werden können.

13.3.3 Grundlagen: Formengenerator-Einstellungen

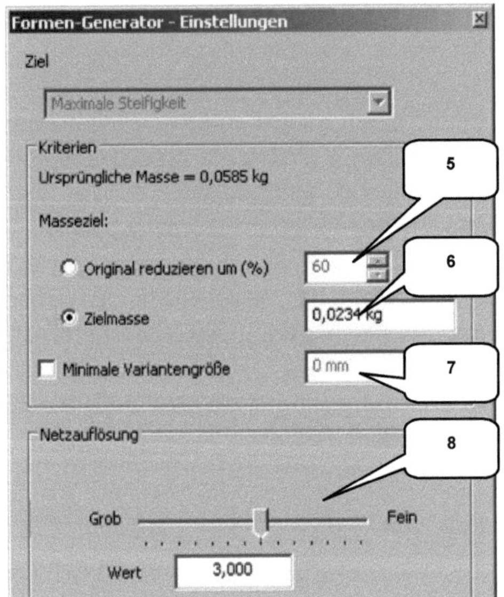

⬛ Formen-Generator-Einstellungen (4)

In den **Formen-Generator-Einstellungen** werden die grundsätzlichen Berechnungs-kriterien einer topologischen Optimierung vorgegeben. Entweder es wird ein **prozen-tuales** Ziel der Verringerung der Masse vorgegeben (5), oder eine **Zielmasse** defi-niert (6). Außerdem kann eine untere Gren-ze der Berechnung (**Minimale Varianten-größe**) definiert werden (7). Im Bereich der Netzauflösung kann mittels Schieberegler oder durch eine Werteeingabe die **Feinheit des Netzes** festgelegt werden (8). Je feiner das Netz, desto genauer die Berechnungs-ergebnisse (desto größer allerdings auch der Rechenaufwand).

13.3.4 Überarbeiten der Grundeinstellungen

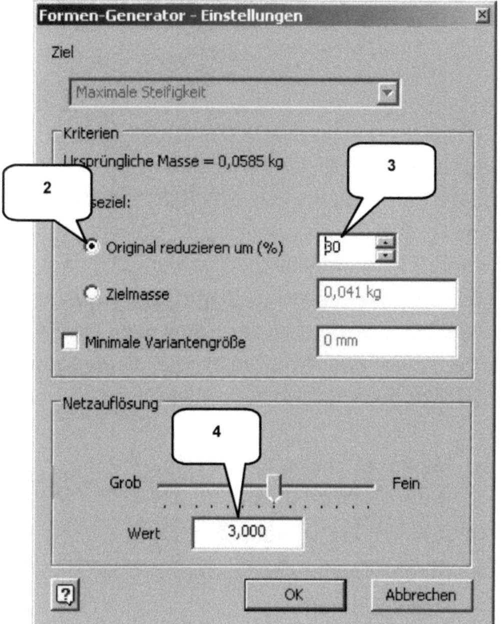

Zuerst sollten die grundlegenden *Einstellungen* vorgenommen werden. Das Ziel der *Reduzierung* der Masse ist dabei mit *30%* zu definieren, wobei die *Netzauflösung* im Mittelwert liegen soll.

Formen-Generator-Einstellungen (1)

➢ Aktivieren: Original reduzieren um (2)

➢ Wert der Reduzierung: 30% (3)

➢ Netzauflösung: 3,0 (4)

➢ ⬚ *OK*

13.3.5 Unveränderbare Bereiche festlegen

Im nächsten Schritt muss definiert werden, welche geometrischen *Bereiche* des Bauteils *nicht verändert* werden dürfen, weil sie z. B. zur Befestigung des Bauteils an den angrenzenden Bauteilen benötigt werden, wozu u. a. die beiden Bohrungen zählen. Entsprechend ihrer geometrischen Form muss hier natürlich auch ein zylindrischer Bereich gewählt werden. Die Ausrichtung des Zylinders ermittelt das Programm automatisch anhand der Bohrungsachse (Z-Achse) und eine Vergrößerung des beizubehaltenden Bereiches ist im aktuellen Beispiel nicht erforderlich.

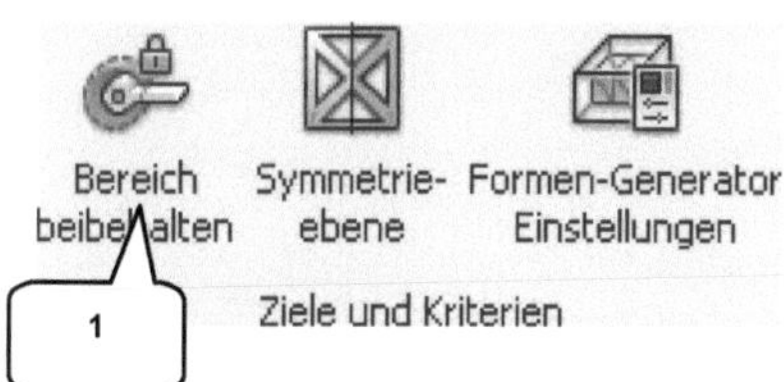

Bereich beibehalten (1)

➢ Markierte Zylinderbohrung wählen (2)

➢ Bereich: Zylinder (3)

➢ Anwenden *ANWENDEN*

➢ Markierte Zylinderbohrung wählen (4)

➢ Bereich: Zylinder (3)

➢ Anwenden *ANWENDEN*

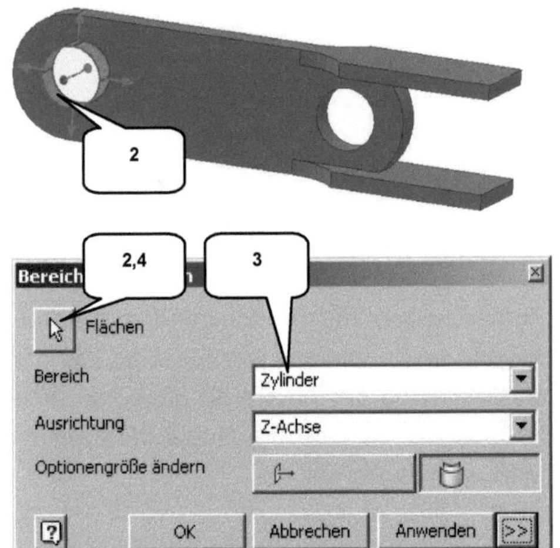

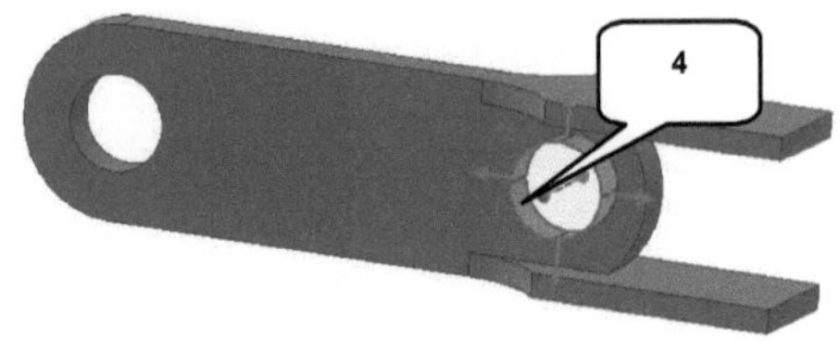

Auch die beiden *Laschen* dürfen nicht verändert werden, weil sie ebenfalls zur Befestigung des Bauteils beitragen. Bei der Auswahl der Referenzflächen ist darauf zu achten, dass die jeweilige <u>innere Seite</u> ausgewählt wird. Aufgrund der Form der Oberfläche sollte das Programm die Grundform
Quader automatisch auswählen.

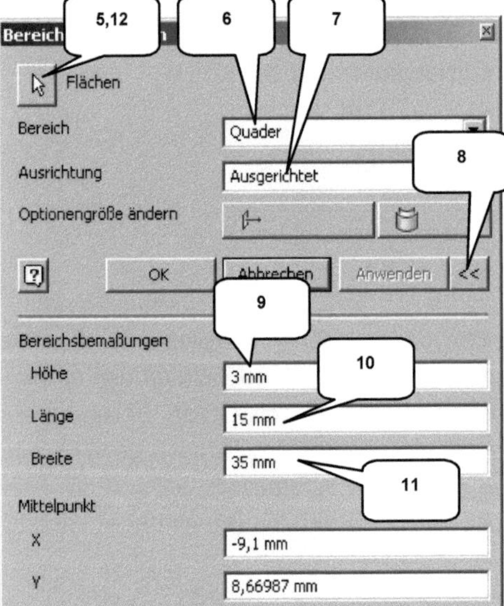

> Markierte Fläche wählen (5)
> Bereich: Quader (6)
> Ausrichtung: Ausgerichtet (7)
> Befehlsfenster erweitern (8)
> Höhe: 3 mm (9)
> Länge: 15 mm (10)
> Breite: 35 mm (11)
> *ANWENDEN*

> Markierte Fläche wählen (12)
> Bereich: Quader (6)
> Ausrichtung: Ausgerichtet (7)
> Höhe: 3 mm (9)
> Länge: 15 mm (10)
> Breite: 35 mm (11)
> *OK*

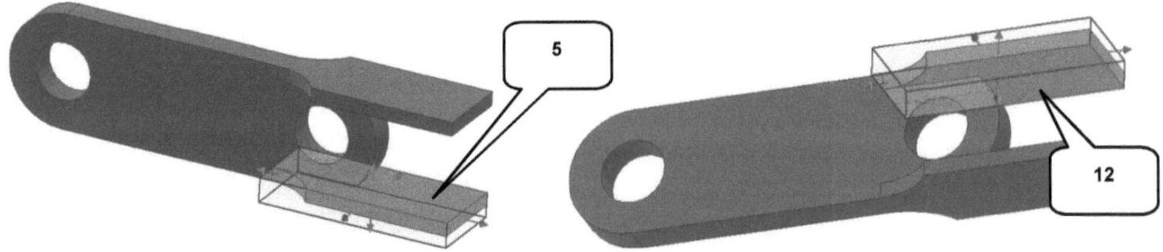

13.3.6 Symmetrieebene festlegen

Auch **Symmetrieebenen** sind zu definieren: das Bauteil soll symmetrisch zur **XY-Ebene** sowie symmetrisch zur **XZ-Ebene** optimiert werden.

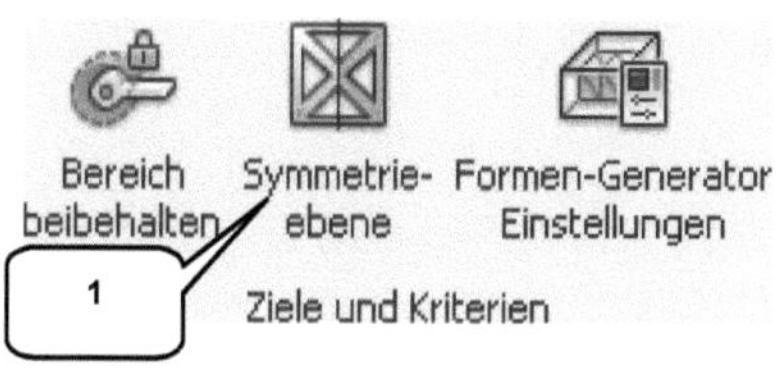

▓ **Symmetrieebene** (1)
- ➤ Aktivieren: XY-Ebene (2)
- ➤ Aktivieren: YZ-Ebene (3)
- ➤   OK   **OK**

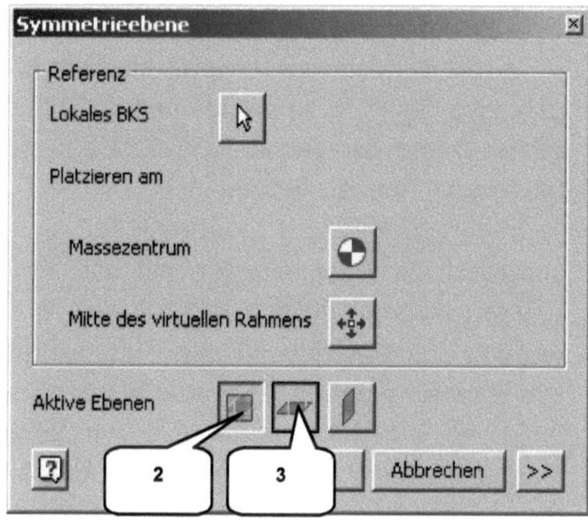

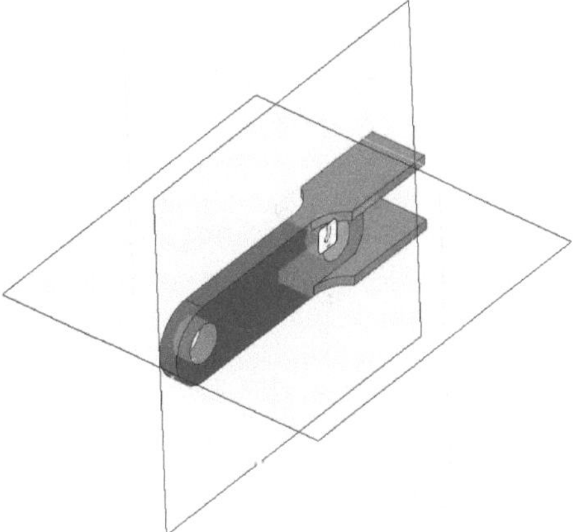

13.4 Bauteil KIPPZYLINDER_FIXIERUNG optimieren
13.4.1 Grundlagen: Form erstellen

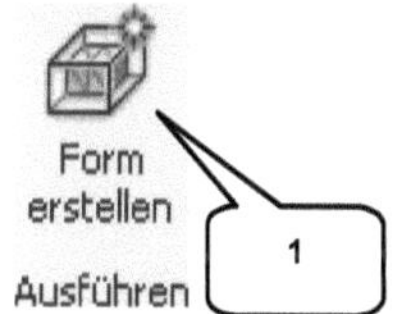

🗗 **Form erstellen** (1)

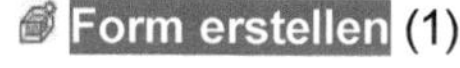

Wurden alle Randbedingungen (wie Material, Lasten und Abhängigkeiten) definiert, kann mit der Optimierung begonnen werden, wofür der Befehl **Form erstellen** zu starten ist. Das Programm versucht jetzt so viel Material zu entfernen, wie in den Zielkriterien der Einstellungen vorgegeben wurde. Es wird bei diesem Arbeitsschritt natürlich nicht wirklich entfernt sondern lediglich eine „fiktive" optimierte Kontur berechnet.

13.4.2 Optimierte Kontur berechnen

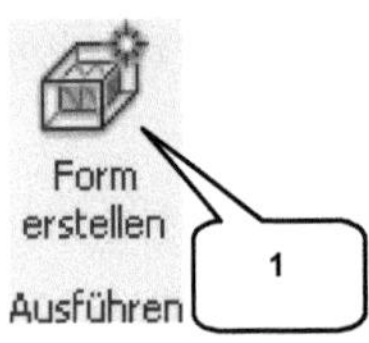

Die Berechnungen können jetzt gestartet werden, indem der Befehl *Form erstellen* geöffnet wird.

Form erstellen (1)

Ausführen **Ausführen**[28]

13.4.3 Ergebnisinterpretation

Ursprüngliche Masse: 0,0585 kg
Neue Masse: 0,0415 kg
Massenreduzierung: 29%

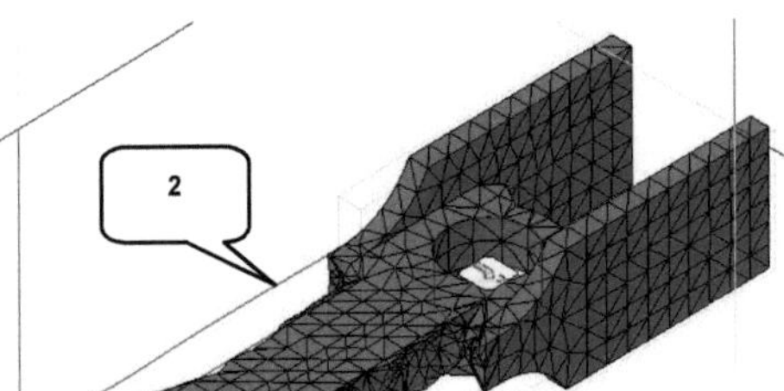

Berechnungsergebnisse der Version 2020

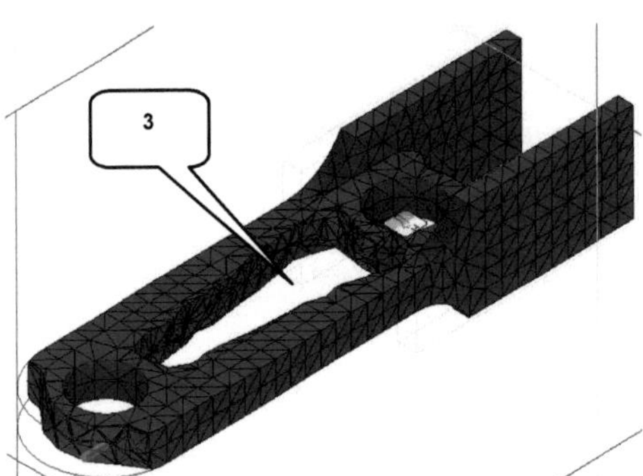

Berechnungsergebnisse der Version 2018

Durch die Optimierung des Bauteils wurde eine *Minimierung der Masse* von ca. *29 %* (1) erreicht. Interessanterweise sind die Ergebnisse der Programmversionen 2020 und 2019 (2) und der Version von 2018 (3) dabei absolut unterschiedlich.

Während die Optimierungen mit den Programmversionen 2020 und 2019 eine Entfernung des Materials an den Außenseiten des Bauteils ergeben (2), wurde bei der Optimierung mit der Programmversion 2018 eine Entfernung des Materials im inneren Bereich des Bauteils vorgeschlagen (3).

Das Bauteil sollte vor dem nächsten Arbeitsschritt dringend noch einmal gespeichert werden.

**Speichern** (Bauteil)

---

[28] In der Programmversion 2018 tauchte bei diesem Befehl noch die Fehlermeldung *WARNING T2004: UNRECOCNIZED BULK DATA ENTRY* auf, welche offensichtlich bereits behoben wurde. Sollte es beim späteren Versuch des Exportierens der optimierten Bauteilvariante vom Formen-Generator in den Bereich der Bauteilbearbeitung zu Problemen kommen, dann liegt das mit hoher Wahrscheinlichkeit noch daran.

13.5 Berechnungsergebnisse verwerten
13.5.1 Grundlagen: Form anwenden

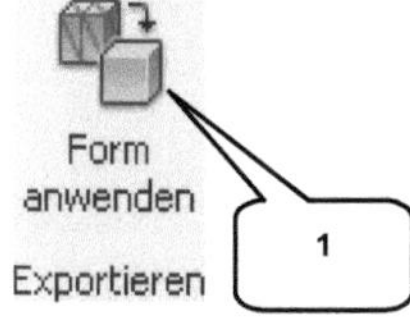

Form anwenden (1)

Der Befehl **Form anwenden** soll die optimierte Bauteilkontur aus dem Bereich der Belastungsanalyse auch außerhalb des Analysebereiches verfügbar machen.

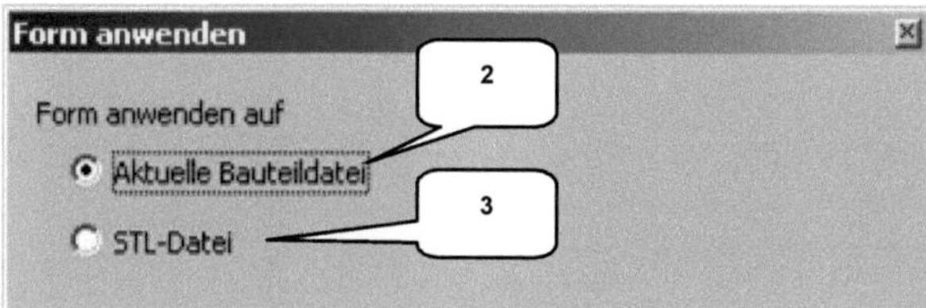

Dabei kann entschieden werden ob das optimierte Modell direkt in den Bauteilbereich übertragen wird (2), oder als separate STL-Datei zur Verfügung gestellt werden soll (3).

13.5.2 Optimierte Kontur in den Modellbereich übertragen

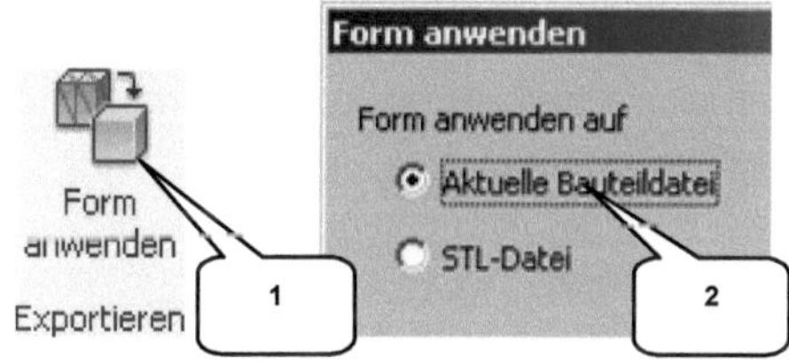

Um das Ergebnis der Optimierung in den Modellbereich zu übertragen ist der Befehl **Form anwenden** zu starten.

Form anwenden (1)
> Aktivieren: Aktuelle Bauteilteildatei (2)
>  **OK**

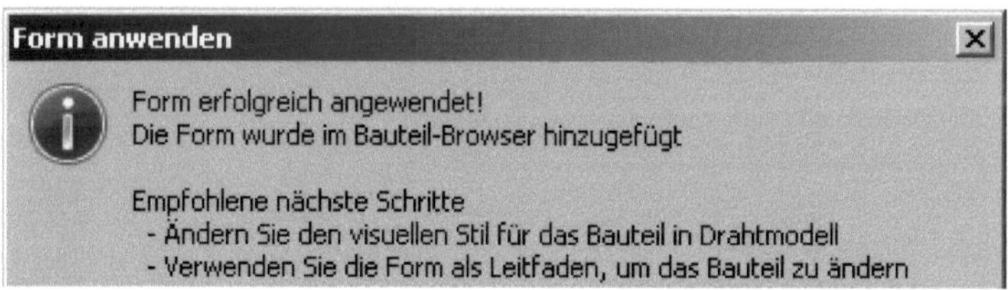

Das Programm verweist jetzt auf eine erfolgreich übertragene optimierte Kontur und wird anschließend automatisch in den **Modellbereich** des Bauteils wechseln. Betrachtet man das Bauteil, so ist zu erkennen, dass die optimierte Kontur (3) bereits in den Volumenkörper integriert wurde. Auch der Browser des Bauteils enthält jetzt einen neuen Ordner **Kippzylinder-Fixierung** (4) und die vom Programm vorgeschlagene Kontur **MeshFeature** (5).

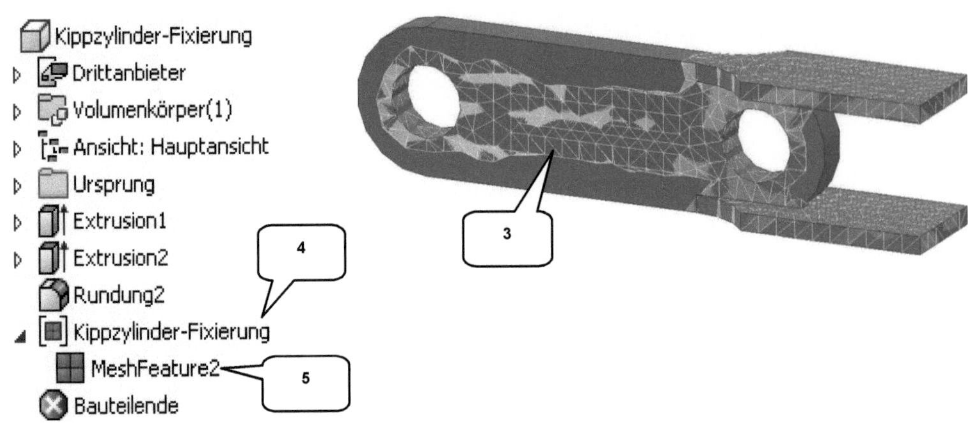

13.5.3 Überschüssiges Material entfernen

Um das überschüssige Material vom Bauteil entfernen zu können, muss eine neue **2D-Skizze** erzeugt und die Kontur in etwa nachgezeichnet werden (die optimierte MeshFeature-Variante des Bauteils kann leider <u>nicht</u> in die Skizze projiziert werden, lediglich die Außenkontur des Bauteils kann projiziert werden). Sie kann entlang der vom Programm vorgegebenen optimierten Struktur gezeichnet werden, kann diese begradigen, sollte sie möglichst nicht schneiden und muss zwingend eine geschlossene Kontur ergeben.

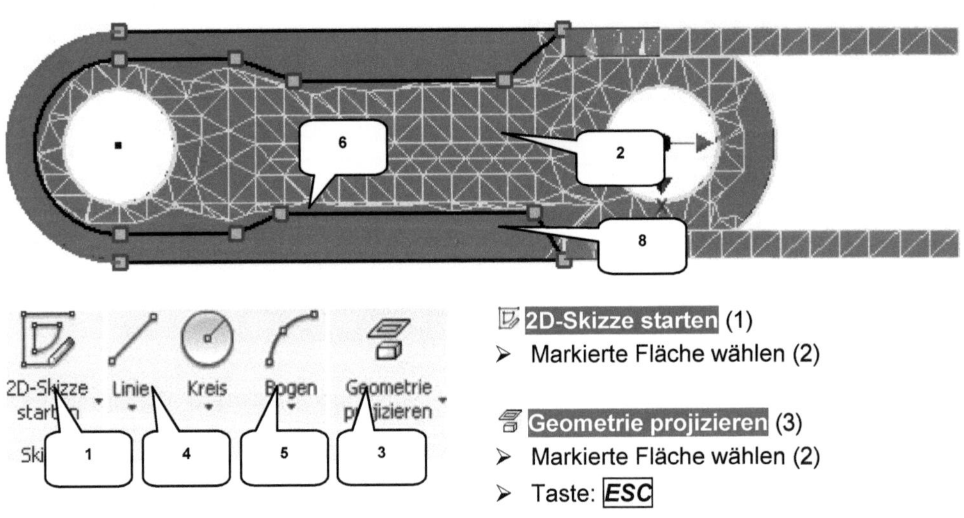

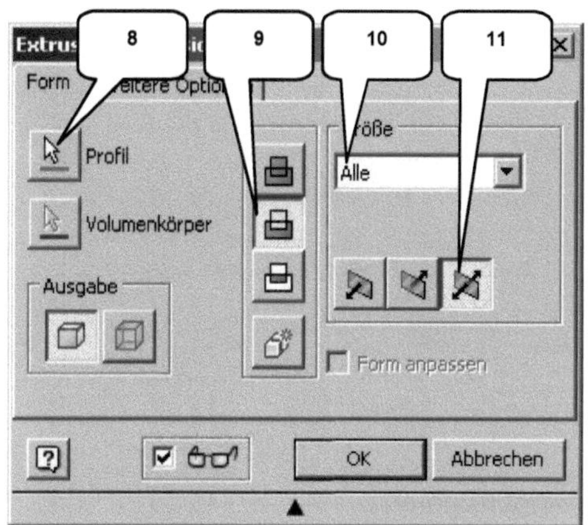

/ **Linie** (4) und (**Bogen** (5)
> Dargestellte (geschlossene)
  Subtraktionskontur zeichnen (6)
> Taste: ESC

✓ **Fertigstellen**

Die Kontur ist jetzt vom vorhandenen Volumenkörper durch eine *Extrusion* zu subtrahieren.

▥ **Extrusion** (7)
> Profil: Markierte Fläche (8)
> Option: Differenz (9)
> Größe: Alle (10)
> Richtung: Symmetrisch (11)
> ⬜ OK *OK*

▤ **Speichern** (Bauteil)

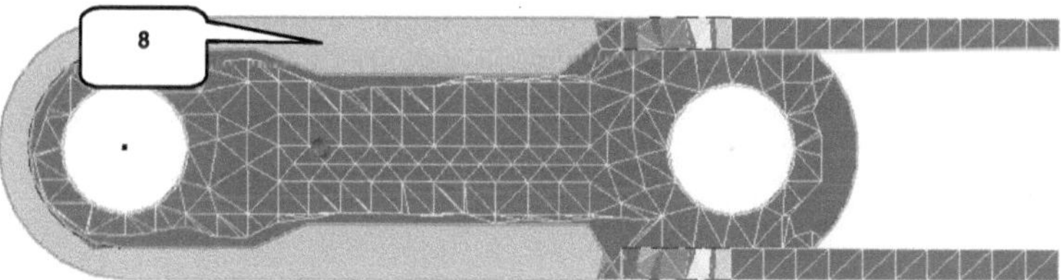

Im Ergebnis sollte in etwa die folgende *Form* (12) neu entstanden sein. Sie könnte jetzt z. B. durch zusätzliche Rundungen verfeinert werden.

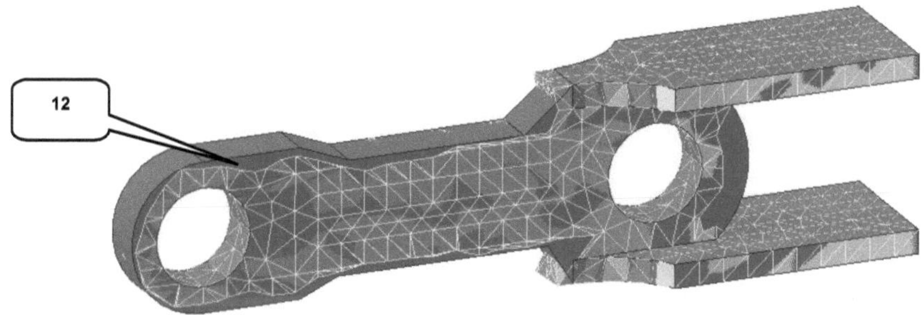

13.6 Optimierte Bauteilgeometrie erneut berechnen
13.6.1 Studie kopieren

Arbeitsbereich:
Belastungsanalyse

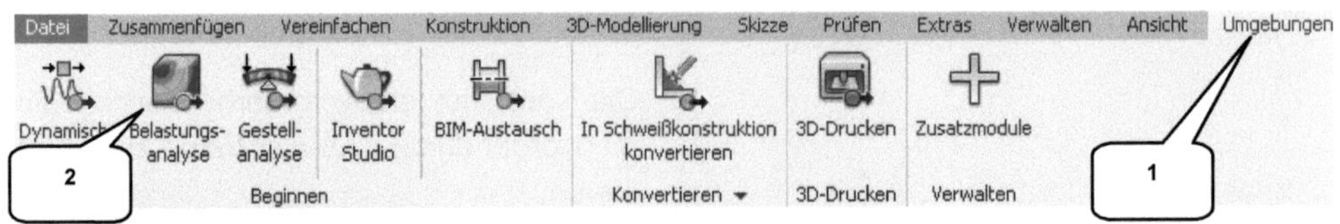

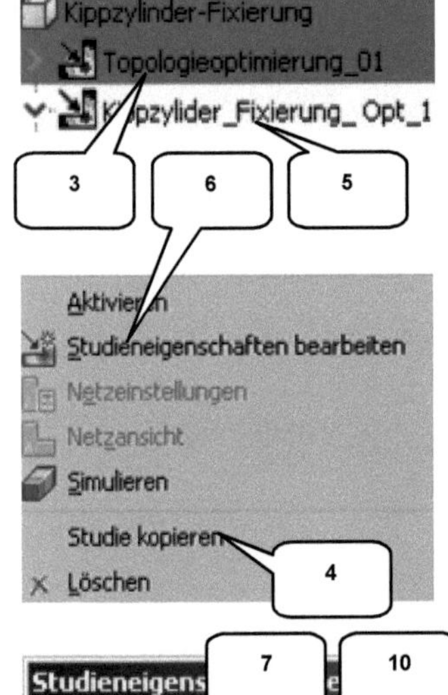

> Register **Umgebungen** (1)
>  **Belastungsanalyse** (2)

Um sich die Arbeit etwas zu erleichtern, soll die bereits vorhandene Formen-Generator-Studie *kopiert* werden, um sie anschließend in eine *statische Einzelpunkt-Studie* zu konvertieren. Alle Vorgaben (Lasten, Auflager, Material) können dabei übernommen werden.

> *Rechte Maustaste* auf markierte *Studie* (3)
> *Studie kopieren* (4)
> *Rechte Maustaste* auf markierte *Studie* (5)
> *Studieneigenschaften bearbeiten* (6)

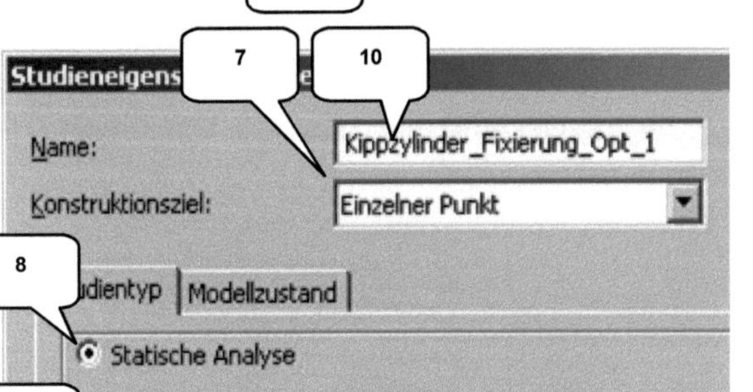

> Konstruktionsziel:
>   Einzelner Punkt (7)
> Studientyp:
>   Statische Analyse (8)
> Aktivieren: Modi für ... (9)
> Name: Kippzylider_Fixierung_
>   Opt_1 (10)
> OK **OK**

13.6.2 Simulation ausführen und aufzeichnen

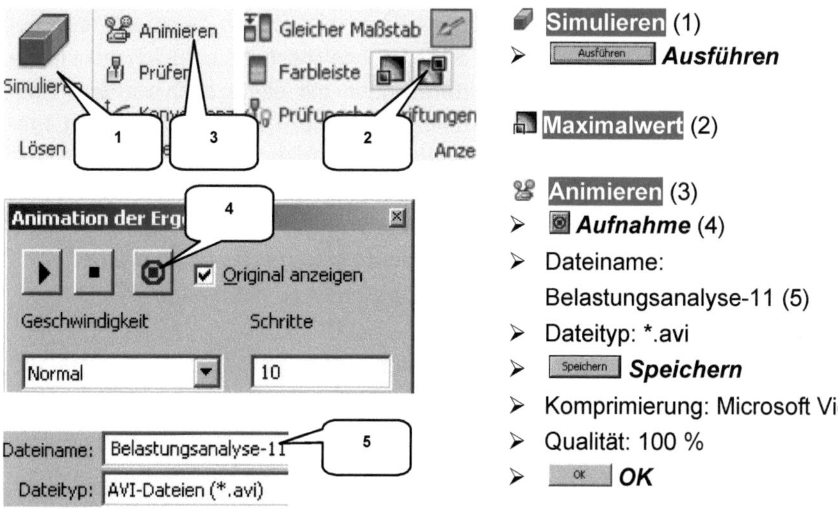

- **Simulieren** (1)
  - > [Ausführen] *Ausführen*

- **Maximalwert** (2)

- **Animieren** (3)
  - > *Aufnahme* (4)
  - > Dateiname:
    Belastungsanalyse-11 (5)
  - > Dateityp: *.avi
  - > [Speichern] *Speichern*
  - > Komprimierung: Microsoft Video 1
  - > Qualität: 100 %
  - > [OK] *OK*

13.7 Vergleichsstudie erstellen
13.7.1 Studie kopieren

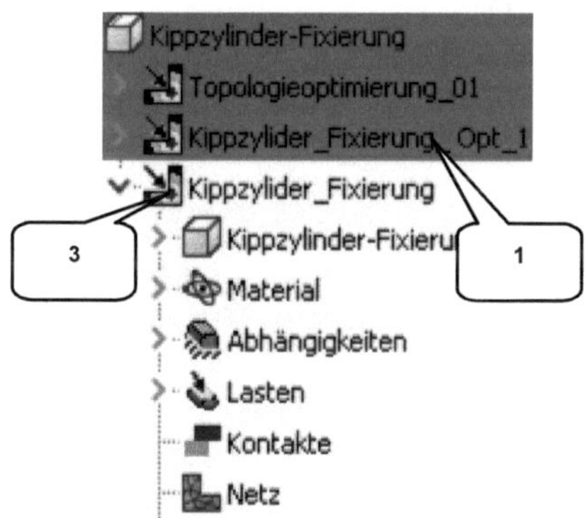

Bevor die Simulationsergebnisse interpretiert werden können, sollte eine Vergleichsstudie erstellt werden, wofür die letzte Einzelpunktstudie zu kopieren ist.

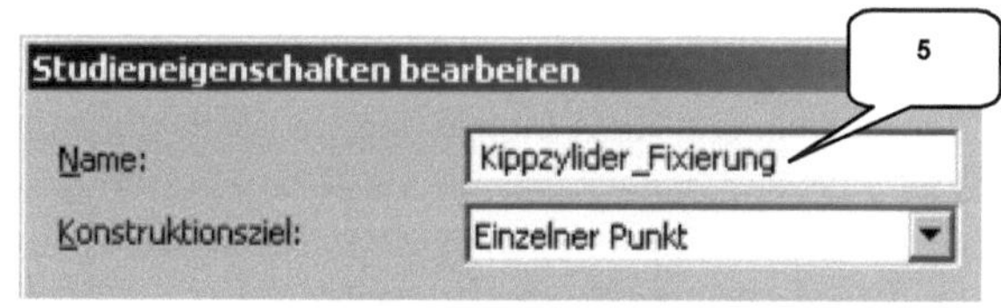

- > **Rechte Maustaste** auf markierte **Studie** (1)
- > **Studie kopieren** (2)
- > **Rechte Maustaste** auf markierte **Studie** (3)
- > **Studieneigenschaften bearbeiten** (4)
- > Name: Kippzylider_Fixierung (5)
- > [OK] *OK*

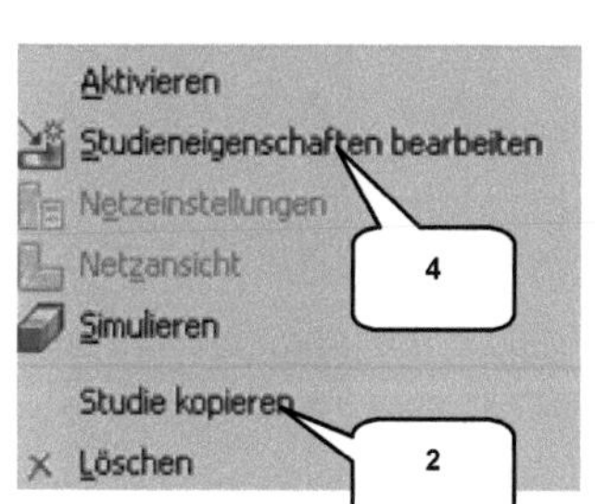

13.7.2 Subtraktionsgeometrie von der Studie ausschließen

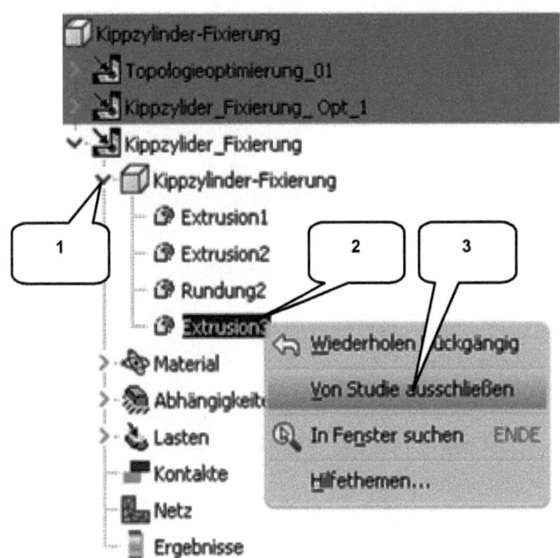

Die zuletzt subtrahierte Geometrie darf bei dieser Vergleichsstudie natürlich nicht in die Berechnung mit einbezogen werden. Deshalb muss sie von der Studie **ausgeschlossen** werden.

> *Kippzylinder* im Browser erweitern (1)
> *Rechte Maustaste* auf *Extrusion3* (2)
> *Von Studie ausschließen* (3)

Die Studie kann jetzt bereits wieder *simuliert* werden.

13.7.3 Simulation und Ergebnisinterpretation

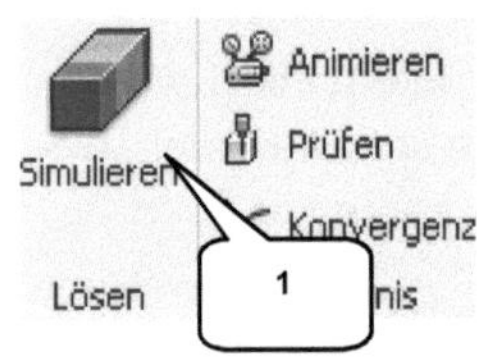

> Simulieren (1)
> *Ausführen* | **Ausführen**

Vor der Optimierung des Bauteils lag der Wert der maximalen *Von Mises-Spannung* bei ca. *3 MPa* (2) und danach bei ca. *5,3 MPa* (3). Eine Erhöhung der Spannung ist also zu erkennen, liegt allerdings noch immer deutlich im akzeptablen Bereich. Ähnlich verhält es sich mit den Werten der maximalen *Verschiebung* (vorher ca. *0,003 mm* (4), danach ca. *0,006 mm* (5)) oder denen des *Sicherheitsfaktors* (6) und (7). Unter den gegebenen Umständen könnte das Bauteil also noch weiter optimiert und Material entfernt werden: es würde den geforderten Ansprüchen mit ausreichender Sicherheit standhalten können.

Damit wurde auch diese letzte Übung zum Thema Topologieoptimierung abgeschlossen und das Bauteil kann *gespeichert* und *geschlossen* werden.

Speichern (Bauteil)
Schließen (Bauteil)

Typ: Von Mises-Spannung
Einheit: MPa
01.06.2018, 13:18:05
3,09 Max.

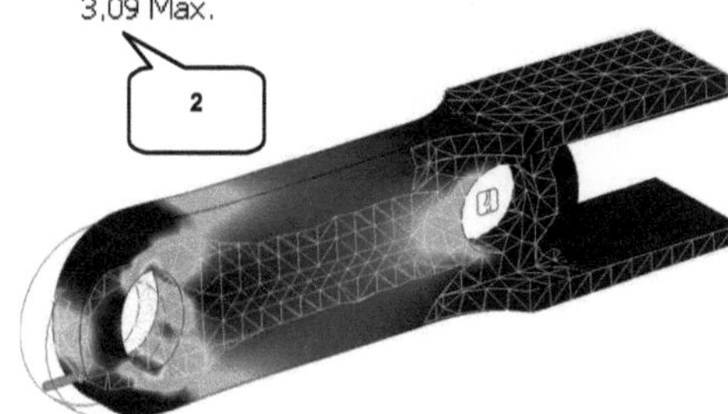

Von Mises-Spannung <u>vor</u> Optimierung

Typ: Von Mises-Spannung
Einheit: MPa
01.06.2018, 13:20:45
5,362 Max.

Von Mises-Spannung <u>nach</u> Optimierung

Typ: Verschiebung
Einheit: mm
01.06.2018, 13:30:08
3,268e-04 Max.

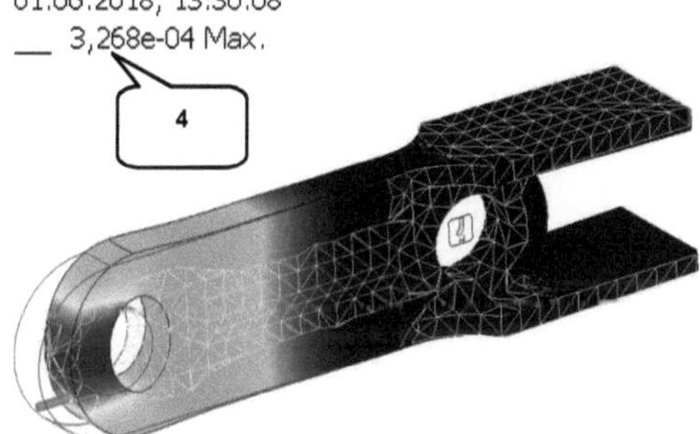

Verschiebung <u>vor</u> Optimierung

Typ: Verschiebung
Einheit: mm
01.06.2018, 13:28:33
5,71e-04 Max.

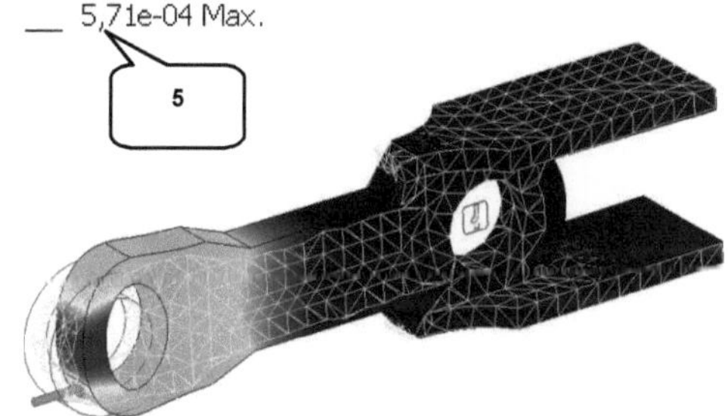

Verschiebung <u>nach</u> Optimierung

Typ: Sicherheitsfaktor
Einheit: ul
01.06.2018, 13:40:47
15

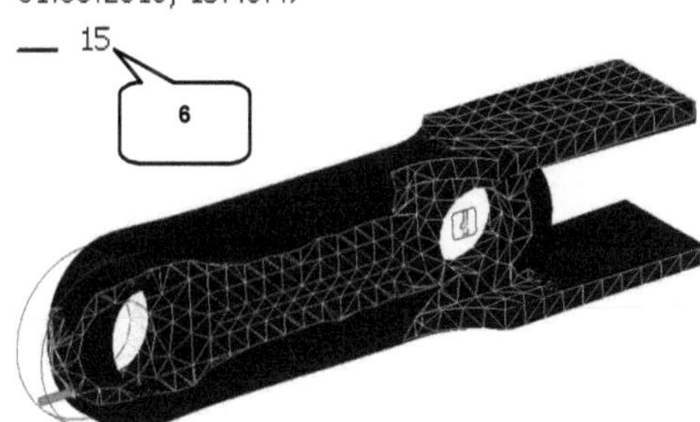

Typ: Sicherheitsfaktor
Einheit: ul
01.06.2018, 13:40:47
15

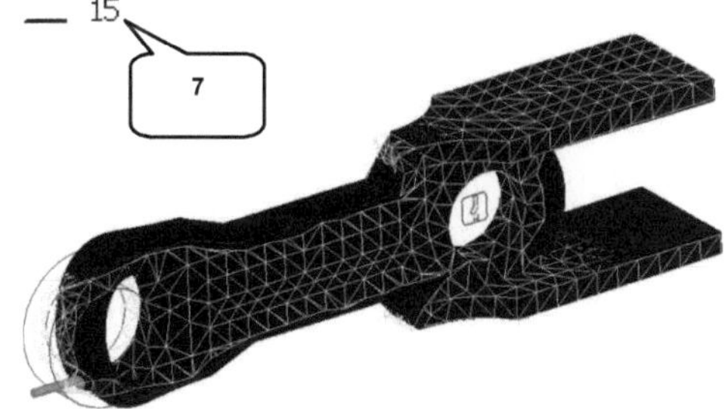

Der Autor des Buches hofft, dass Sie bei der Arbeit mit dem Programm und dem Übungsprojekt viel Spaß hatten. Der Inhalt des Buches wurde sorgfältig geprüft. Leider können Fehler nicht ausgeschlossen werden.

Wenn Ihnen während der Arbeit mit dem Buch Fehler auffallen sollten, oder wenn Sie Ideen zur Verbesserung des Inhaltes haben, ist Ihnen der Autor für jeden Hinweis per E-Mail dankbar. Konstruktive Anmerkungen können jederzeit an:

> ***schlieder@cad-trainings.de***

gesendet werden.

Vielen Dank.

Auszug aus dem Buch DYNAMISCHE SIMULATION

Die folgenden Seiten zeigen Auszüge aus dem Buch:

> *Autodesk® Inventor® - DYNAMISCHE SIMULATION*

Inventor® verfügt über einen Bereich der *Dynamischen Simulation*, in dem komplexe Baugruppen unter Einfluss äußerer Randbedingungen, wie Kräften und Drehmomenten, berechnet und simuliert werden können. Die Ergebnisse können dann zur weiteren Bearbeitung in den Bereich der Finiten-Elemente-Methode übertragen werden. In einem komplexen Übungsbeispiel wird der Leser theoretische Grundlagen der Befehle aus dem Bereich der Dynamischen Simulation erlernen und praktisch umsetzen.

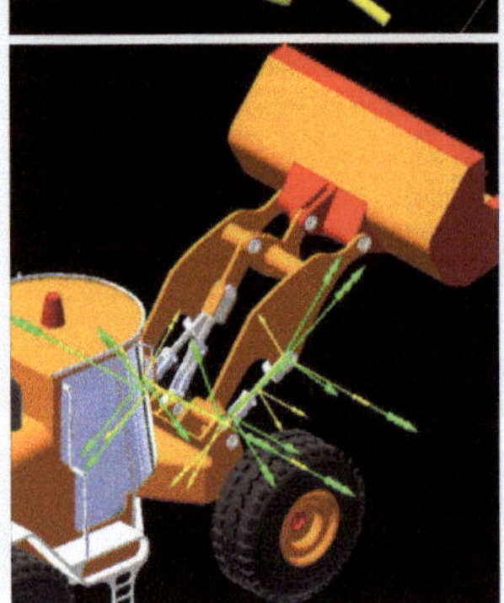

Im Buch werden die folgenden Bereiche behandelt:

> *Gelenkverbindungen einfügen*
> *Abhängigkeiten in Gelenke konvertieren*
> *Status des Mechanismus überprüfen*
> *Kräfte und Drehmomente einfügen*
> *Dynamische Bewegungen*
> *Unbekannte Kräfte ermitteln*
> *Spuren darstellen*
> *Filme publizieren*
> *Simulationseinstellungen bearbeiten*
> *Das Eingabediagramm*
> *Das Ausgabediagramm*

Weitere Informationen zu diesem und anderen Büchern erhalten Sie auf der Website:

> *http://www.cad-trainings.de/*

Christian Schlieder

Autodesk® Inventor® 2020

DYNAMISCHE SIMULATION

5. Auflage

Viele praktische Übungen am Konstruktionsobjekt RADLADER

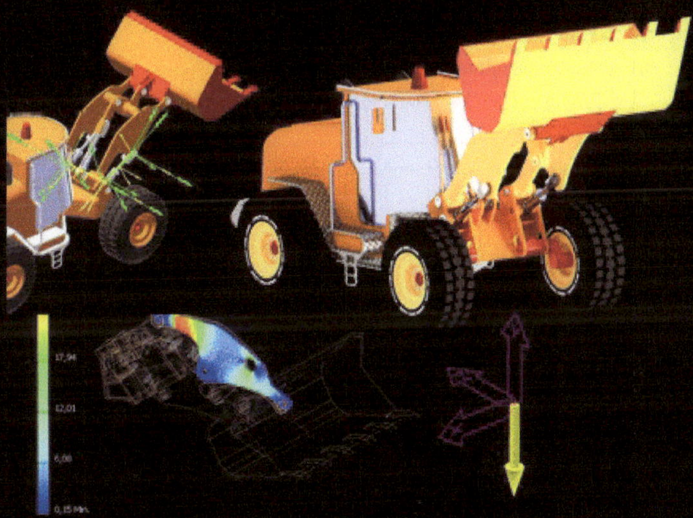

Mechanismen analysieren, Gelenke erstellen und ableiten, Kräfte und Drehmomente platzieren, unbekannte Kräfte ermitteln, Spurverläufe ableiten, manuelles und automatisches Simulieren, Interpretation der Berechnungsergebnisse, Bauteilverformungen animieren und publizieren, Datenexport in den FEM-Bereich

INHALTSVERZEICHNIS

6   Die Baugruppe im Überblick

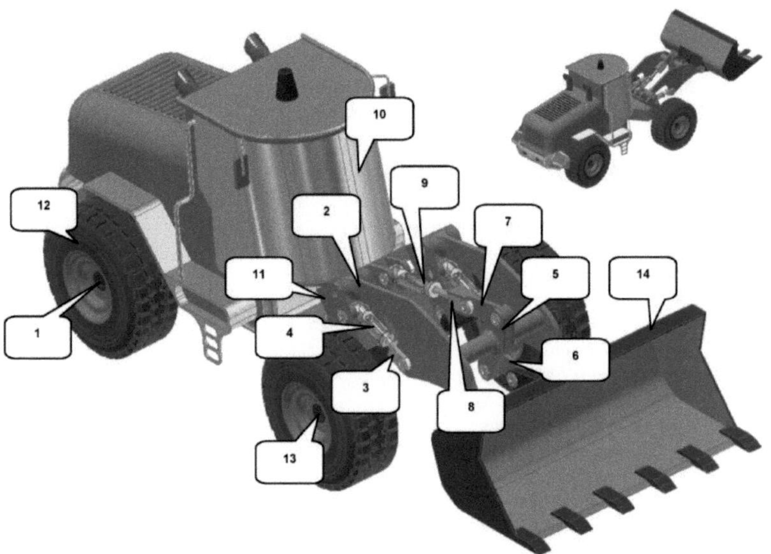

1) Hinterradachse	6) Kippschwinge	11) Maschinenrahmen
2) Hubrahmen	7) Kippzylinder-Fixierung	12) Rad
3) Hubzylinder-Kolben	8) Kippzylinder-Kolben	13) Radbolzen
4) Hubzylinder-Zylinder	9) Kippzylinder-Zylinder	14) Schaufel
5) Kipphebel	10) Maschinengehäuse	

7 Die Umgebung der dynamischen Simulation

7.1 Öffnen der Unterbaugruppe UBG_1

Öffnen Sie die Unterbaugruppe **UBG_1** im Projektordner:

Öffnen (1)
- Order: Projektordner wählen
- Dateiname: UBG_1 (2)
- Dateityp: *.iam
- Öffnen **Öffnen**

Die Unterbaugruppe **UBG_1** besteht aus der Hinterradachse und den beiden Hinterrädern. Die Hinterradachse wurde bereits am Koordinatenursprung der Unterbaugruppe ausgerichtet und fixiert (3). Eines der Räder wurde ebenfalls bereits befestigt: Es ist mit einer axialen Abhängigkeit zur Achse (4) sowie einer Flächenabhängigkeit zu dieser (5) positioniert worden. Das zweite Rad besitzt noch alle Freiheitsgrade und soll erst später ausgerichtet werden (6).

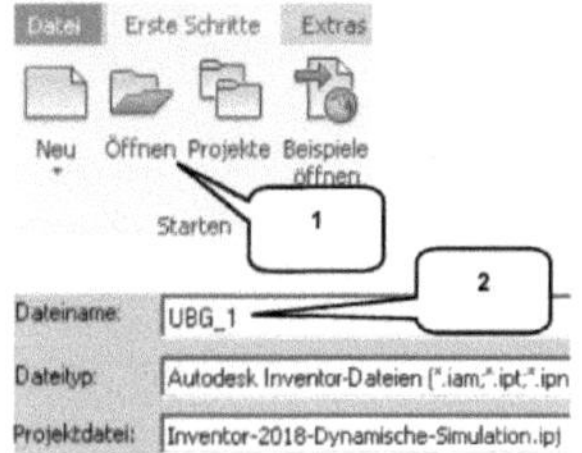

Die aktuelle Konstellation an vorhandenen Abhängigkeiten und Freiheitsgraden soll jetzt im Bereich der dynamischen Simulation genauer untersucht werden.

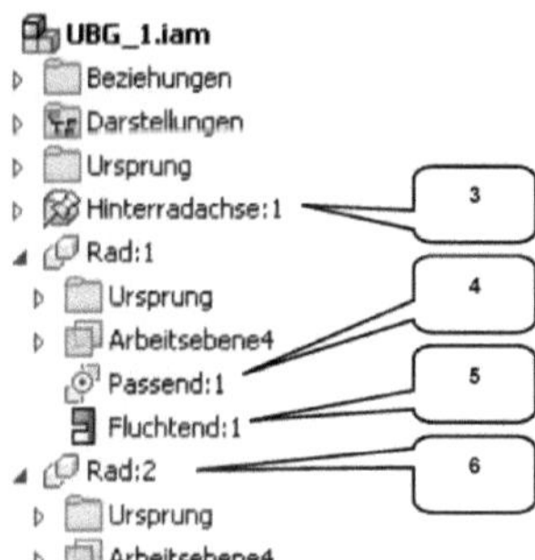

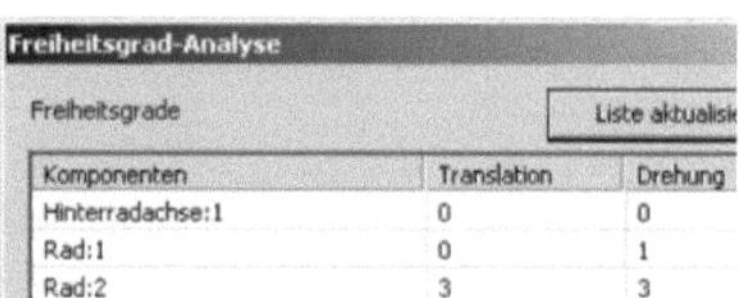

Freiheitsgrade		Liste aktualisi
Komponenten	Translation	Drehung
Hinterradachse:1	0	0
Rad:1	0	1
Rad:2	3	3

7.2   In den Bereich der dynamischen Simulation wechseln

Arbeitsbereich:
Dynamische Simulation

Um in den Bereich der dynamischen Simulation wechseln zu können, muss das Register
Umgebungen aktiviert und der Befehl *Dynamische Simulation* gestartet werden.

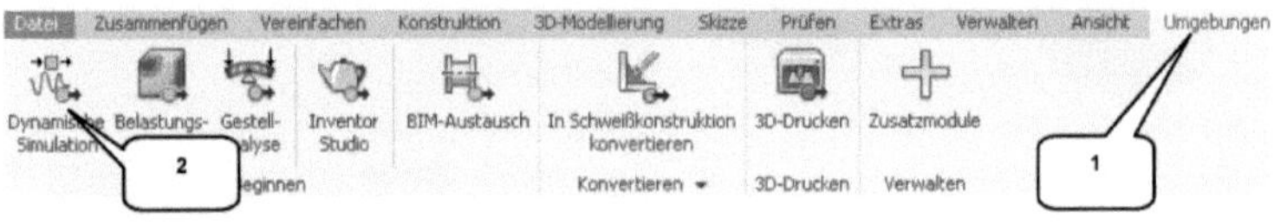

> ➢ Register *Umgebungen* (1)
> ➢ Dynamische Simulation (2)

7.3   Grundlegender Aufbau des Simulationsbereiches
7.3.1   Das Lernprogramm

Das Programm wird jetzt ein Hinweisfenster öffnen, in dem die Entscheidung zu treffen ist,
ob das *Lernprogramm* gestartet werden soll.

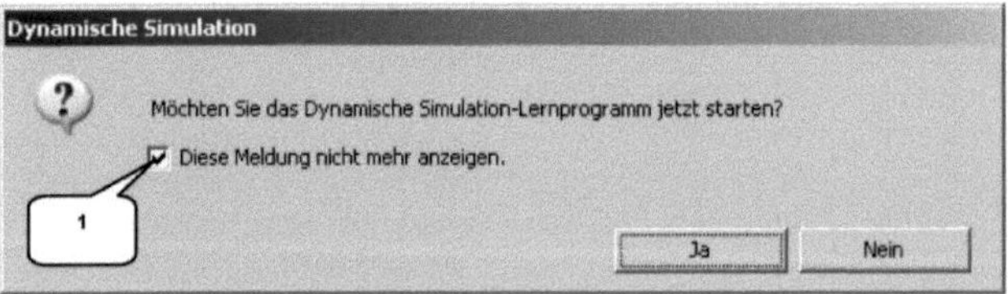

> ➢ Aktivieren: Diese Meldung nicht mehr anzeigen. (1)
> ➢   *Ja*

Besteht eine Internetverbindung, so sollte sich der Web-Browser jetzt öffnen.

HINWEIS: Wurde die Option (1) bereits deaktiviert, den Start des Lernprogramms automatisch anzubieten, so wird das oben dargestellte Fenster nicht mehr generiert. Das Lernprogramm kann aber in der Programmhilfe jederzeit wieder gestartet werden (Taste: *F1*).

- Grundlegender Aufbau des Simulationsbereiches -

> ➤ *Lernprogramme* erweitern (2)
> ➤ *Lernprogrammarchiv* wählen (3)

Im rechten Bereich des Befehlsfensters befindet sich eine Auflistung (4) der verfügbaren Lernprogramme. Per Mausklick gelangen Sie in die jeweiligen Bereiche.

HINWEIS: Das Archiv verweist teilweise auf die Beschreibungen älterer Programmversionen. Es besteht also die Möglichkeit, dass einige der verwendeten Befehle nicht mehr aktuell sind.

> ➤ Der Web-Browser kann wieder *geschlossen* werden

7.3.2   Die Befehlsgruppen

Zuerst sollten die *Befehlsgruppen* auf Vollständigkeit kontrolliert werden:

> ➤ *Rechte Maustaste* auf einen beliebigen Bereich in der Multifunktionsleiste (1)
> ➤ *Gruppen anzeigen* (2)
> ➤ Kontrollieren, ob alle Befehlsgruppen aktiviert wurden (3)

- Grundlegender Aufbau des Simulationsbereiches -

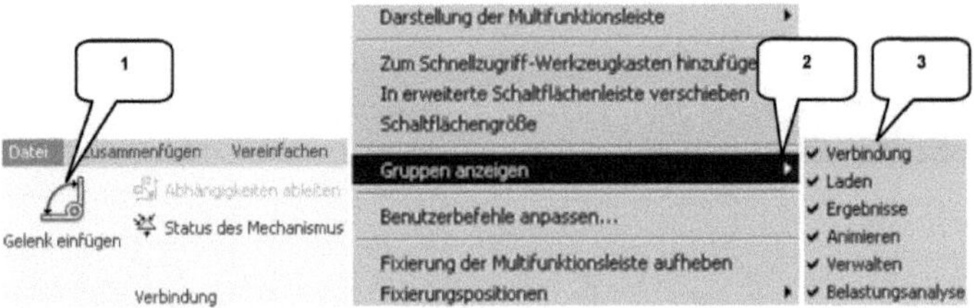

Die folgende tabellarische Übersicht soll die Befehlsgruppen mit den enthaltenen Befehlen darstellen.

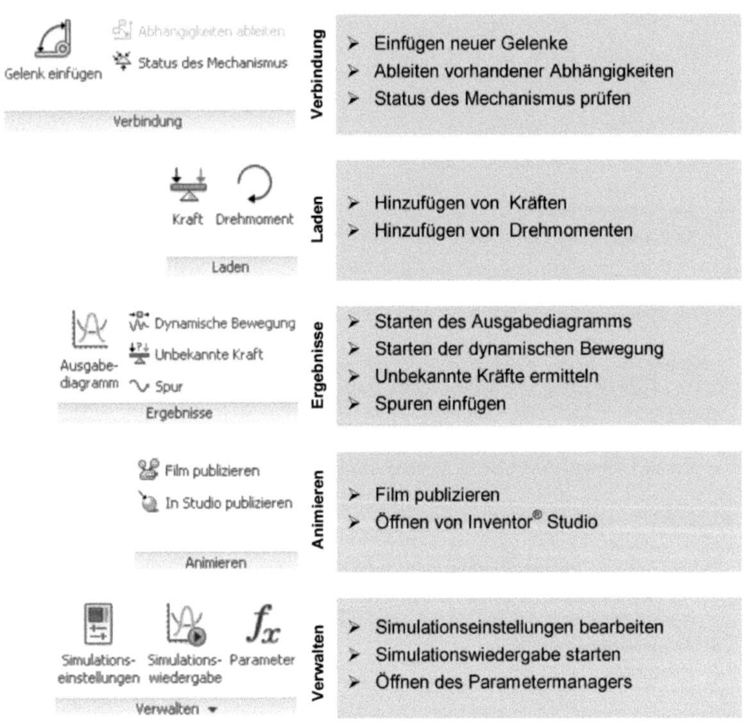

- Grundlegender Aufbau des Simulationsbereiches -

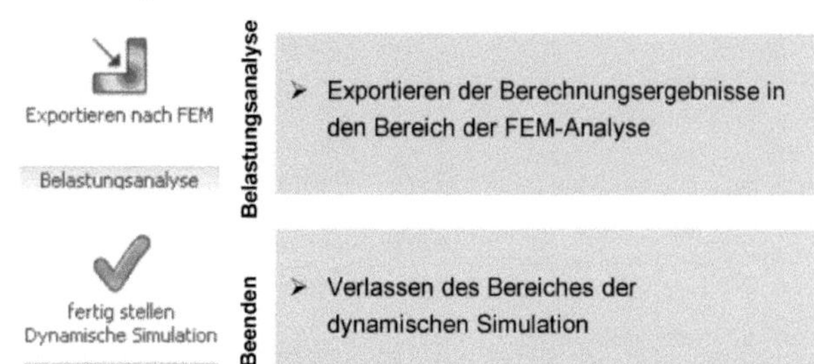

➢ Exportieren der Berechnungsergebnisse in den Bereich der FEM-Analyse

➢ Verlassen des Bereiches der dynamischen Simulation

7.3.3 Der Browser und seine Ordner

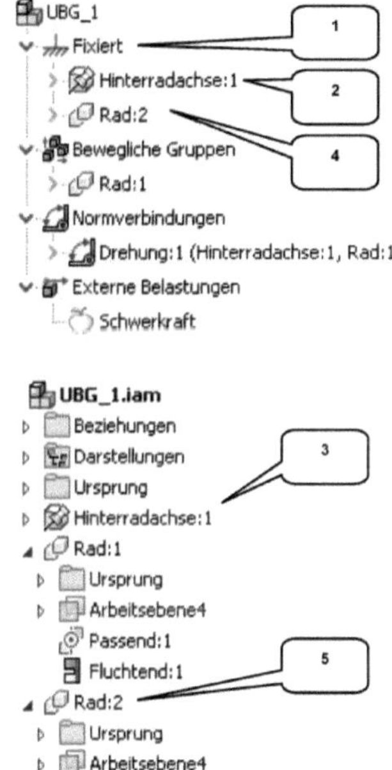

Der **Browser** im Bereich der dynamischen Simulation stellt den Mechanismus einer Baugruppe dar. Darin werden alle Komponenten, Gelenke und Belastungen einer Baugruppe aufgelistet. Die folgenden Ordner sollten bereits vorhanden sein:

Ordner _Fixiert_

Im Ordner **Fixiert** (1) werden alle Komponenten aufgelistet, die entweder keinen oder noch alle sechs Freiheitsgrade besitzen. Sie waren im Bereich der Baugruppenmodellierung also entweder noch frei beweglich oder fixiert.

Ordner	Freiheitsgrade
Fixiert	0 oder 6

Die Hinterradachse (2) der aktuellen Baugruppe ist im Ordner **Fixiert** angeordnet, weil Sie bereits im Baugruppenbereich keine Freiheitsgrade mehr hatte (3). Auch das zweite Rad (4) liegt in diesem Ordner. Es verfügte im Baugruppenbereich noch über alle Freiheitsgrade (5), weil dort keine Abhängigkeiten vergeben wurden.

- Grundlegender Aufbau des Simulationsbereiches -

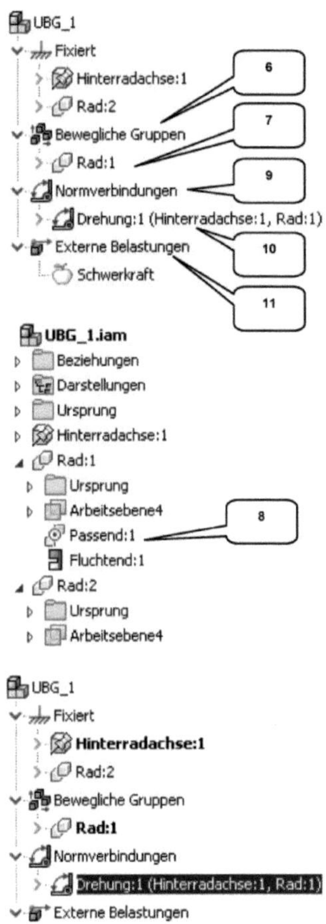

Ordner *Bewegliche Gruppen*

Im Ordner *Bewegliche Gruppen* (6) werden alle Komponenten einer Baugruppe gesammelt, welche zwischen einem und fünf Freiheitsgrade besitzen.

Ordner	Freiheitsgrade
Bewegliche Gruppen	1 bis 5

Im Ordner befindet sich das erste Rad (7), weil es noch genau einen (Rotations-) Freiheitsgrad besitzt. Diesem Bauteil wurden bereits im Baugruppenbereich zwei Abhängigkeiten (8) zugewiesen.

Ordner *Normverbindungen*

Der Ordner *Normverbindungen* (9) enthält alle in einer Baugruppe enthaltenen Gelenke. Darin befindet sich momentan nur ein einziges *Drehgelenk* (10). Es wurde vom Programm automatisch aus der Kombination der beiden Abhängigkeiten *Passend* und *Fluchtend* (8) erstellt.

Ordner *Externe Belastungen*

Der Ordner *Externe Belastungen* (11) beinhaltet alle Kräfte und Drehmomente die auf den Mechanismus einwirken. Aktuell ist die (allerdings noch deaktivierte) Schwerkraft darin enthalten.

Desweiteren können die folgenden *Ordner* im Browser der dynamischen Simulation erscheinen:

- *Rollverbindungen*
- *Schiebeverbindungen*
- *Kontaktverbindungen*
- *Kraftverbindungen*

Außerdem können die folgenden symbolischen *Sonderbedingungen* auftreten:

- ➢ *Gelenke* mit internen Kräften, Drehmomenten oder Grenzen
- ➢ *Gelenke* mit Redundanzen
- ➢ *Objekte*, die deaktiviert oder unterdrückt wurden
- ➢ *Baugruppenabhängigkeiten*, die unterdrückt wurden

Weil die aktuelle Baugruppe recht übersichtlich ist, können die einzelnen Komponenten mit ihren zugehörigen Normverbindungen im Browser relativ schnell lokalisiert werden. Bei größeren Baugruppen wird das dann schon schwieriger. Um im Browser eine Komponente und die zugeordneten Normverbindungen schnell lokalisieren zu können, kann die gesuchte Komponente im Zeichenbereich mit der linken Maustaste angeklickt werden. Im Browser wird das entsprechende Bauteil dann hervorgehoben und die zugeordnete Normverbindung *fett* dargestellt.

Betrachtet man den Browser genauer, so findet man im Ordner *Fixiert* zum einen die Hinterradachse und zum anderen das Bauteil Rad:2. Die Hinterradachse wurde bereits im Baugruppenbereich fixiert, das zweite Rad hingegen besitzt noch alle sechs Freiheitsgrade und wird daher ebenfalls in diesem Ordner aufgelistet. Bewegt man das Rad:2 bei gedrückter linker Maustaste im Zeichenbereich, so kann man feststellen, dass es keineswegs fixiert ist, sondern sich problemlos bewegen lässt. Das geht allerdings nur beim manuellen Bewegen des Rades per Hand. Bei einer Simulation würde sich das Rad (unter den gegebenen Umständen) nicht bewegen.

Im Ordner *Bewegliche Gruppen* wird das Bauteil Rad:1 aufgelistet, da es nur noch einen Freiheitsgrad (Rotation um die Hinterradachse) besitzt. Dreht man dieses Rad jetzt bei gedrückter linker Maustaste etwas, so signalisiert ein dynamischer schwarzer Kraftvektor das vorhandene Gelenk und symbolisiert damit eine manuelle Krafteinwirkung durch das Drehen des Rades.

Im Ordner *Normverbindungen* wird ein Drehgelenk angezeigt, welches das Programm automatisch aus den beiden Abhängigkeiten (Achse auf Achse und Fläche auf Fläche) zwischen der Hinterradachse und dem zweiten Rad generiert hat. Erweitert man das Drehgelenk, so findet man darin die ursprünglichen beiden Abhängigkeiten.

Im Ordner *Externe Belastungen* befindet sich derzeit nur die Schwerkraft, welche momentan allerdings noch grau hinterlegt, also nicht aktiviert ist.

7.4   Die Baugruppenumgebung und die dynamische Simulation
7.4.1   Freiheitsgrade im Bereich der Baugruppenmodellierung

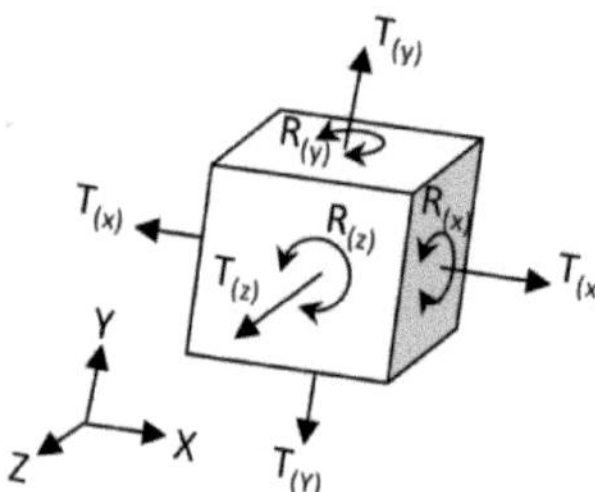

Weil Gelenkverbindungen im Bereich der dynamischen Simulation eine sehr wichtige Rolle spielen, sollten einige wichtige Grundlagen erläutert werden. Eine Komponente in der Inventor® Baugruppenumgebung kann grundsätzlich jede beliebige Position und Ausrichtung einnehmen, da sie dort frei beweglich ist.

Sie verfügt darin über insgesamt sechs Freiheitsgrade und kann sich entlang der drei Achsen (X, Y, Z) linear verschieben (Translation T_X, T_Y, T_Z) und außerdem um jede der drei Achsen frei drehen (Rotation R_X, R_Y, R_Z).

7.4.2   Freiheitsgrade im Bereich der dynamischen Simulation

Anders ist es im Bereich der **dynamischen Simulation**: Hier besitzt eine Komponente grundsätzlich keinen Freiheitsgrad (zumindest nicht während einer Simulation) wenn dies nicht vorab definiert wurde. Soll ein Bauteil also eine bestimmte Bewegung während der Simulation ausführen, so muss es vorab mit dem entsprechenden Gelenk versehen werden.

7.5   Die Simulationseinstellungen
7.5.1   Grundlagen: Simulationseinstellungen

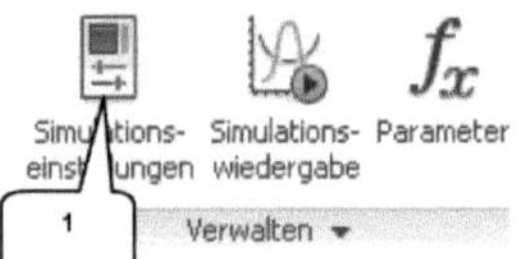

> Befehlsgruppe **Verwalten**

Simulationseinstellungen (1)

In den **Simulationseinstellungen** kann definiert werden, ob Abhängigkeiten aus dem Baugruppenbereich beim Öffnen des Bereiches der dynamischen Simulation automatisch in Normgelenke konvertiert werden sollen, ob das Programm beim Start auf Redundanzen hinweisen soll und ob mobile Gruppen farblich darzustellen sind.

- Die Simulationseinstellungen -

7.5.2 Abhängigkeiten in Gelenkverbindungen konvertieren

Das Programm kann Abhängigkeiten/ Verbindungen aus der Baugruppenmodellierung automatisch in Gelenke konvertieren, sofern diese Option in den Simulationseinstellungen aktiviert wurde. Je nach Konstellation der Abhängigkeiten entstehen dabei unterschiedliche Verbindungsarten (Gelenkverbindungen). Die folgende tabellarische Übersicht stellt die Kombinationsmöglichkeiten verschiedener Abhängigkeiten und die daraus resultierenden Gelenkverbindungen dar:

Gelenkverbindung	Option	Abhängigkeiten
Drehung	1	Einfügen
	2	Passend (Linie auf Linie) + (Fläche auf Fläche)
Prismatisch	1	2x Passend (Fläche auf Fläche)
Zylindrisch	1	Passend (Linie auf Linie)
	2	Passend (zylindrische Fläche auf zylindrische Fläche)
Kugelförmig	1	Passend (Punkt auf Punkt)
	2	Passend (kugelförmige Fläche auf kugelförmige Fläche)
Eben	1	Passend (Fläche auf Fläche)
Punkt-Linie	1	Passend (Linie auf Punkt)
	2	Passend (Linie auf kugelförmige Fläche)
Linie-Ebene	1	Passend (Linie auf Fläche)
Punkt-Ebene	1	Passend (Punkt auf Fläche)
	2	Passend (Fläche (planar) auf Fläche (konkav)
Verschweißt	1	Bauteil fixiert

7.5.3 Überprüfen der Simulationseinstellungen

Standardmäßig ist in den **Simulationseinstellungen** aktiviert, dass Abhängigkeiten aus dem Baugruppenbereich automatisch in Normgelenke konvertiert werden (besonders bei großen Baugruppen ist das vorteilhaft). Manchmal allerdings sollen Gelenkverbindungen erst im Bereich der dynamischen Simulation erzeugt werden: dann muss diese Option deaktiviert sein. Diese Option soll in der folgenden Übung ausprobiert werden.

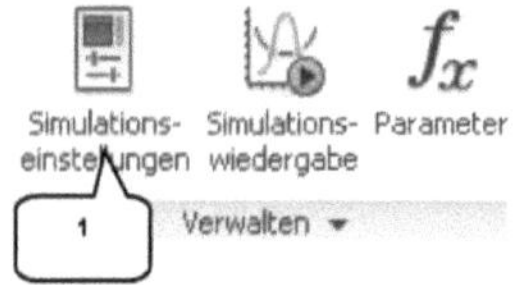

- **Simulationseinstellungen** (1)
- ➢ Deaktivieren: Abhängigkeiten automatisch in Normgelenke konvertieren (2)
- ➢ Restliche Einstellungen übernehmen
- ➢ **Nein** (Hinweisfenster) (3)
- ➢ **OK** (4)

- Gelenkverbindungen einfügen -

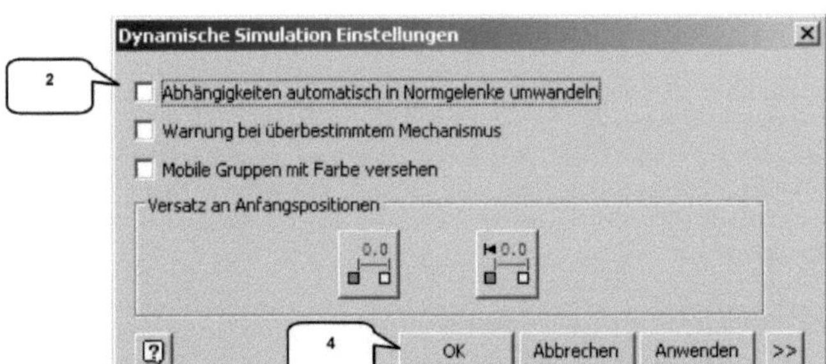

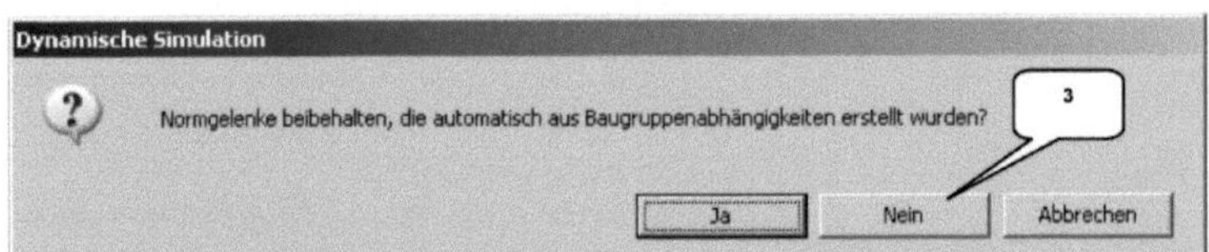

HINWEIS: Wenn die **_Einstellungen_** im Bereich der dynamischen Simulation bearbeitet werden und die darin enthaltene Option **_Abhängigkeiten automatisch in Normgelenke umwandeln_** deaktiviert wird, so erscheint im Programm die oben dargestellte Hinweismeldung. Darin ist festzulegen ob die bereits automatisch konvertierten Gelenke weiterhin in der Baugruppe bleiben sollen, oder vollständig zu entfernen sind. Diese Option sollte mit Bedacht gewählt werden, da eine unbeabsichtigte Löschung aller Gelenke unter Umständen zu erheblichem Mehraufwand führen kann, hier aber nötig ist.

7.6 Gelenkverbindungen einfügen
7.6.1 Grundlagen: Gelenke in der dynamischen Simulation

Bevor das zweite Rad jetzt an der Hinterradachse befestigt werden kann, sollten einige Grundlagen zu den Gelenkverbindungen erläutert werden.

➢ Befehlsgruppe **_Verbindung_**
◁ Gelenk einfügen (1)

- Gelenkverbindungen einfügen -

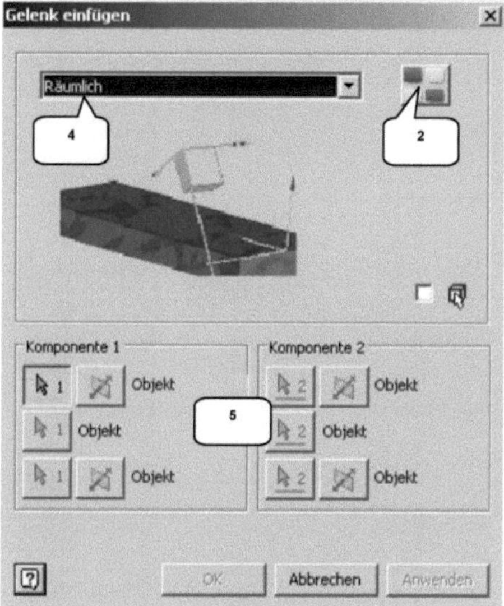

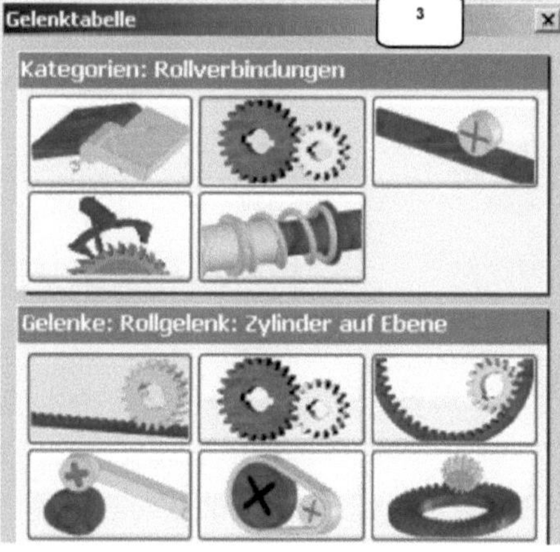

Der Befehl beinhaltet diverse Gelenkverbindungen, die den folgenden Kategorien zugeordnet werden:

> *Normverbindungen*
> *Rollverbindungen*
> *Kontaktverbindungen*
> *Schiebeverbindungen*
> *Kraftverbindungen*

Eine tabellarische Übersicht über die verschiedenen Kategorien erhält man durch einen Klick auf das ▪ *Symbol* (2). Wählt man darin eine der Kategorien aus, so öffnet sich die passende Gelenktabelle (3).

Alle Gelenkverbindungen können auch direkt (ohne die vorherige Auswahl der Kategorie) aus einer Liste (4) heraus aktiviert werden.

Wurde eine der Gelenkverbindungen gewählt, sind die entsprechenden Referenzen zur Positionierung zu definieren. Je nach Gelenktyp können dabei Achsen, Flächen, Punkte oder Körperkanten verwendet werden.

In der folgenden Übersicht wurden die Kategorien und ihre enthaltenen Gelenkverbindungen aufgelistet:

- Gelenkverbindungen einfügen -

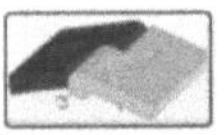 **Normverbindungen**

Drehung	*Prismatisch*
Zylindrisch	*Kugelförmig*
Eben	*Punkt-Linie*
Linie-Ebene	*Punkt-Ebene*
Räumlich	*Verschweißt*

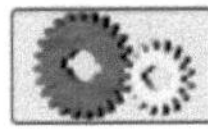 **Rollverbindungen**

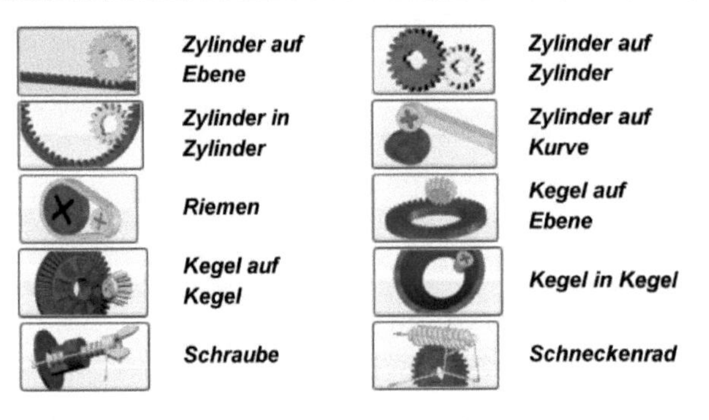

Zylinder auf Ebene	*Zylinder auf Zylinder*
Zylinder in Zylinder	*Zylinder auf Kurve*
Riemen	*Kegel auf Ebene*
Kegel auf Kegel	*Kegel in Kegel*
Schraube	*Schneckenrad*

 **Kontaktverbindungen**

 **2D-Kontakt**

- Gelenkverbindungen einfügen -

Gleitverbindungen

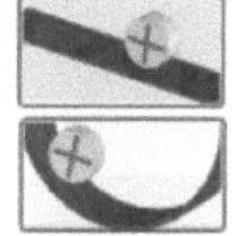 **Zylinder auf Ebene**

 **Zylinder in Zylinder**

Punkt auf Kurve

 **Zylinder auf Zylinder**

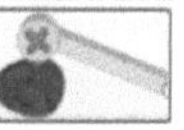 **Zylinder auf Kurve**

Kraftverbindungen

3D-Kontakt

 **Feder/ Dämp-fung/ Buchse**

7.6.2 Erstellen eines Drehgelenks

Das zweite (noch unbefestigte) Rad soll jetzt über ein **Drehgelenk** mit der Hinterradachse verbunden werden.

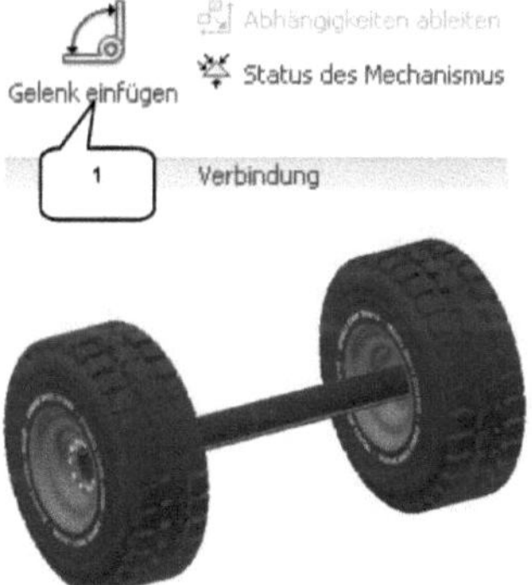

> Befehlsgruppe **Verbindung**
> Gelenk einfügen (1)
> Auswahlmenü erweitern (2)
> Drehung (3)
> Komponente 1 (Z-Achse): Bohrungszylinder (Rad:2) (4)
> Komponente 1 (Ursprung): Bohrungskante (Rad:2) (5)
> Komponente 2 (Z-Achse): Zylinder (Hinterradachse:1) (6)
> Komponente 2 (Ursprung): Kreiskante (Hinterradachse:1) (7)
> OK **OK**

- Gelenkverbindungen einfügen -

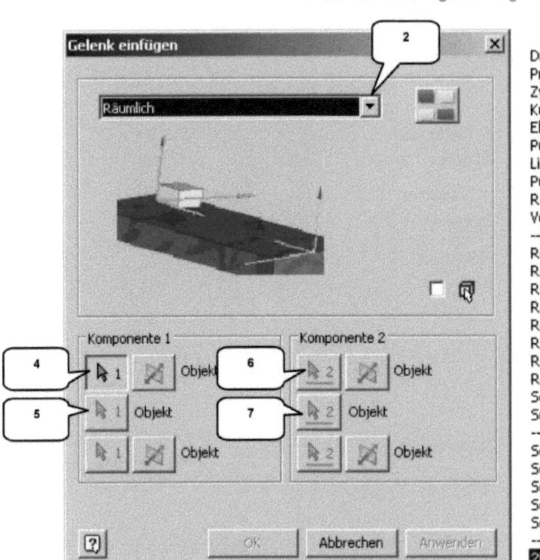

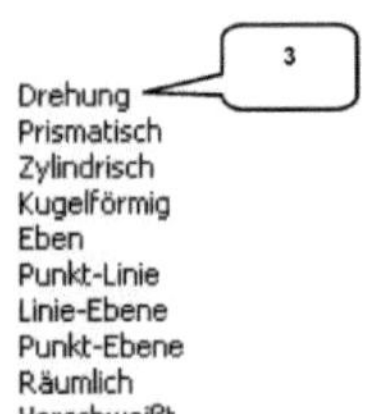

HINWEIS: Bei der Platzierung von Gelenkverbindungen sollte stets die noch unbefestigte Komponente ausgewählt werden. Vorhandene Abhängigkeiten könnten ansonsten unbeabsichtigt gelöscht werden.

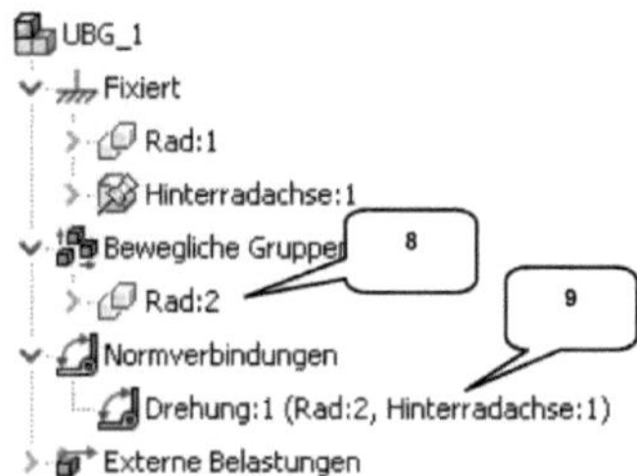

Im Browser ist jetzt zu sehen, dass das zweite Rad aus dem Ordner *Fixiert* in den Ordner *Bewegliche Gruppen* verschoben wurde (8). Weiterhin ist zu sehen, dass zwischen beiden Komponenten ein Drehgelenk erzeugt wurde (9). Dreht man das zweite Rad bei gedrückter linker Maustaste darauf, so erscheint ein schwarzer Pfeil: er stellt einen Kraftvektor dar, der das neue Drehgelenk bestätigt.

7.6.3 Gelenke von vorhandenen Abhängigkeiten ableiten

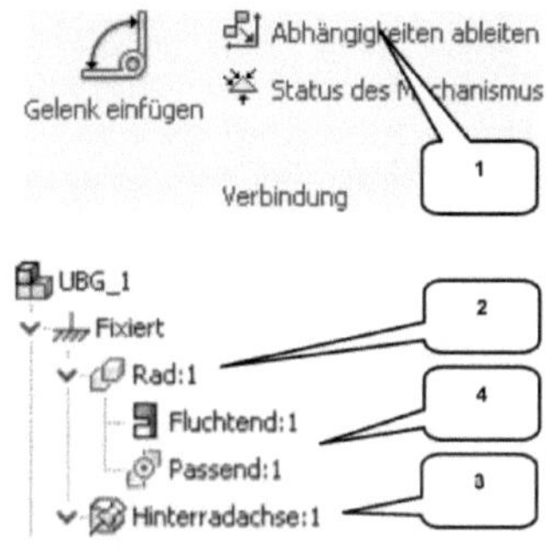

Nachdem eines der Räder durch ein Drehgelenk mit der Hinterradachse verbunden wurde, soll nun auch das zweite Rad damit verbunden werden. Neben der Möglichkeit Gelenke über den Befehl *Gelenk einfügen* zu erzeugen, können diese auch - sofern noch „unbenutzte" Abhängigkeiten vorhanden sind - von bereits im Baugruppenbereich definierten Abhängigkeiten abgeleitet werden.

Abhängigkeiten ableiten (1)
➢ Nacheinander im Browser auf die beiden Bauteile *Rad:1* (2) und *Hinterradachse:1* (3) klicken

Im Befehlsfenster werden jetzt die Passungen (Abhängigkeiten) *Fluchtend* und *Passend* (4) angezeigt, die zwischen den beiden Bauteilen bestehen und das Programm kombiniert daraus automatisch ein *Drehgelenk* (5).

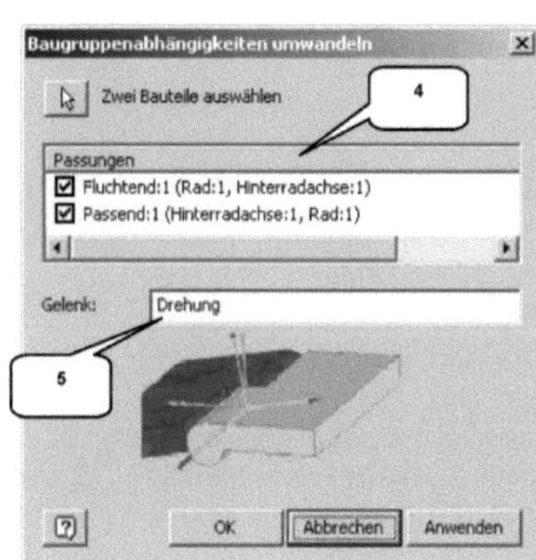

➢   OK (Befehlsfenster)

Die Unterbaugruppe *UBG_1.iam* kann jetzt *gespeichert* und *geschlossen* werden.

7.7 Montage der Hauptbaugruppe
7.7.1 Öffnen der Hauptbaugruppe

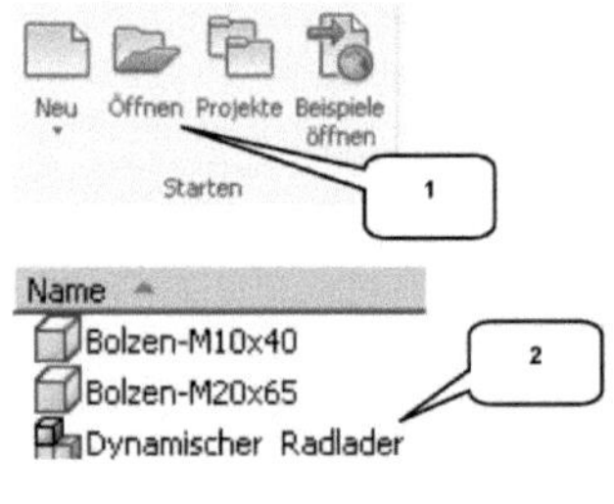

Öffnen Sie die Hauptbaugruppe *Dynami-scher_Radlader.iam* welche jetzt komplettiert werden soll.

Öffnen (1)

> Order: Projektordner wählen
> Dateiname: Dynamischer_Radlader (2)
> Dateityp: *.iam
> **Öffnen** *Öffnen*

Der Radlader wurde bereits grundlegend zusammengesetzt und muss lediglich um die Hinterradachse und die beiden Hinterräder ergänzt werden. Weil diese 3 Bauteile bereits in der vorangegangenen Übung in der Unterbaugruppe *UBG_1.iam* zusammengesetzt wurden, kann diese Unterbaugruppe in einem Schritt eingefügt werden.

7.7.2 Platzieren der Unterbaugruppe UBG_1

Arbeitsbereich:
Baugruppe (Zusammenfügen)

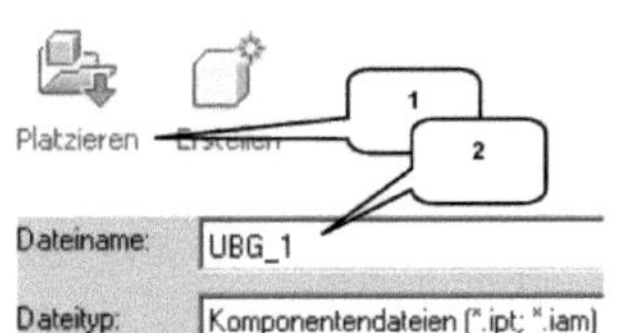

Komponente platzieren (1)

> UBG_1 (2)
> Dateityp: *.iam
> **Öffnen** *Öffnen*
> Baugruppe 1x frei ablegen
> Taste: *ESC*

Nachdem die Unterbaugruppe *UBG_1.iam* in die Hauptbaugruppe eingefügt wurde, soll sie durch ein Drehgelenk mit dem Bauteil *Maschinengehäuse.ipt* verbunden werden. Anstelle einer Kombination einer axialen Abhängigkeit mit einer Flächenabhängigkeit soll diesmal bereits im Baugruppenbereich eine Gelenkverbindung definiert werden.

7.7.3 Unterbaugruppe UBG_1 drehbar lagern

Im Bereich der Baugruppenmodellierung gibt es neben der Möglichkeit, Komponenten durch das Setzen von Abhängigkeiten miteinander zu verbinden auch die Möglichkeit, **Gelenkverbindungen** zu erzeugen. Sie kombinieren verschiedene Abhängigkeiten miteinander und weisen Komponenten in einem Schritt den gewünschten Bewegungsablauf zu. Dabei werden genauso viele Freiheitsgrade übrig gelassen, wie das Gelenk benötigt. Neben der wesentlich schnelleren Platzierung von Gelenkeigenschaften hat dieser Befehl einen weiteren Vorteil: Die im Bereich der dynamischen Simulation gewünschten Gelenkverbindungen können bereits im Bereich der Baugruppenmodellierung eindeutig definiert werden. Bei der Konvertierung von Abhängigkeitskonstellationen für den Bereich der dynamischen Simulation können somit keine Fehlinterpretationen des Programms beim Konvertieren von Abhängigkeiten in Gelenkverbindungen auftreten.

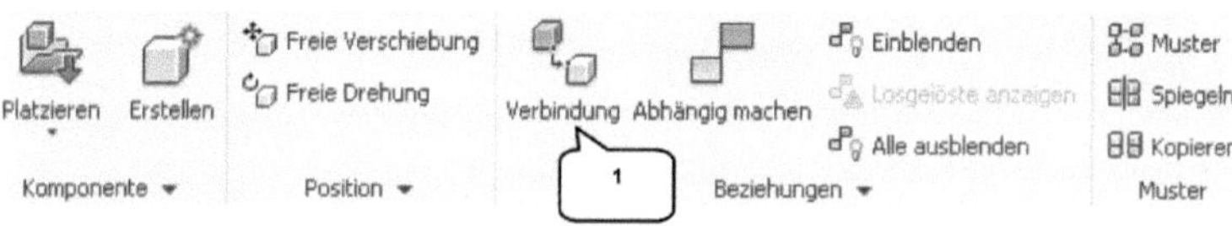

Verbindung (1)
- ➤ Typ: Drehbar (2)
- ➤ Abstand: 0 mm (3)
- ➤ Verbinden 1: Mittleren Ursprungspunkt der Hinterachse wählen (4)
- ➤ Verbinden 2: Mittleren Ursprungspunkt der Zylinderbohrung am Gehäuse wählen (5)
- ➤ **OK**

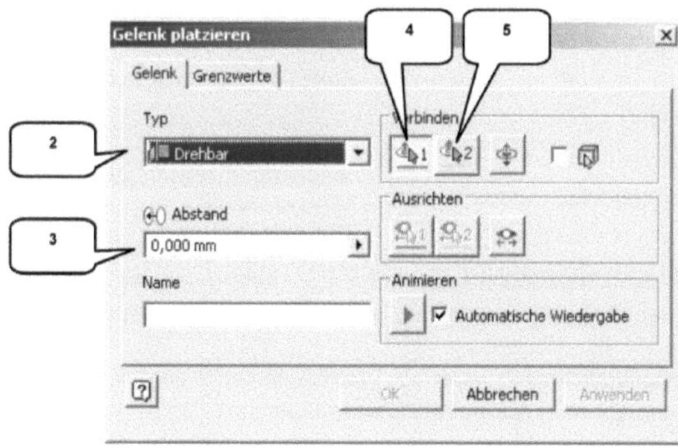

- Der Radlader im Bereich der dynamischen Simulation -

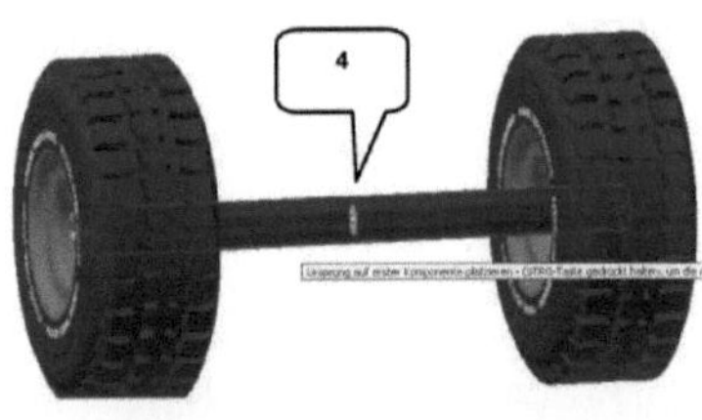

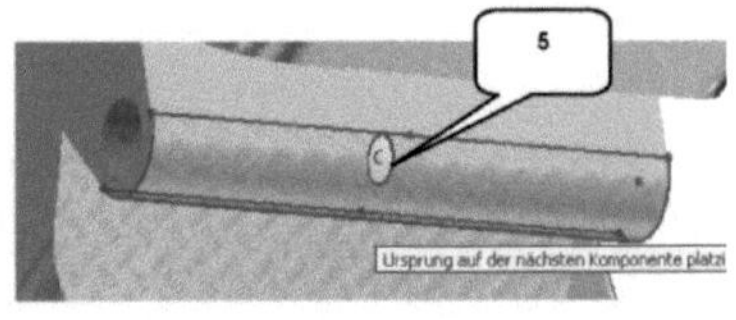

Sobald die beiden Referenzpunkte ausgewählt wurden, verschiebt das Programm die
Unterbaugruppe **UBG_1.iam** in die Bohrung
des **Maschinengehäuses**.

Die Baugruppe sollte zu diesem Zeitpunkt
noch einmal **gespeichert** werden, da anschließend in den Bereich der **dynamischen Simulation** gewechselt wird.

7.8 Der Radlader im Bereich der dynamischen Simulation
7.8.1 Überprüfen der Simulationseinstellungen

Arbeitsbereich:
Dynamische Simulation

➢ Register **Umgebungen** (1)
🗘 Dynamische Simulation (2)

➢ Befehlsgruppe **Verwalten**
🗖 Simulationseinstellungen (3)

HINWEIS: Der Hinweis des Programms auf eine Überbestimmung des Mechanismus kann
mit **OK** bestätigt werden. Es weist dabei lediglich auf vorhandene Redundanzen hin.

In den **Simulationseinstellungen** sollte noch einmal überprüft werden, ob die Option **Abhängigkeiten automatisch in Normgelenke umwandeln** aktiviert ist (4). Das Fenster kann
danach wieder geschlossen werden.

- Der Radlader im Bereich der dynamischen Simulation -

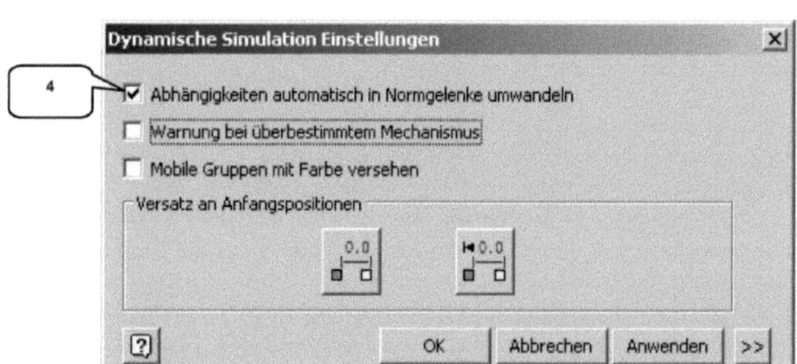

7.8.2 Betrachten der automatisch erstellten Normverbindungen

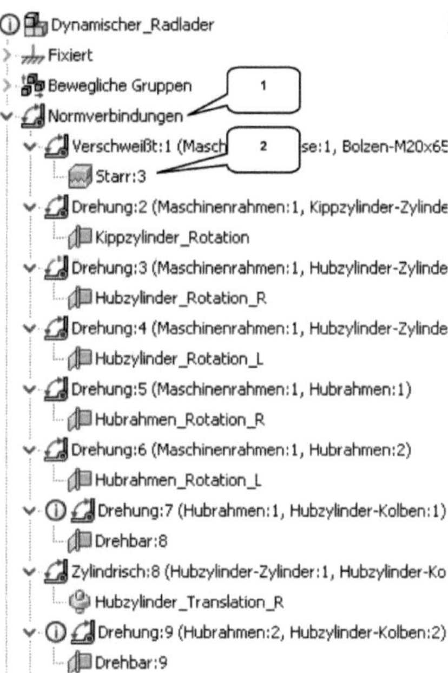

Weil es in den Simulationseinstellungen im letzten Arbeitsschritt so definiert wurde, hat das Programm alle Verbindungen und Abhängigkeiten bereits in Normgelenke konvertiert. Erweitert man im Browser den Ordner **Normverbindungen** (1) so findet man darin alle bereits vorhandenen Normgelenke. Erweitert man die einzelnen Gelenke (2) so findet man darin die jeweiligen Verbindungen oder Abhängigkeiten aus dem Baugruppenbereich, aus denen die Gelenke erstellt wurden.

Der Klick der rechten Maustaste auf eine der Verbindungen oder Abhängigkeiten erscheint das Kontextmenu. Darin finden sich Optionen, diese Verbindungen oder Abhängigkeiten zu löschen oder zu unterdrücken, was weiterhin eine Änderung des jeweiligen Gelenkes nach sich zieht.

7.9 Manuelle und automatische Simulation
7.9.1 Was ist eine Simulation

Eine Simulation im Bereich der dynamischen Simulation ist die Berechnung eines Mechanismus unter Beachtung aller Parameter und Randbedingungen. Hier gibt es grundsätzlich 2 verschiedene Möglichkeiten: die manuelle und die automatische Simulation. Die manuelle Simulation (Befehl: *Dynamische Bewegung*) entspricht der einfachen Bewegung des Mechanismus bei gedrückter linker Maustaste darauf, wobei alle Kräfte und Gelenke in die Berechnung des Bewegungsablaufes mit einbezogen werden. Bei der automatischen Simulation (Befehl: *Simulationswiedergabe*) kann der Mechanismus nicht per Hand bewegt werden. Das Programm berechnet den exakten Bewegungsablauf des Mechanismus automatisch.

7.9.2 Grundlagen: Dynamische Bauteilbewegung (manuelle Simulation)

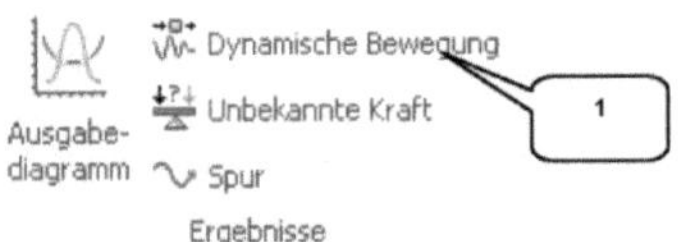

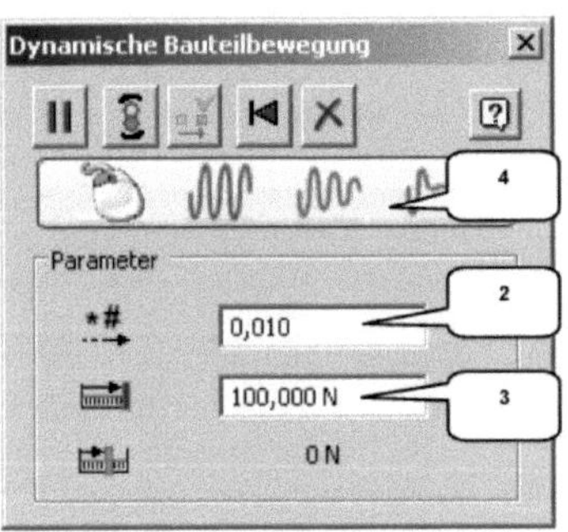

> Befehlsgruppe *Ergebnisse*
> Dynamische Bewegung (1)

Bei der *dynamischen Bauteilbewegung* wird der Mechanismus durch die Bewegung der Maus bei gedrückter linker Maustaste auf ein Bauteil animiert. Die Mausbewegung simuliert hierbei eine äußere Krafteinwirkung deren Multiplikationsfaktor (2) und Maximalwert (3) zu definieren sind.

Optional kann bei dieser Simulation ungedämpft, leicht gedämpft oder mit einer starken Dämpfung gearbeitet werden (4).

Das Befehlsfenster kann bereits wieder *geschlossen* werden (5).

<u>**HINWEIS**</u>: Leider reagiert das Programm auf diesen Befehl sehr sensibel, was häufig einen Programmabsturz zur Folge hat. Hier hilft dann oft nur ein Neustart des Programms.

7.9.3   Grundlagen: Simulationswiedergabe (automatische Simulation)

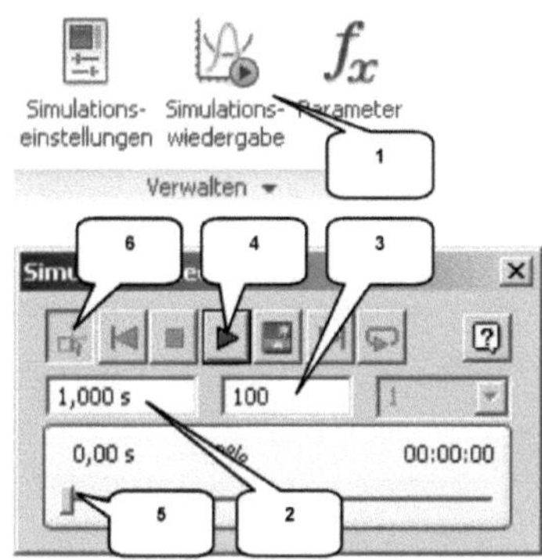

> Befehlsgruppe **Verwalten**
> **Simulationswiedergabe** (1)

In der **Simulationswiedergabe** wird der gesamte Mechanismus unter Beachtung der voreingestellten Parameter (wie z. B. Reibung und Dämpfung) und unter Einwirkung äußerer Kräfte und Drehmomente (automatisch) simuliert. Die Simulationsdauer (2) und die daraus resultierende Anzahl an Bildberechnungen (3) kann frei definiert werden. Nach Simulationsstart (4) signalisiert der Schieberegler (5) den zeitlichen Verlauf. Durch den Konstruktionsmodus (6) wird die eigentliche Simulation verlassen.

7.9.4   Starten der ersten Simulation

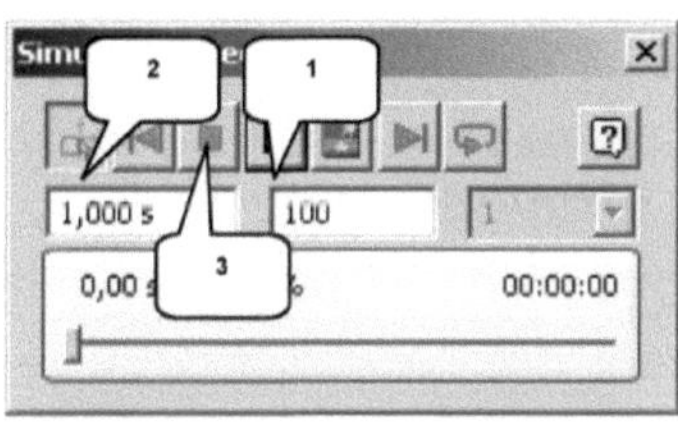

Um die erste Simulation durchführen zu können muss im Fenster **Simulationswiedergabe** die Wiedergabe gestartet werden.

> **Wiedergabe** (1)
> Simulation vollständig ablaufen lassen
> **Konstruktionsmodus** (2)

HINWEIS: Der Button **Stopp** (3) beendet eine Simulation vorzeitig. Der Button **Konstruktionsmodus** (2) lässt das Programm in den Konstruktionsbereich zurückkehren.

Leider war der Schieberegler (4) das Einzige, was sich während der Simulation bewegte: der Rest der Baugruppe **blieb starr!**

Der Grund ist folgender: Eine Simulation erfordert mindestens eine Gelenkverbindung und mindestens eine Kraft/ einen Antrieb. Gelenkverbindungen gibt es genügend in der Baugruppe, allerdings wurden noch keine Kräfte aktiviert.

7.10   Definition der Schwerkraft
7.10.1   Die Normalfallbeschleunigung

Die einfachste Möglichkeit den gesamten Mechanismus anzutreiben, ist die Definition der Normalfallbeschleunigung. Im Browser befindet sich an unterster Stelle ein Ordner **externe Belastungen**, welcher zu erweitern und die darin enthaltene **Schwerkraft** zu bearbeiten ist.

Da der Radlader auf der XZ-Ebene steht, muss die Normalfallbeschleunigung in negativer Richtung der Y-Achse wirken. Hierfür ist im entsprechenden Eingabebereich der Wert der Normalfallbeschleunigung (g) in der Zeile g[Y] mit -9810 mm/s^2 festzulegen.

HINWEIS: Sollte sich die Richtung der Schwerkraft nicht definieren lassen und der gesamte Browser noch grau dargestellt sein, so befinden Sie sich unter Umständen noch im Simulationsmodus. In diesem Fall muss im Fenster der Simulationswiedergabe der Button **Konstruktionsmodus** gewählt werden (siehe vorheriges Kapitel).

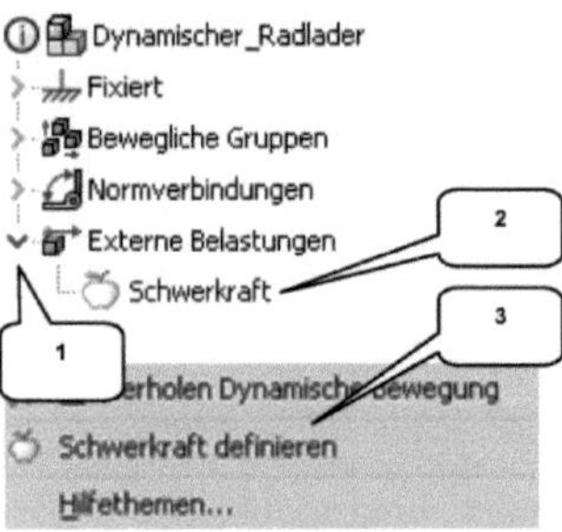

- ➢ **Externe Belastungen** erweitern (1)
- ➢ **Rechte Maustaste** auf **Schwerkraft** (2)
- ➢ **Schwerkraft definieren** (3)

- ➢ Deaktivieren: Unterdrücken (4)
- ➢ Aktivieren: Vektorkomponenten (5)
- ➢ g[Y]: -9810 mm/s^2 (6)
- ➢ **OK**

Newtons Apfel sollte jetzt im Browser gelb dargestellt werden, was durch die aktivierte Schwerkraft symbolisiert wird. Der Richtungsvektor der Schwerkraft wird durch einen gelben Pfeil (6) dargestellt. Speichern Sie die Baugruppe sollte vor dem nächsten Schritt gespeichert werden.

Speichern (Ja für alle)

- Definition der Schwerkraft -

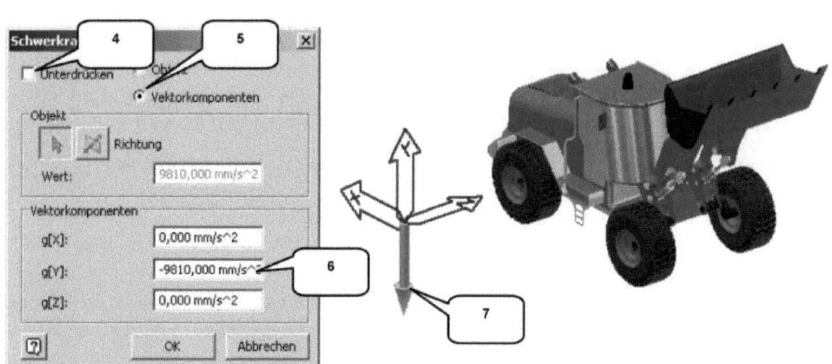

7.10.2 Ausführen und Aufzeichnen der Simulation

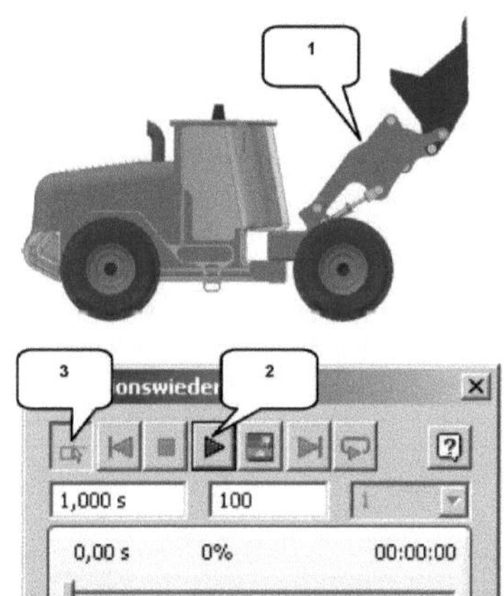

Vor der nächsten Simulation sollte der Hubapparat des Radladers bei gedrückter linker Maustaste leicht nach oben bewegt werden (siehe Abbildung).

- ➢ Hubapparat nach oben bewegen (1)
- ➢ ▶ *Wiedergabe* (2)
- ➢ Simulation ablaufen lassen
- ➢ *Konstruktionsmodus* (3)

Die Schwerkraft müsste den Hubapparat während der Simulation nach unten bewegt haben, wobei allerdings alle anderen Bauteile durchschlagen wurden (4). Das Programm erkennt Kollisionen leider auch im Bereich der dynamischen Simulation nicht automatisch.

HINWEIS: Das Programm erkennt weder im Bereich der Baugruppenmodellierung noch im Bereich der dynamischen Simulation automatisch *Kollisionen*, wenn die hierfür benötigten Kontrollmechanismen nicht vorab definiert wurden. Im Bereich der Baugruppenmodellierung können Bewegungen begrenzt oder Kontaktsätze definiert werden: Kollisionen werden dann automatisch erkannt und Bewegungen begrenzt. Solche Möglichkeiten gibt es natürlich auch im Bereich der dynamischen Simulation.

- Definition der Schwerkraft -

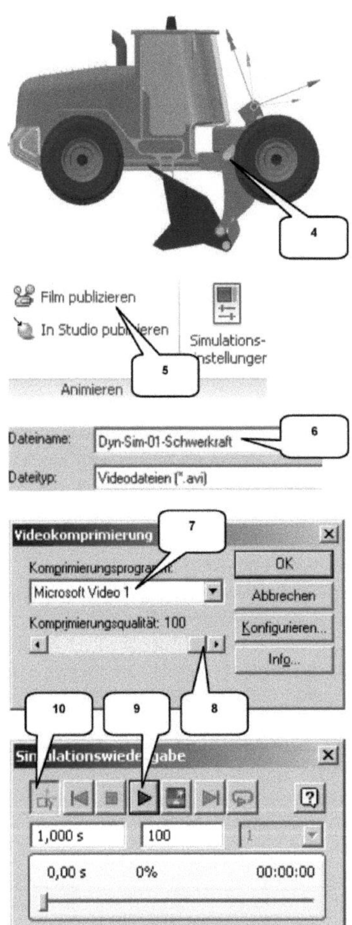

Die letzte Simulation soll noch einmal wiederholt werden um sie zusätzlich als Video zu speichern. Das ist möglich wenn vorher der Befehl *Film publizieren* gestartet wurde.

Film publizieren (5)

➢ Dateiname: Dyn-Sim-01-Schwerkraft (6)
➢ Dateityp: *.avi
➢ Speicherort: Projektordner
➢ Speichern *Speichern*

➢ Komprimierung: Microsoft Video 1 (7)
➢ Qualität: 100 % (8)
➢ OK *OK*

➢ ▶ *Wiedergabe* (9)
➢ Simulation ablaufen lassen
➢ *Konstruktionsmodus* (10)

Nach der erfolgten Simulation und dem anschließenden Wechsel in den Konstruktionsmodus, muss der Befehl *Film publizieren* erneut angeklickt werden, um die Videoaufnahme zu beenden.

Film publizieren (5)

Die Videodatei *Dyn-Sim-01-Schwerkraft.avi* (11) kann jetzt im Projektordner gestartet werden, wofür ein beliebiger Video-Player benötigt wird.

Die Auswertung der Simulation lässt darauf schließen, dass der Mechanismus der Baugruppe grundlegend überarbeitet werden muss, um einen funktionstüchtigen Bewegungsablauf zu erreichen.

Der Bereich der dynamischen Simulation sollte jetzt verlassen werden um im Bereich der Baugruppenmodellierung erste Optimierungen an der Baugruppe vorzunehmen.

✔ **Fertigstellen** (12)

7.11 Begrenzen der Hubbewegung
7.11.1 Festlegen der Grenzwerte für die Hubbewegung

Arbeitsbereich:
Baugruppe (Zusammenfügen)

Im ersten Schritt soll der (unkontrollierte) freie Fall des Hubapparates begrenzt werden, wofür eine der vorhandenen Gelenkverbindungen zu bearbeiten ist.

Wird im Browser das Bauteil **Hubrahmen:1** erweitert, findet man darin 4 verschiedene Drehgelenke (zu erkennen am Symbol) sowie eine starre Verbindung (). Beim Klicken mit der rechten Maustaste auf das Drehgelenk **Hubrahmen_Rotation_R** erscheint ein Kontextmenu. Wird darin die Option **Bearbeiten** ausgewählt, öffnet sich das Befehlsfenster **Gelenk bearbeiten**.

➢ Bauteil **Hubrahmen:1** im Browser erweitern (1)
➢ **Rechte Maustaste** auf Drehgelenk **Hubrahmen_Rotation_R** (2)
➢ **Bearbeiten** (3)

- Begrenzen der Hubbewegung -

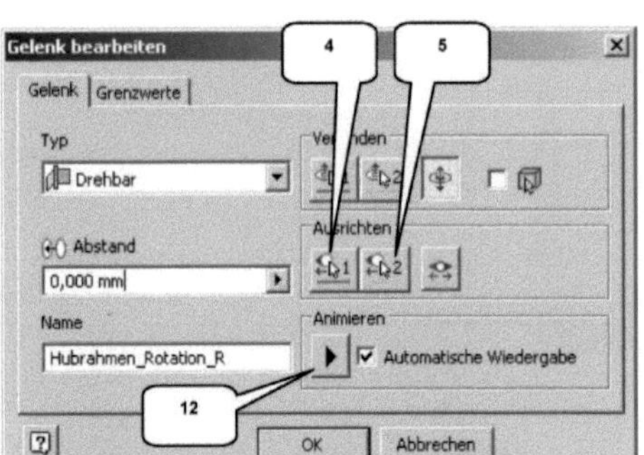

Durch die zusätzliche Definition einer Winkelbegrenzung soll die Drehbewegung des Gelenks eingeschränkt werden, was sich anschließend auch in den Bereich der dynamischen Simulation übertragen sollte.

➢ Ausrichten 1: Fläche Hubrahmen:1 (4)
➢ Ausrichten 2: Fläche Maschinenrahmen:1 (5)

Im Register *Grenzwerte* kann jetzt der Winkel definiert werden:

➢ Register *Grenzwerte* (6)
➢ Aktivieren: Start (7)
➢ Startwinkel: 60 ° (8)
➢ Aktueller Winkel: 123 ° (9)
➢ Aktivieren: Ende (10)
➢ Endwinkel: 123 ° (11)
➢ _OK_ *OK*

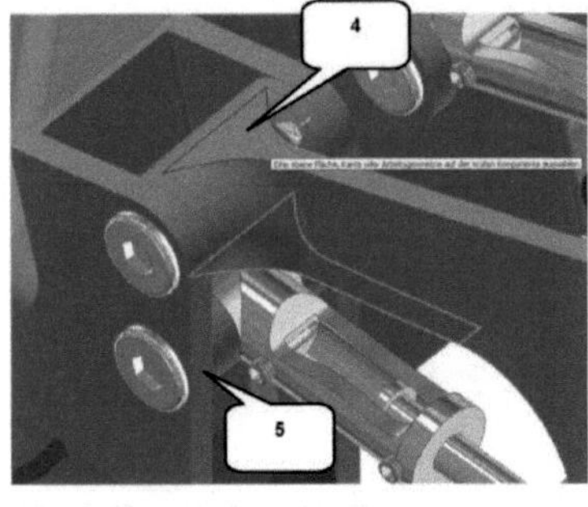

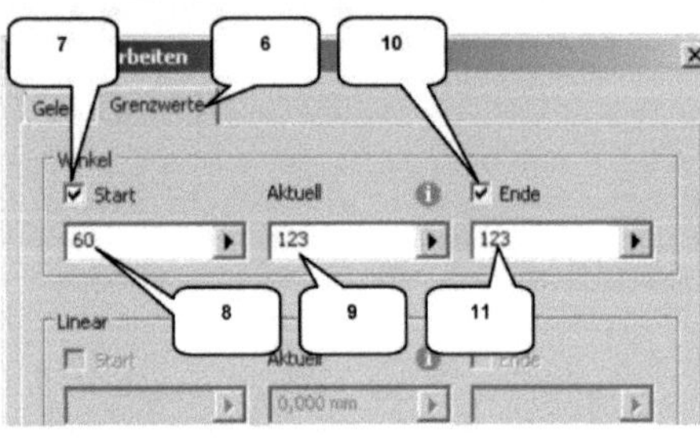

Die Begrenzung der Drehbewegung wird im Browser durch ein *+/- Symbol* (14) gekennzeichnet und ist dadurch leicht zu erkennen. Das Hubsystem kann jetzt bei gedrückter linker Maustaste nach oben gezogen werden, bis die in Abbildung (13) dargestellte Position erreicht wurde. Die Baugruppe ist im Anschluss daran zu speichern.

🖫 **Speichern**

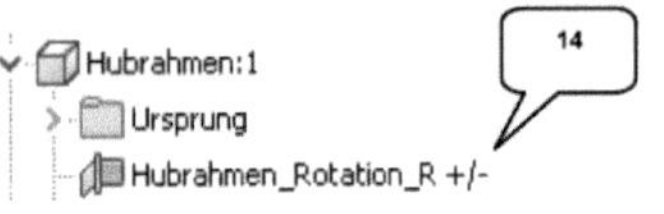

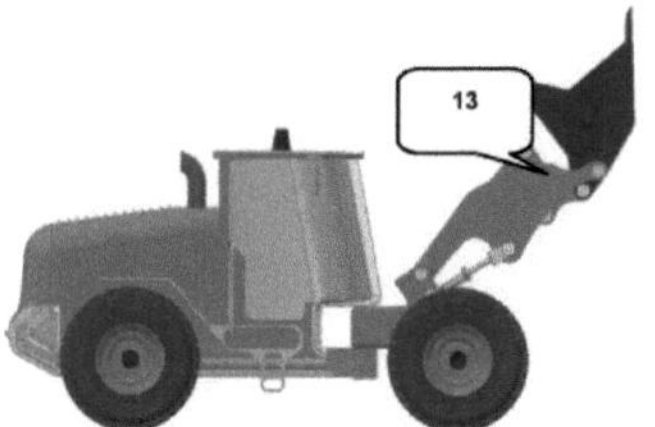

HINWEIS: Sollte das Programm das Setzen der letzten Winkelbegrenzung nicht akzeptieren, so hilft es manchmal, den Befehl zu beenden, die Position des Hubsystems leicht zu verändern und den Befehl zu wiederholen. Leider reagiert das Programm bei solchen Arbeitsschritten teilweise etwas sensibel.

7.11.2 Ausführen und Aufzeichnen der Simulation

Arbeitsbereich:
Dynamische Simulation

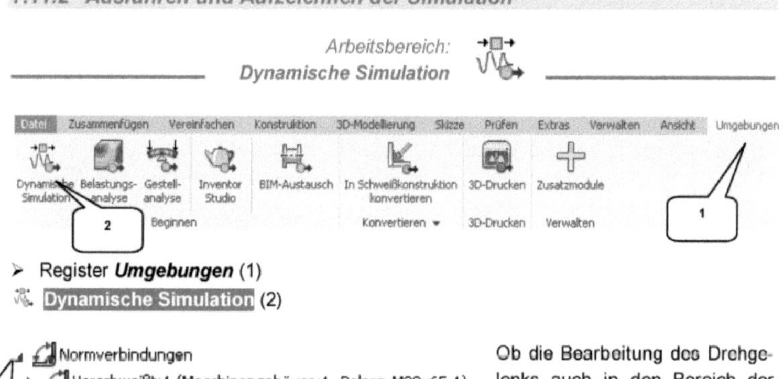

> Register **Umgebungen** (1)
> **Dynamische Simulation** (2)

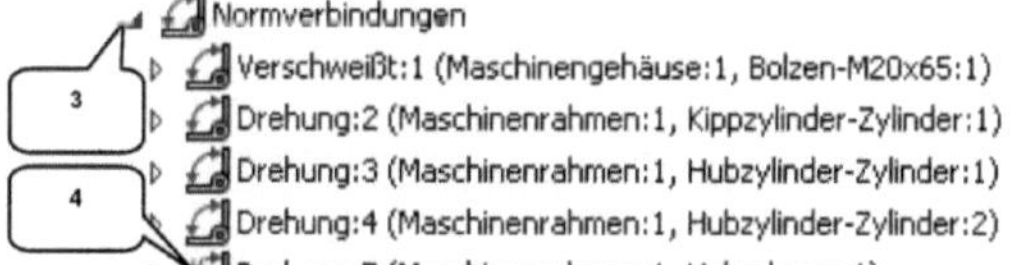

Ob die Bearbeitung des Drehgelenks auch in den Bereich der dynamischen Simulation übernommen wurde, sollte überprüft werden.

Hierfür ist im Browser der Ordner **Normverbindungen** zu erweitern und darin das Drehgelenk zwischen den Bauteilen Maschinenrahmen:1 und Hubrahmen:1 (3) zu lokalisieren. Achten Sie dabei einfach auf ein **Drehgelenk** mit einem # - Symbol.

Klicken Sie mit der rechten Maustaste darauf und wählen Sie im Kontextmenu die **Eigenschaften**. Wechseln Sie darin ins Register **Freiheitsgrad** und kontrollieren Sie in den Anfangsbedingungen die Grenzwerte (60° bis 123°). Schließen Sie das Befehlsfenster anschließend und überprüfen Sie die Auswirkungen der neuen Einstellungen auf den Mechanismus, wofür eine weitere Simulation durchzuführen ist.

- Begrenzen der Hubbewegung -

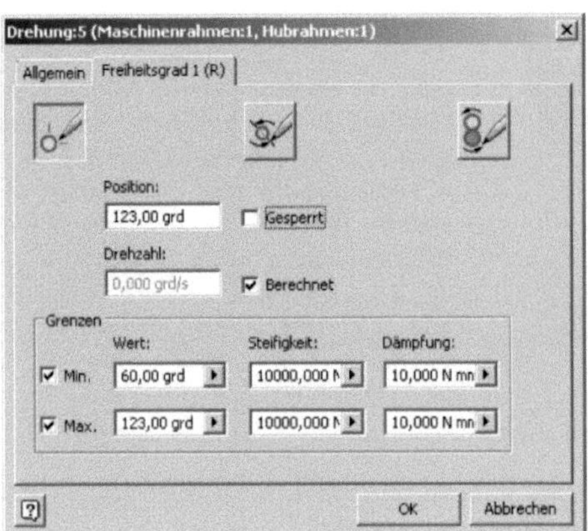

> Ordner **Normverbindungen** erweitern (3)
> **Rechte Maustaste** auf Drehgelenk der Bauteile Maschinenrahmen:1 und Hubrahmen:1 (4)
> Option: Eigenschaften (5)
> Grenzwerte kontrollieren (6)
>   OK   **OK**

Sollten die Grenzwerte übereinstimmen, soll eine neue Simulation jetzt ihre Funktionalität überprüfen.

🎞 **Film publizieren**
> Dateiname:
> Dyn-Sim-02-Hubbegrenzung (3)
> Dateityp: *.avi
> Speichern **Speichern**

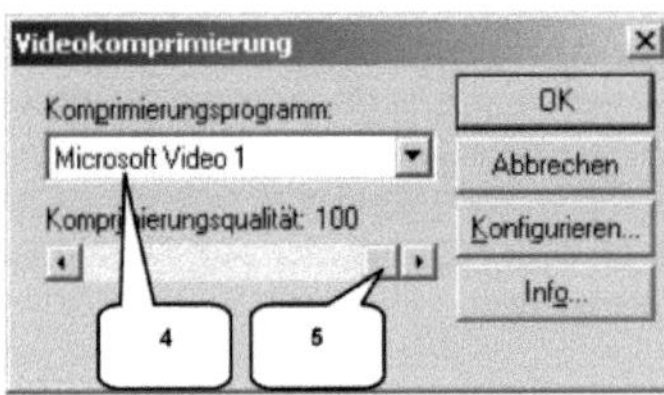

> Komprimierung: Microsoft Video 1 (4)
> Qualität: 100 % (5)
>   OK   **OK**

> ▶ **Wiedergabe** (6)
> Simulation ablaufen lassen
> **Konstruktionsmodus** (7)
🎞 **Film publizieren**

Das Hubsystem fällt und schlägt hart auf, sobald der Grenzwert des Drehwinkels erreicht wurde.

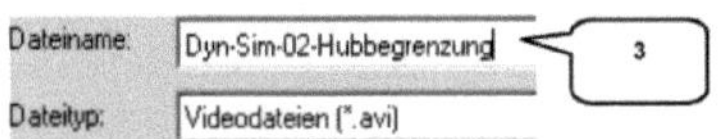

Eine Kollision zwischen Hubrahmen und Maschinenrahmen findet nicht mehr statt, nur die Schaufel schwingt noch frei und schlägt dabei ggf. durch die angrenzenden Bauteile hindurch. Um jetzt auch die Schaufel in ihrer Bewegung zu begrenzen und damit weitere Kollisionen zu vermeiden, könnte auch das Drehgelenk der Schaufel

mit Grenzwerten versehen werden. Oder man verwendet eine andere Option: das Hinzufügen eines *3D-Kontaktes*. Hierzu sollten vorab allerdings einige Grundlagen zum Thema *Gelenkverbindungen* erläutert werden.

7.12 Begrenzen der Kippbewegung
7.12.1 Grundlagen: 3D-Kontakt

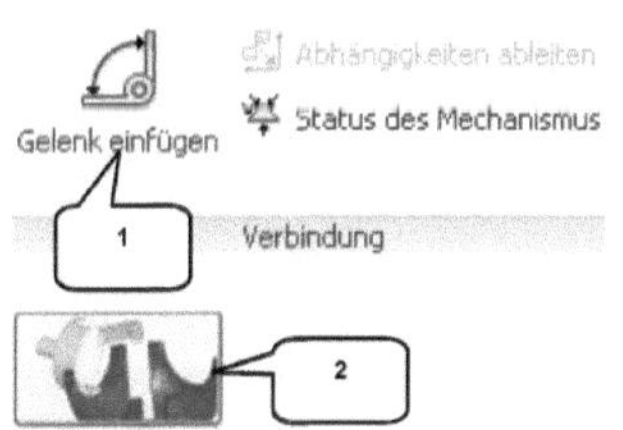

> Befehlsgruppe *Verbindung*
> Gelenk einfügen (1)
> Auswahl: 3D-Kontakt (2)

Der *3D-Kontakt* ermöglicht es Kollisionen zwischen zwei Bauteilen zu erkennen und den Bewegungsablauf bei Kontakt zu stoppen. Er gleicht damit dem *Kontaktsatz* im Baugruppenbereich.

7.12.2 Einfügen eines 3D-Kontaktes

Betrachtet man den Bewegungsapparat, so stellt man fest, dass die Schaufel über verschiedene Bauteile mit dem Kippzylinder verbunden ist. Die unkontrollierte Schwingung der Schaufel hat unter anderem zur Folge, dass der Kolben des Kippzylinders ungebremst in den Zylinder eintaucht. Würde man also diese beiden Bauteile bei Kontakt stoppen, so überträgt sich das letztendlich auch auf die Bewegung der Schaufel.

- Begrenzen der Kippbewegung -

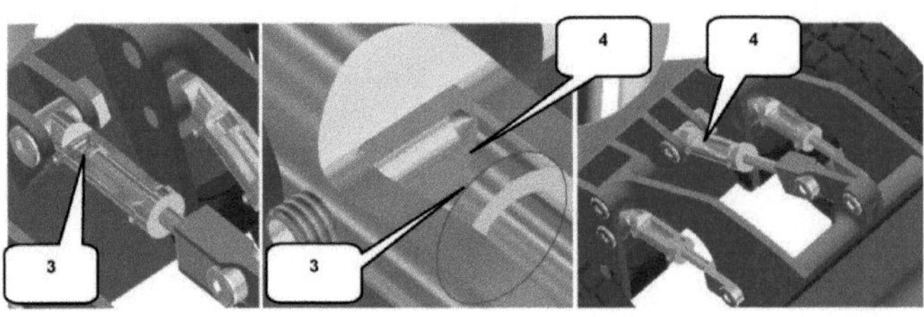

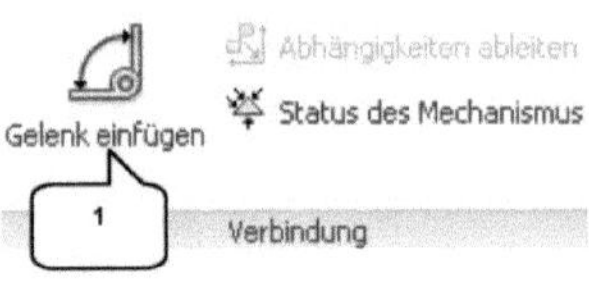

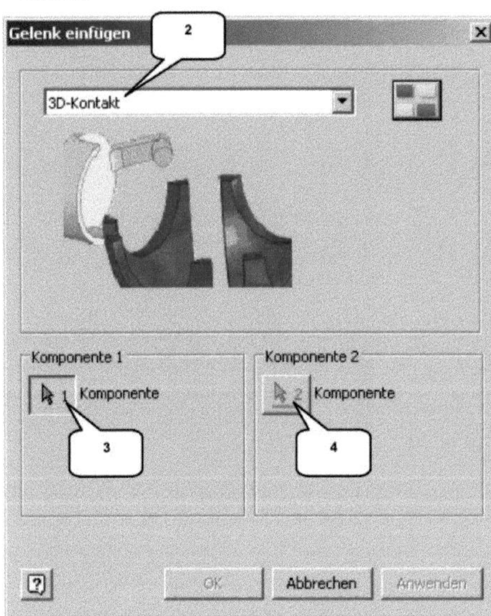

Kolben und Zylinder des Kippzylinders sollen jetzt also mit einer zusätzlichen Gelenkverbindung - einem *3D-Kontakt* - versehen werden. Der Zylinder wurde zu diesem Zweck an der oberen Seite präpariert, so dass der Blick in dessen Innenbereich und damit auch auf den Kolben darin frei ist. Als Referenzen auszuwählen sind die jeweiligen runden Kanten von Kolben und Zylinder.

Gelenk einfügen (1)
➢ Auswahl: 3D-Kontakt (2)
➢ Komponente 1:
   Bohrungskante
   Kippzylinder-Kolben:1 (3)
➢ Komponente 2:
   Zylinderkante
   Kippzylinder-Zylinder:1 (4)
➢  *OK*

Speichern

HINWEIS: Es sind die jeweiligen Zylinderkanten auszuwählen, nicht die Flächen!

- Begrenzen der Kippbewegung -

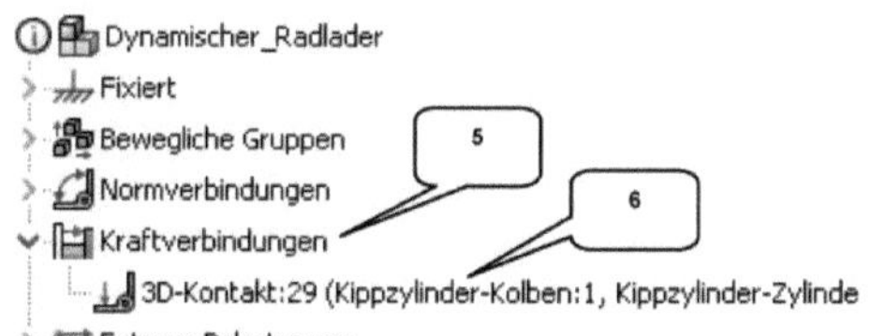

Der Browser erweitert sich jetzt um den neuen Ordner **Kraftverbindungen** (5). Darin enthalten ist der soeben erstellte **3D-Kontakt** (6).

HINWEIS: Gelenkverbindungen werden automatisch nummeriert (z. B. 3D-Kontakt**:29**). Diese Nummerierung kann von den Abbildungen hier im Buch abweichen, was allerdings keine Rolle spielt. Wichtig ist nur die korrekte Bauteilkonstellation. Die Bauteile werden in Klammern hinter der Gelenkverbindung angegeben (z. B. Kippzylinder-Kolben:1, Kippzylinder-Zylinder:1). Ihre Reihenfolge spielt dabei ebenfalls keine Rolle.

7.12.3 Ausführen und Aufzeichnen der Simulation

Eine Simulation soll zeigen, ob der 3D-Kontakt das gewünschte Ergebnis erzielen kann.

Film publizieren
- ➤ Dateiname:
  Dyn-Sim-03-Kippbegrenzung (1)
- ➤ Dateityp: *.avi
- ➤ Speichern **Speichern**

- ➤ Komprimierung: Microsoft Video 1
- ➤ Qualität: 100 %
- ➤ OK **OK**

- ➤ ▶ **Wiedergabe** (2)
- ➤ Simulation ablaufen lassen
- ➤ **Konstruktionsmodus** (3)

Film publizieren

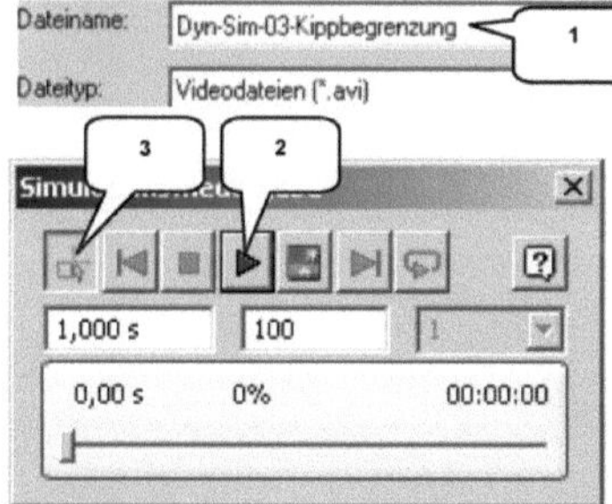

Hubsystem und Schaufel fallen während der Simulation ungebremst nach unten, bis beide Hubrahmen den maximalen Winkel erreicht haben.

A

B

H

I

K

L

T

U

FSC
www.fsc.org
MIX
Papier aus ver-
antwortungsvollen
Quellen
Paper from
responsible sources
FSC® C105338